CHINA PEONY
GERMPLASM RESOURCES

中国牡丹

种质资源

张延龙 牛立新 张庆雨 张晓骁 ◇ 著

中国林业出版社

序言 / FOREWORD

    离我校约20~30km之南，横亘着一座大山，这就是著名的秦岭，东西长500km，南北之距也有百公里之遥，被一些业内人士称之为中国的中央公园。

    秦岭很特别。早在3亿7000万年前的泥盆纪晚泥盆世，秦岭还在深海，经过7000万年的盘升，到了约3亿年前的石炭纪晚石炭世，当中华板块大多还是一派汪洋的时候，秦岭已率先从海洋中隆起。再后来，当其他地质板块反复经历海陆交替剧烈变化时，秦岭依然巍峨于大海之上。

    在神秘的秦岭大山中，造物主慷慨留下海量的生物种类。我们一些粗浅的植物研究工作，有幸始于秦岭。

    二十世纪八十年代初，作为学生，在恩师——著名葡萄学家贺普超教授指导下，慢慢走向了植物科学研究的舞台。1981年暑假，在贺先生组织的葡萄资源调查中，第一次遇见了秦岭的葡萄（*Vitis*），由此经历了10余年葡萄资源启蒙研究。

    二十世纪末，可以独立开展科研工作了，历史的长河也稍微转了一个弯。这一回，把目光转向秦岭百合（*Lilium*），美丽的百合研究成就了我们另一段美好时光，转眼又是十来年。

    光阴荏苒，到了2010年，再上秦岭，这一次巧遇的是大山另一群精灵，人间富贵花——牡丹（*Paeonia*），自此便踏上了牡丹资源研究的征程。与以往不同，这次得天时地利人和，既有国家林业局重大项目的资助，又有一群群风华正茂的青年学子，一下把始于秦岭的牡丹资源研究，推向了全国。

    接下来，除完成了秦岭牡丹资源调查，又在甘肃省、河南省、湖北省、云南省、贵州省、四川省及西藏自治区等地，大规模地开展了牡丹资源调查。所到之处，如饥似渴地搜寻着牡丹的倩影,一段时期里,大有"关山度若飞"的感觉。

不经意间,野外牡丹资源调查已历经六载,先后出动数百人次,行程万里之遥。毫无疑问,这些调研工作大大地丰富了对牡丹的认识。

在秦岭太白山,有幸亲眼目睹了著名野生杨山牡丹(*Paeonia ostii*),它是大面积栽培'凤丹'牡丹的老祖先。林中芊芊身影,或有孤悬,或生于石缝,或丛生于密林幽涧。

到了秦岭腹地留坝县,子午岭的延川和甘泉林区,相继见到了野生紫斑牡丹(*Paeonia rockii*)和矮牡丹(*Paeonia jishanensis*),印证了宋代大文豪欧阳修的记述:"牡丹初不载文字……大抵丹、延以西及褒斜道中尤多,与荆棘无异。土人皆取以为薪"。

让人想不到的是,醉翁老人记述的地方,迄今还生存着较多的牡丹,宋时牡丹的后代,依然在那里默默生长。只不过与大宋时期相比,现在的生境恐怕要更加严峻。每念及此,总为这些旷世精灵的命运产生一丝丝担忧!

到了秦岭深处旬阳,你很难想象在这群山之中,生存着稀有的卵叶牡丹(*Paeonia qiui*)。更令人突兀的是,猛然间发现,一处陡峭山麓梯田埂上,悬空长满了卵叶牡丹,盛开着红白色相杂的各式花朵。靠近时,这些深山的精灵们,扑面而来,满满的一条坎,满满的一面坡。临近中午,高山深处尚有稀薄缭绕的晨雾,加上青山衬映,这些半野生牡丹,自然而然,煞是好看,美得让人窒息。不由让人发问:这是何人所栽?又是为何而栽?正可谓:天地造化,苍生力量。

甘肃省临洮县,地处古丝绸之路要道、唐蕃古道要冲。借牡丹资源调查活动,有幸来到了这里。到后才发现:临洮县一带,简直就是牡丹文化的圣地!当地土著保存着亘古不变的牡丹习俗,栽花、卖花、画花、雕花、论花、观花、斗花、唱花……

牡丹花盛开的季节，临洮一下就变成欢乐的海洋。农家小院，整日弥漫着牡丹的花香。到了这里，一下子就想到唐朝临洮籍诗人李正封吟诵牡丹名句："国色朝酣酒，天香夜染衣"。你会茅塞顿开，诗句绝非虚名；你也再不会望文生义，不得其解，原来一切都是那样的直白。

来到云南省的大山，又是另一番场面。"你看！那不是牡丹吗？是紫牡丹（*Paeonia delavayi*）！走，过河去！"，几名学生相互搀扶，举衣而过；过了河，接着姿势变成手匍地，股朝天。好多这种感人的画面，都是后来在学生们自摄录像中所见。看一次，感动一次。为了发现心中的牡丹，学生们真是拼了。

牡丹籽成熟的季节，北方的气温已进入烧烤模式。传统药用栽培的凤丹，植株密不透风。关中大地，七月流火，为了选择标记结实优良单株，大家身穿长衣长裤，头顶烈日，汗流浃背，同学们的衣服湿了、干了、干了又湿，汗渍在他们的外衣上结出许多"霜花"。整日穿梭在万千牡丹树丛中，精挑细选，一连数天，夜宿农家。

到了秋初，大家又小心翼翼地将选择的优良单株，精心地移栽到新建牡丹资源圃。起苗、运输、挖坑、栽苗，手续烦琐，大家不厌其烦，这样的选种工作，先后在关中西府、陕南商州区、甘肃省榆中县、安徽省亳州市、河南省洛阳市等牡丹种植区多次进行，历经三载。

踏遍万水千山，迎来一批又一批的珍稀牡丹"宾客"，需要为她们安个家。给这些远道而来的牡丹客人打造一个新家，也非易事。经过各种努力，在校园南端的"小秦岭"景观边缘，觅得一处撂荒之地，通过圈围改造等大量工作，终于在校园一隅，一个有模有样的牡丹种质资源圃诞生了！起初，对所建场地还有存疑，等建成后才发现，这里形胜极佳，与秦岭遥遥相对，依偎于校园"小秦岭"，很有几分妙趣天成的意思。

校园突然平添了这处牡丹资源圃，对一群牡丹研究者来说，真是犹鱼得水！自此，牡丹研究也是大有起色。学生们随时随地地观察，见识来自各地的牡丹，与这些珍稀种类朝夕相处。到了牡丹开花的季节，整个牡丹圃，从早到晚，都能看到大家忙碌的身影；攒动的人头，像蜜蜂一样穿梭其间。这些年来，每年都会从这个资源圃，走出不少以牡丹为题的硕士、博士毕业生们。

到了人生工作的后半程，有幸从事牡丹资源研究，南来北往，不但自己感同身受亲身感受了牡丹的可爱，也见证了大众对牡丹的喜爱，更印证了古人对牡丹的热爱。

还记得，在甘肃省榆中县一个牡丹园，应园主之邀，在简陋的铁皮棚下，长凳两条，材桌一张，几瓶啤酒；同行三人，各座一隅；八面春风，满目国色，把酒话牡丹。虽无珍馐，兴奋徜徉的心绪，何其乐哉！

后来偶读《增广贤文》"有花方酌酒"之句，豁然开朗，榆中县牡丹园之会，不正是这种美好场景的印证吗！同时也暗自思忖，"有花方酌酒"句中究竟所指何花？几经猜测，可能就是牡丹。再后来，读完欧阳修的《洛阳牡丹记》有关内容，觉得可能猜对了几分。

早年读过北宋大理学家周敦颐的《爱莲说》，颂莲咏志，不由让人对莲花敬重三分。如今深度认识牡丹之后，幡然醒悟，原来濂溪先生"自李唐来，世人甚爱牡丹"和"牡丹之爱，宜乎众矣！"的短句，不正好记述了古人对牡丹深爱的另一面吗？现在看来，"牡丹之爱，宜乎众矣！"的结论，至今没有过时，而且也是对牡丹的最高褒奖！

这些年来，对不同牡丹资源评价分析后发现，牡丹籽富含α-亚麻酸、亚油酸和油酸等不饱和脂肪酸，牡丹籽油成为高端食用油的新秀。大胆设想一下：也许就在不久的将来，有可能迎来油用牡丹的伟大时代。那个时候，大家对食用油供应安全问题的担忧或将缓解！行文至此，又想起，"牡丹花大空入目"这句古语，或许会永远成为过时的调侃。

牡丹，历经漫长深居幽谷人未知的蛮荒岁月，到大唐，才迎来"一城之人皆若狂"的盛世飞跃；千年之后的今天，我们欣迎牡丹产业发展的盛世春天。衷心希望：这本集大家共同努力研究的小册子，能为牡丹的春色再添一丝亮色，为牡丹产业的发展续添一己之力。

最后由衷地感谢为牡丹资源调查立下汗马功劳的学生：张晓骁、张庆雨、罗建让、张刚、闫振国、司国臣、梁振旭、司冰、李杰等；为牡丹选种与育种做出重要贡献的学生：任利益、李林昊、郭文彬、吉朵、晋敏、田瑶、李梦晨等；为资源评价分析做出很多努力的学生：白章振、张悦、翟立娟、于蕊、杨智、王宁、王瑶、罗小宁、季筱彤等；感谢我们的同事：李厚华、吉文丽、赵妮、洪师傅；感谢原陕西省林业厅厅长李三原，陕西省林业种苗站徐华站长、谢君朝站长、高级工程师郭树杰，陕西省林业科技推广站长原双进研究员；感谢进行资源调查时各地的林业局（站）的工作人员的大力配合；感谢无数山区的向导和领路人，他们帮助我们深入无人之境，让我们有了许多新发现。

秦岭大山，巍峨宽阔，纳涧藏川。无数次走近，每一次面对，都有不一样的感觉。起源于秦岭的牡丹，也像秦岭一样高深莫测，还要有许多未知之谜。秦岭，是我们学术生涯不竭的原动力！感谢中国大地的脊梁！感谢国色天香的牡丹！

写完上面这些文字的时候，冬至刚过，数九寒天，窗外大雪纷飞。奇怪的是，脑海里频频灵动着牡丹的画面：虬干苍劲，枝绿叶翠，繁花朵朵，微风拂面，交映生辉，频频颔首，笑而不语。

牛立新
于西北农林科技大学风景园林艺术学院
2019年12月

目录 / Contents

序言

绪论 ·· 1
 一、牡丹种质资源研究的意义 ·· 1
 二、牡丹种质资源研究存在的主要问题 ··· 4

第一章 牡丹种质资源的起源与分布 ·· 6
第一节 中国牡丹资源调查历史 ·· 6
 一、国外学者对中国牡丹资源的调查与分类研究 ·· 6
 二、国内学者对中国牡丹资源的调查与分类研究 ·· 9
第二节 中国野生牡丹分布概述 ·· 17
 一、中国野生牡丹的水平分布 ··· 17
 二、中国野生牡丹的垂直分布 ··· 18
第三节 中国野生牡丹的分布特征 ·· 18
 一、野生牡丹的群落特征 ··· 19
 二、野生牡丹的分布方式 ··· 19

第二章 中国牡丹种质资源研究历史 ·· 22
第一节 观赏牡丹研究历史 ·· 22
 一、皇家园林中的应用与发展 ··· 22
 二、寺庙建筑中的应用与发展 ··· 26
 三、私人住宅中的应用与发展 ··· 29
第二节 药用牡丹研究历史 ·· 32
 一、先秦至南北朝：药用牡丹文化的生成 ·· 33
 二、隋唐宋金元：药用牡丹文化的兴盛 ·· 33
 三、明清两朝：药用牡丹文化的积淀 ·· 34
第三节 古牡丹研究历史 ··· 34
 一、古牡丹现存分布 ··· 34
 二、牡丹珍品简述 ·· 37

第三章　中国牡丹的分类系统 ································39
第一节　芍药属牡丹组的分类 ································39
一、芍药属牡丹组的分类方法 ································39
二、栽培品种群的分类 ································42
第二节　中国牡丹的演化研究 ································43
一、形态学标记 ································43
二、细胞学标记 ································44
三、生化标记 ································44
四、分子标记 ································45

第四章　牡丹资源的评价描述记载方法与标准 ································50
第一节　概述 ································50
一、分类方面的问题 ································50
二、源描述记载标准问题 ································51
第二节　牡丹资源的描述记载项目的确立 ································51
第三节　牡丹资源的描述记载性状必要性的评价 ································54
一、性状选取与编码 ································54
二、性状的观察记载 ································56
三、性状数据分析处理方法 ································57
四、性状分析评价 ································57
五、几种数量性状的分级研究 ································60
第四节　牡丹资源描述记载标准 ································62
一、基本信息 ································62
二、植株的基本形态 ································63
三、花部形态 ································64
四、叶部形态 ································72
五、花期 ································75
六、花香 ································75
七、果实及种子 ································76
八、综合评价 ································76
九、其他 ································76

第五章　野生牡丹种质资源的植物学性状 ································79
第一节　矮牡丹（稷山牡丹） ································79
一、种名沿革 ································79

二、植物学特征摘要……80
　　三、发现过程与地理分布……80
第二节　卵叶牡丹……82
　　一、种名沿革……82
　　二、植物学特征摘要……82
　　三、发现过程与地理分布……83
第三节　杨山牡丹……85
　　一、种名沿革……85
　　二、植物学特征摘要……85
　　三、发现过程与地理分布……86
第四节　紫斑牡丹……89
　　一、种名沿革……89
　　二、植物学特征摘要……89
　　三、发现过程与地理分布……92
第五节　四川牡丹……96
　　一、种名沿革……96
　　二、植物学特征摘要……96
　　三、发现过程与地理分布……98
第六节　紫牡丹……102
　　一、种名沿革……102
　　二、植物学特征摘要……102
　　三、发现过程与地理分布……103
第七节　狭叶牡丹……106
　　一、种名沿革……106
　　二、植物学特征摘要……106
　　三、发现过程与地理分布……107
第八节　黄牡丹……109
　　一、种名沿革……109
　　二、植物学特征摘要……109
　　三、发现过程与地理分布……111
第九节　大花黄牡丹……114
　　一、种名沿革……114
　　二、植物学特征摘要……114
　　三、发现过程与地理分布……115

第六章　中国牡丹资源的油用特性评价 …… 118

第一节　结实特性的评价 …… 118
一、野生牡丹种子特性评价 …… 118
二、栽培牡丹结实特性评价 …… 121

第二节　脂肪酸成分的评价 …… 121
一、中国野生牡丹种子脂肪酸成分评价 …… 122
二、观赏栽培牡丹油用特性的评价 …… 126
三、不同牡丹品种油用潜力的综合评价 …… 128

第三节　油用牡丹授粉结实特性评价 …… 130
一、牡丹的授粉特性 …… 130
二、不同花粉源对牡丹结实的影响 …… 131

第七章　中国牡丹资源的活性营养物质的评价 …… 135

第一节　中国牡丹资源酚类物质的评价 …… 135
一、中国野生牡丹资源酚类物质的评价 …… 137
二、中国栽培牡丹资源酚类物质的评价 …… 143

第二节　中国牡丹资源芳香物质的评价 …… 147
一、牡丹花中芳香物质的评价 …… 148
二、牡丹根中芳香物质的评价 …… 159

第八章　中国牡丹资源育种潜能的评价 …… 165

第一节　观赏育种价值 …… 165
一、株型育种 …… 165
二、花型育种 …… 166
三、不同观赏期育种 …… 169
四、香型育种 …… 171

第二节　油用育种价值 …… 172
一、高α-亚麻酸油用牡丹育种 …… 173
二、均衡脂肪酸油用牡丹育种 …… 173

第三节　油观牡丹育种价值 …… 174
一、红色油观系育种 …… 174
二、复色系油观品种育种 …… 175

第四节　牡丹资源育种策略 …… 175
一、杂交育种 …… 176
二、实生选种 …… 180

第九章 牡丹脂肪酸代谢相关基因的挖掘与分析 ········ 182

第一节 植物种子脂肪酸合成调控的研究进展 ········ 182
一、种子脂肪酸的生物合成始于质体 ········ 183
二、酰基链从质体到内质网的转移 ········ 184
三、TAG合成的简单和复杂途径 ········ 184
四、Kennedy途径相关基因的研究进展 ········ 185
五、PC在TAG合成中的核心作用 ········ 185
六、组学水平的植物脂肪酸研究进展 ········ 187
七、小结 ········ 188

第二节 牡丹种子脂肪酸合成关键基因的挖掘 ········ 188
一、中国野生牡丹总脂肪酸含量的测定及分析 ········ 189
二、不同野生牡丹种子发育时期的脂肪酸积累差异 ········ 190
三、不同野生牡丹种子发育过程中的基因表达分析 ········ 194
四、小结 ········ 197

第三节 比较转录组学揭示牡丹种子α-亚麻酸高效积累的分子机制 ········ 198
一、紫斑牡丹和黄牡丹种子表型数据及α-亚麻酸含量分析 ········ 198
二、转录组数据揭示了高α-亚麻酸含量的脂质代谢途径 ········ 199
三、高α-亚麻酸油脂代谢关键基因的筛选 ········ 201
四、*FAD2*和*FAD3*的克隆与表达分析 ········ 205
五、*PrFAD2*和*PrFAD3*基因的功能验证 ········ 208
六、小结 ········ 209

第四节 花粉直感对牡丹脂肪酸代谢相关基因的影响 ········ 211
一、不同花粉源对牡丹种子脂肪酸合成的影响 ········ 211
二、不同花粉源对牡丹脂质代谢相关基因的表达响应 ········ 212

第十章 '凤丹'牡丹油用育种特性与选种 ········ 215

第一节 不同'凤丹'牡丹群体性状变异特点的评价比较 ········ 215
一、物候特性 ········ 216
二、生长与结实特性 ········ 216
三、种子脂肪酸 ········ 218

第二节 '凤丹'牡丹开花结实特性的研究 ········ 220
一、不同'凤丹'牡丹群体授粉类型差异 ········ 220
二、'凤丹'牡丹单株授粉方式的试验分析 ········ 221

第三节 '凤丹'牡丹油用实生群体品种选择方法及选种案例 ········ 222
一、初选 ········ 222

二、复选与鉴定…………………………………………………………………223
三、选种案例……………………………………………………………………232
第四节　不同'凤丹'植株的变异特性评价……………………………………232
一、花期特异性…………………………………………………………………232
二、表型性状变异性……………………………………………………………233
三、结实性状……………………………………………………………………235
四、油用品质特性的分析评价…………………………………………………239
第五节　不同'凤丹'优选单株的综合特性评价……………………………241
一、优选单株的评价与鉴定……………………………………………………241
二、优良单株主要性状综合性状表现…………………………………………246
三、'凤丹'油用牡丹实生选种方法小结………………………………………261

第十一章　紫斑牡丹油用育种特性的评价与选种………………262
第一节　不同紫斑牡丹群体主要性状评价比较及实生选种案例…………262
一、不同优选群体的花形态数量性状的比较…………………………………262
二、不同优选群体生长与结果性状的比较……………………………………263
三、不同紫斑牡丹优选群体的单株种子产量比较……………………………264
四、不同紫斑牡丹优选群体籽油主要脂肪酸的定量分析比较………………264
五、紫斑牡丹实生选种案例……………………………………………………265
第二节　紫斑牡丹优选单株的性状变异评价比较……………………………266
一、不同优选单株花粉萌发率分析比较………………………………………266
二、不同优选单株花粉微形态特性的差异比较………………………………267
三、不同优选单株表型性状观测比较分析……………………………………269
四、不同优选单株籽粒油品特性的比较分析…………………………………271
第三节　紫斑牡丹优选单株的综合评价………………………………………272
一、早花优良单株………………………………………………………………272
二、晚花优良单株………………………………………………………………279
三、花粉萌发率高植株…………………………………………………………281
四、丰产优良单株………………………………………………………………283
五、优选单株评价小结…………………………………………………………294

参考文献……………………………………………………………………………295
附录…………………………………………………………………………………301

绪 论
PREFACE

牡丹种质资源隶属于植物种质资源学研究范围，包括对牡丹资源的起源、分布、传播、演化、分类、考察、收集与保存、评价与利用等研究内容，也是关于牡丹的基础应用性研究科学。

一、牡丹种质资源研究的意义

牡丹一名，最早有文字记载始见于东汉时期的《神农本草经》。牡丹种质资源，既包括原生生长在大山荒野之外的野生种类，也包括人类通过各种方式对这些原生种类经过数千年人工驯化和选育的各种栽培类型。正是基于多种多样的牡丹种质资源，才成就了人们对牡丹亘古不变的钟爱与前仆后继的挖掘利用，促进了壮丽的牡丹观赏业、牡丹医药保健产业、牡丹文创业、牡丹籽油等新兴产业，不断把牡丹的开发利用推向前所未有的高度。

1. 牡丹的食用价值

长期以来牡丹一直作为药用和观赏用途栽培，其栽培面积相当局限。但2011年3月22日，卫生部发布了《卫生部关于批准元宝枫油和牡丹籽油作为新资源食品公告》，批准牡丹籽油为可作为新资源食品。自此牡丹一下位列木本油料作物之中，牡丹籽油已经受到越来越多人的关注与喜爱，牡丹的栽培种植面积呈现爆发式增长的态势。经过不到五年的时间，全国牡丹年发展面积已超过300万亩*，油用牡丹已成为重要的木本油料作物。

与传统观赏和药用用途不同，油用牡丹类型要求具备结籽量大，出油率高，适应性广和

---

* 1亩 ≈ 666.67m^2

生长势强健等特性。目前生产中所用的一些栽培类型或品种，主要来自两个牡丹种类：凤丹牡丹和紫斑牡丹。油用牡丹产量较高，栽培得当的丰产园，亩产可达300kg，籽含油率可达22%而不饱和脂肪酸含量高达92%，其中α-亚麻酸含量高达40%以上，成为品质优异的高级食用油。

表1 常见食用油中主要脂肪酸组成（朱宗磊 等，2014）

单位：%

种类	饱和脂肪酸	油酸	亚油酸	亚麻酸	总不饱和脂肪酸
牡丹籽油	7.2	21.85	28.71	41.86	92.42
茶油	9.9	78.80	9.00	2.30	90.10
橄榄油	14.00	77.00	8.00	0.30	90.10
葵花籽油	13.40	18.40	63.50	4.50	86.10
玉米油	13.80	26.30	56.40	0.60	83.30
花生油	17.70	39.00	37.90	0.40	83.30
大豆油	15.20	23.60	51.70	6.70	77.30
菜籽油	12.60	56.20	16.30	8.40	80.90
棉籽油	27.00	18.00	54.00		72.00
芝麻油	12.50	49.30	37.70		87.00
红花油	11.30	14.50	74.20		88.70
深海鱼油	20~30	20~45	1~7	20~26	70~80
鸡油	33.83	41.40	15.00	0.53	56.93
猪油	48.50	34.60	9.43	0.30	44.33
牛油	64.60	16.50	2.48	0.30	19.28
羊油	59.60	17.70	1.57	0.92	20.19

我国是一个食用油进口大国，每年需要消费2500万～2700万t食用油，其中自产仅占40%左右，约60%需要进口。因此新兴牡丹籽油的出现，为解决我国食用油安全有着重要的作用（卢林 等，2017）。

2. 牡丹的药用价值

牡丹作为中药最早见于《神农本草经》，其中记载："牡丹主寒热，中风，瘈疭，痉，惊痫，邪气，除症坚，淤血留舍肠胃，安五脏，疗痈创。"1972年在甘肃省武威市柏树乡发现的东汉早期医学竹简中，也有关于用牡丹治病的记载。在明·李时珍的《本草纲目》中关于牡丹入药的应用就更为详尽。

现代药学和营养学证明，牡丹籽油也具有较高的药用价值。牡丹籽油中α-亚麻酸、油酸、亚油酸含量丰富，这些都是对人体健康特别重要的脂肪酸，α-亚麻酸、亚油酸是人体必需而自身又不能合成的营养成分。这些多不饱和脂肪酸（PUFAs）的生理功能包括：改善心血管功能、抗肿瘤作用、抗炎作用、调节免疫功能等。牡丹种子中已分离得到9种芪类成分，其中Suffruticosol A、B和C为芍药科所特有的成分，这9种芪类成分具有抗癌、抗氧化、抗炎等功能（Kim H J H et al.，1998）。

传统的药用丹皮，主要化学物质是丹皮酚（$C_9H_{10}O_3$），具有镇静镇痛、降血压、抗菌消炎、抗动脉粥样硬化等功能。Patrizia等人提取了紫斑牡丹根的极性提取物，并研究其化学组成和其抗氧化、抗真菌活性，发现牡丹根提取物对心血管和呼吸道疾病具有缓解作用（Patrizia P et al.，2011）。

3. 牡丹的观赏价值

牡丹用作观赏，兴于唐朝已是大家公认的史实。唐·舒元舆（791—835）在其《牡丹赋》中写道："古人言花者，牡丹未尝与焉。盖遁乎深山，自幽而著。武则天（690—705）与牡丹花则何遇焉？天后之乡，西河也，有众香精舍，下有牡丹，其花特异，天后叹上苑之有阙，因命移植焉。由此京国牡丹，日月寖盛。今则自禁闼洎官署，外延士庶之家，弥漫如四渎之流，不知其止息之地。每暮春之月，遨游之士如狂焉。亦上国繁华之一事也。"从舒元舆这段文字不难看出，牡丹作为主流观赏花卉始于初唐，与女皇武则天的推崇分不开；另一方面看，牡丹在经历了盛唐和中唐120多年的发展，已经成为唐朝流行的观赏花卉。

唐代伟大的现实主义诗人白居易的"花开花落二十日，一城之人皆若狂"诗句，把唐人在京都长安观赏牡丹的盛况真实地记载了下来，而与白居易同龄的另一位著名诗人刘禹锡的"唯有牡丹真国色，花开时节动京城"同样以褒奖的手法赞叹唐人牡丹观赏之盛。

兴于大唐盛世的牡丹观赏文化成了中华花卉文化的重要篇章，其影响之深之广，无与伦比。因此到后来宋代，在古都洛阳继续着盛唐牡丹的繁华。以至今日的洛阳，每年牡丹观赏季节成为整个洛阳最重要的盛大节日，吸引着全国各地的游客前去一睹牡丹的芳容。明·李时珍在《本草纲目》中更有这样的记述："群花品中，以牡丹第一，芍药第二，故世谓牡丹为花王，芍药为花相。"

其实兴于盛唐的牡丹观赏活动，一开始便与牡丹资源的不断挖掘利用息息相关。起初，牡丹的种类还是比较单一，花色也只有白色，如白居易、裴士淹等名人雅士种植的牡丹多为白牡丹，除了与欣赏爱好有关外，主要是因为当时深色花牡丹一开始还是比较稀罕之物，当深色牡丹的出现，把牡丹花欣赏与种植推向了高潮。"一丛深色花，十户中人赋"（唐·白居易《买花》），足见当时深色牡丹花的昂贵。"径尺千余朵，人间有此花。今朝见颜色，更不向诸家。"单就刘禹锡这几句诗作可以看出，深色牡丹横空出世的气魄。

经过唐朝牡丹的发展，单一的牡丹种类，已经初步形成了若干不同类型的观赏牡丹。如在舒元舆的《牡丹赋》中，已经依稀见到牡丹的不同观赏类型："赤者如日，白者如月。淡者如赧，殷者如血。向者如迎，背者如诀。坼者如语，含者如咽。俯者如愁，仰者如悦。袅者如舞，侧者如跌。亚者如醉，曲者如折。密者如织，疏者如缺。鲜者如濯，惨者如别。"

到了宋代，欧阳修的《洛阳牡丹记》中，已有牡丹类型多达九十余种的记载。时至今日，牡丹品种更多达数千种之多，为牡丹观赏创造了丰富的种质基础。

总的来讲，未来在发展牡丹产业中，无论是牡丹食用保健品，还是医药保健产品，间或以观赏为核心的牡丹旅游产业，都将依托于对牡丹资源开发利用的研究水平，牡丹种质资源的基础地位对整个牡丹产业的发展具有重要的作用。

二、牡丹种质资源研究存在的主要问题

牡丹种质资源研究面临各种问题，但摆在我们当前急需解决的问题，大抵有以下几个方面：

1. 资源的保护

由于牡丹自身特点，自然界花大色艳，易于被人发现，加上其药用和观赏价值极高，所以生长在自然界的牡丹最易受到人为的破坏。

牡丹原本处于深山人未知的状况，但随着牡丹在汉代进入药典之后，便经受被人掘根险境。但可以肯定的是，在早期作为药用，毕竟其用量有限，因此牡丹还不至于遭受大规模的破坏。

但是到了唐代以后，随着观赏牡丹自唐开元年间的兴起，自然界的牡丹则难以再深处安宁。唐·舒元舆在其《牡丹赋》中的四句开场白"古人言花者，牡丹未尝与焉。盖遁乎深山，自幽而著。"是对唐代以前自然牡丹的一个真实写照；而宋·欧阳修的《洛阳牡丹记》中所载："牡丹初不载文字，唯以药载《本草》。然于花中不为高第，大抵丹、延以西及褒斜道中尤多，与荆棘无异。土人皆取以为薪。"都是记载着牡丹前世相对冷清的场面，甚至当作柴禾用。

伴随着观赏牡丹久盛不衰，一些人便在山上采集牡丹，用于嫁接观赏品种，加上人口的不断发展，药用数量也在持续增加。两者叠加，使得人们深山挖牡丹的活动持续了上千年，因此野生牡丹自然资源自唐朝以来，其破坏程度一直在持续不断地加大。当然最大的破坏还是近代进入工业文明期，大规模开山修路，大量的工程建设等更使牡丹资源处于极其危险的状态。

我们在牡丹资源的调查实践中发现，目前在自然界中，唐朝以前那种把牡丹当作薪用的场面早已一去不返，取而代之的是难觅踪影。例如，文献上记载，唐朝最早从以文水县

为中心的汾河地区引种观赏牡丹，但到如今已难觅野生牡丹的踪迹了。

自然界的野生牡丹资源已经越来越少，因此加大对野生牡丹资源的保护已经刻不容缓。

2. 资源的保存研究

经历了亿万年的自然演化，又经历了几千年的人类利用，独立存在于中国陆地上的牡丹资源，不但是国人引以为豪的自然馈赠，更是植物王国的赞礼。如何把这些存世稀少的珍贵资源保护和保存好，不光关乎我们今后永续利用的问题，也将体现在全球化背景下，一个负责任大国对植物资源的责任担当。

目前来看，我们对牡丹资源的保护与保存问题，只是停留在牡丹资源研究者的微弱的呐喊之中，还未真正成为国家行动。把现存野生牡丹资源和已经长期栽培的栽培类型保护保存好，应成为牡丹资源研究的历史重任。

只有秉承对牡丹资源保护的理念，才能承担起保存的重任；只有凭借资源的有效保存，才能真正开展牡丹资源的研究工作。反过来讲，也只有把牡丹资源研究透彻，方能有效保护和保存牡丹资源。

为了更好保护和保存牡丹资源，必须开展的资源研究工作有：首先，应当把野生牡丹资源的分类做好，包括种的划分，变种和变型的区分，为资源保护和保存奠定重要的基础；其次对于长期人工驯化栽培的牡丹种类的品种分类工作也不能忽视，它们中间蕴藏着丰富的变异和人工或天然杂交类型，是应用的重要资源。其次，就是不同种类或类型牡丹资源特性评价研究。这方面的评价研究受制于研究条件和水平，可以分层次，分领域的各个击破。最后，随着研究的不断深入，牡丹资源的主要性状进化与遗传特性方面的研究内容，必将成为牡丹资源研究的重要方向。

3. 资源的开发利用

如何更好地满足人们的需求，成为牡丹资源研究工作的落脚点。从目前牡丹资源的利用发展现状看，首先要继续对牡丹资源的药用需求加以持续研究。具体而言，是要充分研究牡丹资源不同种类和不同器官的药效特点，以及各种有效成分的相应作用机理，从而更好发挥牡丹在人类战胜和预防某些疾病方面的独特作用。

其次，在充分发掘牡丹资源的基础上，通过遗传育种方法技术，选育油用专用、观赏专用、药用专用、油观兼用、药观兼用或油药观兼用六大类牡丹新品种类型，不断丰富发展牡丹资源的利用范围。

最后，积极开展牡丹保健品的开发利用。牡丹花（花瓣、花蕊、花粉）及牡丹果实（果荚、种皮、种仁）等不同器官和组织，都富含一些特殊营养成分，如精油类、特有多不饱和脂肪酸、黄酮类、氨基酸类、抗氧化物活性物质等。

凭借牡丹悠久深厚的文化底蕴，开发新的牡丹文创产品研究也将大有可为。

第一章
牡丹种质资源的起源与分布

牡丹是芍药科（Paeoniaceae）芍药属（*Paeonia*）牡丹组（Section *Mouton* DC.）的多年生落叶灌木，原产中国，组内包括9个野生种及1个栽培种。准确弄清这些不同牡丹资源的起源与分布，对于进一步开展有关资源的保护和利用具有重要的意义。本章内容建立在我们多年实地考察的基础上，同时也参阅了大量前人的文献，比较系统地反映了中国牡丹资源的分布现状，并对中国野生牡丹的自然分布进行了重新修订。

第一节 中国牡丹资源调查历史

虽然对牡丹资源的零星描述和记载可以追溯到《神农本草经》等经典文献，但真正对牡丹资源进行系统调查，特别对野生牡丹资源进行调查始于近代。本节对牡丹组植物两百年的分类历史做了回顾，系统地总结了牡丹组植物的分类方案。

一、国外学者对中国牡丹资源的调查与分类研究

首次对牡丹组植物进行科学记载的学者是英国人Andrews，所依据的植物标本是由东印度公司在中国工作的医生A. Duncan自广州市带回英国栽植的重瓣牡丹品种，他将该植物定名为*Paeonia suffruticosa* Andrews，并指出该植物在中国和日本均广泛栽培，有多个品种（Andrews，1804）。从*P. suffruticosa*的模式图可以看出该种花为重瓣，粉红色，二回三出复叶，小叶9枚，顶生小叶3深裂，顶裂片又3浅裂，侧生小叶卵圆形或近椭圆形，2~3裂。事实上A. Duncan带回的是中国菏泽市牡丹商人带去广州市作催花使用的栽培牡丹植株，因此*P. suffruticosa*应该指的是普遍栽培作观赏的牡丹。1807年，Andrews（1807a）又发表了牡

丹的一个紫色变种 *P. suffruticosa* var. *purpurea* Andrews，但这只是一个紫色的栽培品种，并未得到学者们的认可。同年 Andrews（1807b）还根据从广州市引种至英国 A. Hume 爵士花园里的一株牡丹发表了新种 *P. papaveracea* Andrews，与 *P. suffruticosa* 相比该种牡丹花白色、半重瓣，花瓣基部有一块紫斑。Kerner（1816）后来将该种降为变种，即 *P. suffruticosa* var. *papaveracea*（Andrews）Kerner。1808 年，Sims（1808）根据由中国引入英国的栽培牡丹品种命名了一个新种 *P. moutan* Sims，但是据其标本图，该种与 *P. suffruticosa* Andrews 为同物异名。Anderson（1818）在其著作中认可 *P. moutan* Sims，并且在其种下又分出两个亚种 *P. moutan* var. *papaveracea*（*P. papaveracea* Andrews 为同物异名）和 *P. moutan* var. *rosea*（*P. suffruticosa* Andrews 为同物异名）。De Candolle（1824）在其分类方案中同样承认 *P. moutan* Sims，但将种下划分为 3 个变种：var. *papaveracea*、var. *banksii*、var. *rosea*。

法国人 A. Franchet 于 1886 年根据传教士 Delavay 采自云南的两份标本同时发表了两个新种：*P. delavayi* Franch. 和 *P. lutea* Delavay ex Franch.，前者采自丽江市，花紫红色，苞片大且数量多，而后者采自洱源县，花黄色（Franchet，1886）。这也是首次对牡丹组野生种类进行科学的记载与描述。但 Lynch（1890）的分类方案中并未提及 *P. delavayi* 和 *P. lutea*，还是认为牡丹类群中仅有一个种 *P. moutan* Sims。Huth（1892）的分类方案承认 *P. moutan*、*P. delavayi* 及 *P. lutea* 三个种，但认为前两者为灌木，而将 *P. lutea* 作为草本处理。Bruhl（1896）依据 1884 年采自西藏自治区南部亚东县春丕谷的植物标本发表了一个亚种 *P. suffruticosa* Andrews subsp. *atava* Bruhl。A. E. Finet 和 F. Gagnepain 于 1904 年对东亚地区分布的植物进行研究，认为牡丹类群仅有两个种：*P. moutan* 和 *P. delavayi*，将 *P. lutea* 作为 *P. delavayi* 的变种处理（Finet and Gagnepain，1904）。1906 年，Lemoine 发表了一个变型 *P. delavayi* var. *lutea* f. *superba* Lemoine，两年后，该变型被提升为变种 *P. lutea* var. *superba*。1913 年，Rehder 和 Wilson 共同发表了 *P. delavayi* 的一个变种 *P. delavayi* var. *angustiloba* Rehder et E. H. Wilson（Rehder and Wilson，1913），该种模式标本采自四川省康定县西部。英国人 R. J. Farrer 于 1914 年在甘肃西南部采集植物标本时于山坡灌丛中发现一株开白色花的野生牡丹，其花瓣基部均具紫色斑块（Farrer，1914），这是历史上首次对紫斑牡丹进行记录。1920 年，Rehder 又根据 W. Purdom 1910 年采自陕西延安和太白山的两个标本描述了一个新变种 *P. suffruticosa* var. *spontanea* Rehder，其花为粉红色，有时具瓣化雄蕊，同时 Rehder 指出该变种与 *P. suffruticosa* 相比小叶较宽，基部圆钝至宽楔形，叶背面脉上具柔毛，并且具根出条现象（Rehder，1920）。1921 年 V. L. Komarov 根据俄国人 G. N. Potanin 1893 年采自四川省雅江县的标本发表了新种 *P. potaninii* Komarov。他认为该种与 *P. delavayi* 和 *P. lutea* 较为相似，但其花紫色或粉色，叶片羽状分裂，裂片呈狭披针形，顶端渐尖（Komarov，1921）。同年，Schipczinski（1921）发表了 *P. delavayi* 的一个变种 *P. delavayi* var. *atropurpurea* Schipczinski。美国人 J. F. Rock 于 1925～1926 年在甘肃卓尼的喇嘛庙中久住，他将院中

一株牡丹的种子寄回美国，这些种子在欧美等国繁殖成功，性状与P. suffruticosa的品种差异较大，因此被称为'Rock's Variety'或'Joseph Rock'。1931年，F. C. Stern根据G. Forrest采自云南德钦县白马雪山的标本发表了新种P. trollioides Stapf ex Stern，该种花黄色（Stern，1931）。1933年，Bean发表了新变种P. delavayi var. alba Bean。1939年，H. Handel-Mazzetti（1939）根据瑞典人H. Smith 1922年采自四川卓斯甲的标本发表了新种P. decomposita Hand.-Mass.。

Stern（1946）在其研究芍药属的专著中不仅明确了该属内包含3个组，同时对各个组内包含的种进行了细致地描述。他的分类方案中牡丹组共包括4个种2个变种，其中P. suffruticosa和P. suffruticosa var. spontanea属于subsect. Vaginatae F. C. Stern（革质花盘亚组）；P. delavayi、P. lutea、P. potaninii和P. potaninii var. trollioides属于subsect. Delavayanae F. C. Stern（肉质花盘亚组）。Stern将P. papaveracea当作是P. suffruticosa的异名，还将P. decomposita认为是P. suffruticosa，但据其性状描述及引证标本来看，P. suffruticosa实际上应该是紫斑牡丹。同时Stern还将Bean的亚种降为变型P. potaninii Komarov forma alba（Bean）F. C. Stern。1936年，F. Ludlow、M. Sherriff和G. Taylor在西藏雅鲁藏布江河谷中发现一种野生牡丹，他们将种子寄回英国并繁殖，其植株特性优于之前引种至英国中的一些黄牡丹，后来英国学者F. C. Stern和G. Taylor对该植物进行了记载（Stern and Taylor，1951）。两年后，他们根据植株高矮、花型大小、花期及心皮数量的差异将其命名为P. lutea var. ludlowii Stern et Taylor（Stern and Taylor，1953）。

S. G. Haw和L. A. Lauener 1990年对P. suffruticosa的种内分类做了修订，尤其对栽培类型和野生类型的区分意义重大。在对比了采自中国甘肃武都的野生类型（即Farrer 1914年于甘肃所见白花紫斑类型）标本、P. papaveracea Andrews的标本以及'Rock's Variety'的后代后，他们发现野生类型性状与P. papaveracea差异很大，而与'Rock's Variety'性状非常相似，因此认为前人将P. papaveracea和P. suffruticosa var. papaveracea与野生类型'Rock's Variety'作为同一类群是不合适的。基于形态学差异和各自独特的分布区域他们将该野生类型与var. spontanea同时提升到亚种的等级，并将野生类型命名为P. suffruticosa subsp. rockii，以此来纪念J. Rock。同时他们还将'Papaveracea'作为P. suffruticosa的一个品种处理。在他们的分类方案中，P. suffruticosa下包括3个亚种，subsp. suffruticosa、subsp. rockii S. G. Haw et L. A. Lauener和subsp. spontanea（Rehder）S. G. Haw et L. A. Lauener，尽管subsp. atava可能是P. suffruticosa下第三个野生亚种，但是由于缺乏足够的标本证据，暂时只能作为一个可疑的分类处理（Haw and Lauener，1990）。

S. G. Haw（2001）对牡丹在中国的栽培历史进行了回顾，同时就牡丹组植物的分类提出了自己的见解，他基本认同洪德元和潘开玉的分类方案，但对于部分观点仍有质疑。第一，银屏牡丹的模式标本早已被鉴定为P. ostii（Osti，1994），并且另外一个栽培植株（河南省嵩县杨惠芳家栽植）也没有明显的证据表明这是野生类型的后代，因而银屏牡丹是一个无效命名。Haw认为*P. suffruticosa*就是一个杂交后代，并没有真正的野生类型，其原种应该为*P. spontanea*、*P. rockii*和*P.ostii*。第二，洪涛等（1992）发表新种*P. jishanensis* T. Hong et W. Z. Zhao时实际上已将*P. suffruticosa* subsp. *spontanea*划入该种范围内，但他们考虑到该亚种的模式标本（Purdom 1910年采自陕西省延安市）实则为一栽培植株，与野生类型性状仍有一些差异，并不能用作新种的模式标本，因此他们以采自山西省稷山县的野生类型作为该种的模式标本。Haw认为栽培的植株也可以作为模式标本，因此洪涛等实质上是将subsp. *spontanea*提升到种的等级，*P. jishanensis*就是一个多余的命名，其正确的名称应该为*P. spontanea*。这也是洪涛等于1994年又发表稷山牡丹*P. spontanea*（Rehder）T. Hong et W. Z. Zhao，并将*P. jishanensis* T. Hong et W. Z. Zhao作为该种异名的原因。第三，Haw赞成延安牡丹是一个杂种的观点，但正确的拉丁名应该为*Paeonia × yananensis* T. Hong & M. R. Li，而不是*Paeonia × papaveracea* Andrews。因为*P. papaveracea*实际上是*P. suffruticosa*的一个品种，其亲本来源于*P. rockii*、*P. spontanea*和*P. ostii*，而延安牡丹仅由*P. rockii*和*P. spontanea*杂交而成。第四，尽管牡丹组中植物种类数量较少，但由于性状存在较大差异，仍有必要进行次级分类，因此他采纳了Halda（1997）牡丹亚属subgenus *Moutan*（DC.）Seringe的分类观点，亚属下又可分为sect. *Moutan* DC.和sect. *Delavayanae*（F. C. Stern）J. J. Halda，其分别对应subsect. *Vaginatae* F. C. Stern和subsect. *Delavayanae* F. C. Stern。第五，Haw首次记载了一个组间杂交种*Paeonia × lemoinei* Rehder，该种由*P. delavayi*和*P. suffruticosa*杂交而成。第六，Haw仍然认为由于缺乏足够的证据，无法对*P. suffruticosa* subsp. *atava*（Bruhl）S. G. Haw et L. A. Lauener进行科学的分类。第七，洪涛等（1992）发表的*P. rockii*（S. G. Haw & Lauener）T. Hong & J. J. Li由于未指明基名（ssp. *rockii* S. G. Haw & Lauener）在引文中出现的准确页码，属于无效发表，而洪德元（1998）发表的*P. rockii*（S. G. Haw & Lauener）T. Hong & J. J. Li ex D. Y. Hong才是紫斑牡丹的有效拉丁学名。

二、国内学者对中国牡丹资源的调查与分类研究

1958年，方文培对中国的芍药属植物做了全面系统的调查记载，尤其是明确了各个种的中文名称意义更是重大，但遗憾的是方先生对于芍药属到底属于毛茛科（Ranunculaceae）还是芍药科不置可否。在他的分类方案中牡丹组共包括6个种2个变种及1个变型，其中革质花盘亚组subsect. *Vaginatae* F. C. Stern包括牡丹*P. suffruticosa*、矮牡丹*P. suffruticosa* var. *spontanea*及四川牡丹*P. szechuanica* Fang；肉质花盘亚组subsect. *Delavayanae* F. C. Stern包括野牡丹*P. delavayi*（德式牡丹，紫牡丹）、黄牡丹*P. lutea*、保氏牡丹*P. potaninii*、白花保氏牡丹*P. potaninii* forma *alba*、金莲牡丹*P. potaninii* var. *trollioides*和云南牡丹*P. yunnanensis*。*P. szechuanica*为方文培先生根据李馨1957年采自马尔康阿木里定沟的标本发表的新种，他认为该种与*P. suffruticosa*及*P. decomposita*（他称之中文名为羽叶牡丹）亲缘相近，但三者性状又有所不同，因此他不认同Stern（1946）将*P. suffruticosa*和*P. decomposita*作为同一种处

理的观点，而是将 P. decomposita 作为一个不完全知道的种类。方先生发表的另外一个新种 P. yunnanensis 的模式标本由俞德浚1937年采自云南省丽江市文笔山，但是其标本显示花为重瓣，叶也像 P. suffruticosa。

《中国高等植物图鉴》（中国科学院植物研究所，1972）仍将芍药属置于毛茛科内，且仅记载了牡丹组3个种1个变种，即牡丹 P. suffruticosa、矮牡丹 P. suffruticosa var. spontanea、四川牡丹 P. szechuanica Fang 及紫斑牡丹 P. papaveracea。该著作对 P. papaveracea 首次给予中文名紫斑牡丹，并且认为牡丹组中仅 P. suffruticosa 为栽培类型，其余均为野生种类型。《中国植物志》中记载牡丹组植物有3个种，即牡丹 P. suffruticosa、四川牡丹 P. szechuanica 和野牡丹 P. delavayi。该著作中记载 P. suffruticosa 下有3个变种，var. suffruticosa、矮牡丹 var. spontanea 和紫斑牡丹 var. papaveracea，其中后两者为野生类型，同时还将 P. decomposita 作为该种的异名。关于 P. moutan subsp. atava Bruhl，该著认为与 P. suffruticosa 所描述性状既有差异又有相同之处，但因未见标本，故暂将其作为 P. suffruticosa 种内的一个类群处理。P. delavayi 下的3个变种为 var. delavayi、狭叶牡丹（保氏牡丹）var. angustiloba 及黄牡丹 var. lutea，该著将 P. potaninii 作为 P. delavayi var. angustiloba 的异名，并且首次将其中文名命名为狭叶牡丹，同时还将 P. trollioides 和 P. potaninii var. trollioides 作为 P. delavayi var. lutea 的异名（中国科学院中国植物志编辑委员会，1979）。遗憾的是以上两本著作均忽略了 P. lutea var. ludlowii 的存在。

1992年，洪涛等（1992）发表了他们关于中国野生牡丹研究的第一篇文章，在此文章中共发表了3个新种：杨山牡丹 P. ostii T. Hong et J. X. Zhang、稷山牡丹 P. jishanensis T. Hong et W. Z. Zhao 及延安牡丹 P. yananensis T. Hong et M. R. Li，同时还将 subsp. rockii（Haw and Lauener，1990）提升到种的等级，即紫斑牡丹 P. rockii（S. G. Haw et L. A. Lauener）T. Hong et J. J. Li。稷山牡丹 P. jishanensis 的模式标本采自山西稷山西丘，与 P. suffruticosa var. spontanea（Rehder，1920）的主要区别在于其花瓣白色，雄蕊无瓣化现象。因此他们认为 Haw 和 Lauener（1990）将产于山西省稷山县马家沟的白花单瓣野生类型鉴定为 P. suffruticosa subsp. spontanea 是不合适的。P. suffruticosa subsp. spontanea 所具瓣化雄蕊应该是野生牡丹经过栽培后所产生的性状，其应该被作为栽培品种'Spontanea'对待。关于新等级 P. rockii，作者认为是我国特产的野生牡丹，其后代演变的若干栽培品种已形成紫斑牡丹系列品种群，而 P. suffruticosa 实则为栽培牡丹品种群的统称，因此二者不宜混淆，应加以区分。1994年，洪涛等（1994）发表了关于中国野生牡丹研究的第二篇文章，基于甘肃文县所采集的标本发表了紫斑牡丹的一个亚种林氏牡丹 P. rockii（S. G. Haw et L. A. Lauener）T. Hong et J. J. Li subsp. linyanshanii T. Hong et G. L. Osti，该亚种小叶多为披针形或窄卵形，全缘，而原种的小叶多是卵形或卵圆形，常1~3深裂。P. suffruticosa subsp. spontanea（Rehder）S. G. Haw et L. A. Lauener 被提升到种的等级，即稷山牡丹 P. spontanea（Rehder）T. Hong et W. Z. Zhao，而之前发表的 P. jishanensis 被当作该种的异名。1995年，裴颜龙和洪德元（1995）发表了新种卵叶牡丹 P. qiui Y. L. Pei et Hong，其模式标本采自湖北神农架松柏镇。该种小叶通常全缘，多紫红色，卵形或卵圆形，与 P. suffruticosa subsp. spontanea 都具二回三出复叶，小叶数为9，但该种顶生小叶浅裂或具齿是与后者所不同的。

洪德元（Hong et al.，1996）查阅了 P. decomposita 的模式标本，认为其在小叶数、花色、花盘颜色及心皮是否有毛等性状上与 P. suffruticosa 和 P. rockii 的差异明显，并且其与两者的野生分布区未有重叠。同时他们还对比 P. decomposita 和 P. szechuanica 的模式标本，认为二者应为同一植物，故将 P. decomposita Hand.-Mass.作为四川牡丹正确的拉丁名，而 P. szechuanica Fang 应该作为该种的异名。后来，洪德元（Hong，1997a）对多年来他们课题组成员在四川省西北部野外调查的工作进行总结，发现分布于四川省大渡河流域和岷江流域的四川牡丹 P. decomposita 在心皮数量、小叶形状上有着明显差异，因此该种下应包含两个异域分布的亚种，即 subsp. decomposita 和 subsp. rotundiloba D. Y. Hong。同年，洪德元（Hong，1997b）对西藏自治区分布的芍药属植物进行研究，他的团队在 P. suffruticosa Andrews subsp. atava（Bruhl，1896）的模式标本采集地亚东县春丕谷进行了详细的野外调查，并没有发现一株野生牡丹。在查阅了 subsp. atava 的标本后，他发现其与 P. rockii（洪涛 等，1992）的性状相似，因此认为 subsp. atava 应该是由秦岭地区的 P. rockii 引种至西藏自治区栽培的。同时洪德元还将 P. lutea var. ludlowii Stern et Taylor 提升到种的等级，即 P. ludlowii（Stern et Taylor）Hong。Halda（1997）认可 Haw 和 Lauener（1990）关于 subsp. rockii 和 subsp. spontanea 的分类，并将杨山牡丹 P. suffruticosa Andr. subsp. ostii（T. Hong et J. X. Zhang）J. J. Halda 降为亚种，同时还将林氏牡丹 P. suffruticosa Andr. subsp. rockii S. G. Haw et L. A. Lauener var. linyanshanii（T. Hong et G. L. Osti）J. J. Halda、延安牡丹 P. suffruticosa Andr. subsp. rockii S. G. Haw et L. A. Lauener var. yananensis（T. Hong et M. R. Li）J. J. Halda、稷山牡丹 P. suffruticosa subsp. spontanea（Rehder）S. G. Haw et L. A. Lauener var. jishanensis（T. Hong et W. Z. Zhao）J. J. Halda 和卵叶牡丹 P. suffruticosa subsp. spontanea（Rehder）S. G. Haw et L. A. Lauener var. qiui（Y. L. Pei et Hong）J. J. Halda 均降为变种。

1997年，洪涛和戴振伦（1997）发表了关于中国野生牡丹研究的第三篇文章，此文章中发表了2个亲缘关系较近的新种：红斑牡丹 P. ridleyi Z. L. Dai et T. Hong 和保康牡丹 P. baokangensis Z. L. Dai et T. Hong。作者认为红斑牡丹与之前发表的延安牡丹亲缘关系较近，红斑牡丹小叶基部多心形，且仅顶生小叶3裂，而延安牡丹小叶多具深裂、浅裂及粗齿，基部多楔形。沈保安（1997a）发表了一个新变种药用牡丹 P. ostii T. Hong et J. X. Zhang var. lishizhenenii B. A. Shen，该变种为我国传统药材"凤丹皮"的原植物。同年，沈保安（1997b）对牡丹组的植物资源进行了系统报道，共包括6个种：矮牡丹 P. spontanea（Rehder）T. Hong et W. Z. Zhao、卵叶牡丹 P. qiui Y. L. Pei et Hong、紫斑牡丹 P. rockii（S. G. Haw et L. A. Lauener）T. Hong et J. J. Li、杨山牡丹 P. ostii T. Hong et J. X. Zhang、四川牡丹 P. decomposita Hand.-Mazz.、野牡丹 P. delavayi；2个亚种：林氏牡丹 P. rockii（S. G. Haw et L. A. Lauener）

T. Hong et J. J. Li subsp. *linyanshanii* T. Hong et G. L. Osti、药用牡丹*P. ostii* T. Hong et J. X. Zhang ssp. *lishizhenenii* B. A. Shen；2个变种：狭叶牡丹 *P. delavayi* var. *angustiloba* Rehd. et Wils.、黄牡丹 *P. delavay* Franch. var. *lutea*（Delavay ex Franch.）Finet et Gagnep.；1个复合体：牡丹 *P. suffruticosa* Andr. complex。他将药用牡丹提升到亚种的等级，同时称 *P. suffruticosa* Andr. complex 是由矮牡丹和紫斑牡丹主要杂交而成的复合体。同年，王莲英（1997）在其著作《中国牡丹品种图志》中首次对牡丹组各野生种的分布及生境进行了综合性的阐述，其意义重大。革质花盘亚组 subsect. *Vaginatae* F. C. Stern 内包括5个种：矮牡丹（稷山牡丹）*P. spontanea*（Rehder）T. Hong et W. Z. Zhao、卵叶牡丹 *P. qiui* Y. L. Pei et D. Y. Hong、紫斑牡丹 *P. rockii*（S. G. Haw et L. A. Lauener）T. Hong et J. J. Li、杨山牡丹 *P. ostii* T. Hong et J. X. Zhang 和四川牡丹 *P. decomposita* Hand.-Mazz.，1个亚种林氏牡丹 *P. rockii*（S. G. Haw et L. A. Lauener）T. Hong et J. J. Li subsp. *linyanshanii* T. Hong et G. L. Osti；肉质花盘亚组 subsect. *Delavayanae* F. C. Stern 包括3个种：狭叶牡丹 *P. potaninii* Kom.、紫斑牡丹 *P. delavayi* Franch. 和黄牡丹 *P. lutea* Delavay ex Franch.，2个变种：金莲牡丹 *P. potaninii* var. *trollioides*（Stapf ex F. C. Stern）F. C. Stern 和大花黄牡丹 *P. lutea* var. *ludlowii* Stern et Taylor，及1个变型白莲牡丹 *P. potaninii* Komarov forma *alba*（Bean）F. C. Stern。王莲英（1997）同时还将观赏牡丹根据栽培地区和野生原种的不同分为4个品种群，即中原牡丹品种群（主要原种为矮牡丹、紫斑牡丹和杨山牡丹）、西北牡丹品种群（主要原种为紫斑牡丹，也有矮牡丹的血缘）、江南牡丹品种群（主要原种为杨山牡丹）和西南牡丹品种群（主要原种为矮牡丹、紫斑牡丹，或有杨山牡丹）。

李嘉珏等（1998）通过多年来对 *P. lutea* var. *ludlowii* 和 *P. lutea* 的综合比较研究，认为二者在诸多表型性状和染色体核型、带型上存在明显差异，因此将 var. *ludlowii* 提升到种的等级，即 *P. ludlowii*（Stern et Taylor）J. J. Li et D. Z. Chen。但可能由于当时信息交流不便，他们并不知道洪德元已于1997年将大花黄牡丹提升到种的等级，因此他们的命名属于后期同名（later homonym）。洪德元团队1988—1997年在云南、四川、西藏进行了大量的野外调查工作，对采集的 *P. delavayi*、*P. lutea*、*P. potaninii*、*P. trollioides*、*P. delavayi* var. *angustiloba*、*P. delavayi* var. *atropurpurea* 和 *P. delavayi* var. *alba* 等植株标本性状进行数据分析，发现植株花色、叶裂片宽度和数量以及花萼数量和形状在居群间和居群内均存在较大的变异，并且这种变异是连续的。因此洪德元等（Hong et al., 1998）将这些种及变种作为一个种处理，即滇牡丹复合体 *P. delavayi* complex，而前人分出来的类群只是一些极端形态变异。同年，洪德元等（1998）以采自安徽省巢湖银屏山的牡丹标本发表了一个亚种银屏牡丹 *P. suffruticosa* Andrews subsp. *yinpingmudan* Hong, K. Y. Pan et Z. W. Xie，即 *P. suffruticosa* 的野生近亲。其他广泛栽培作观赏用的牡丹正是由这一类型培育驯化而来的，但这一类型仅有两个植株，一株位于安徽省银屏山，另一株位于河南省嵩县木植街乡一乡村教师家中（由当地山上引种）。洪德元（1998）根据多年的野外考察和标本观察，将紫斑牡丹 *P. rockii* 种下分为两个异域的亚种：模式亚种subsp. *rockii*和太白山紫斑牡丹subsp. *taibaishanica* Hong。他查看了*P. rockii*的模式标本（即'Rock's Variety'），发现与*P. rockii* subsp. *linyanshanii*（洪涛 等，1994）所描述的性状一致，且二者模式标本产地相近，应为同一类群，因此*P. rockii* subsp. *linyanshanii*就是一个多余名。太白山紫斑牡丹与模式亚种相比其小叶大部分深裂，主要产于陕西省太白山、陇县及甘肃省天水市。

  1999年，洪德元和潘开玉共同发表了牡丹组植物分类史上里程碑式的文章（洪德元和潘开玉，1999）。他们首先对牡丹组植物近两百年的分类历史做了回顾及讨论，然后结合团队多年来的野外调查经验及全世界各大植物标本馆的标本观察，提出牡丹组植物分类方案。牡丹组共包括8个种：牡丹*P. suffruticosa* Andrews、矮牡丹*P. jishanensis* T. Hong et W. Z. Zhao、卵叶牡丹*P. qiui* Y. L. Pei et D. Y. Hong、凤丹（杨山牡丹）*P. ostii* T. Hong et J. X. Zhang、紫斑牡丹*P. rockii*（S. G. Haw et L. A. Lauener）T. Hong et J. J. Li、四川牡丹*P. decomposita* Hand.-Mazz.、滇牡丹*P. delavayi* Franch.和大花黄牡丹*P. ludlowii*（Stern et Taylor）D. Y. Hong，其中*P. suffruticosa*包括2个亚种：栽培亚种subsp. *suffruticosa*和银屏牡丹subsp. *yinpingmudan* D. Y. Hong，*P. rockii*包括2个亚种：模式亚种subsp. *rockii*和太白山紫斑牡丹subsp. *taibaishanica*，*P. decomposita*同样包括2个亚种：模式亚种subsp. *decomposita*和圆裂四川牡丹subsp. *rotundiloba* D. Y. Hong。分类方案中还包括2个杂种：由*P. rockii*和*P. jishanensis*杂交而成的延安牡丹*Paeonia* × *papaveracea* Andrews及由*P. rockii*和*P. qiui*杂交而成的保康牡丹*Paeonia* × *baokangensis* Z. L. Dai et T. Hong。同时洪德元和潘开玉认为牡丹组中仅有8个种，依据花盘类型可分为3个类群（牡丹、矮牡丹、卵叶牡丹、凤丹、紫斑牡丹一类；四川牡丹单独成一类；滇牡丹和大花黄牡丹成一类），没有必要再作亚组的分类。同年，洪德元和潘开玉（Hong and Pan，1999）还发表了另外一篇具有里程碑意义的文章，他们对*P. suffruticosa* complex的分类学概念进行了详尽的论述，认为*P. suffruticosa* complex正确的含义应该是*P. suffruticosa*和与其亲缘关系较近的4个种*P. jishanensis*、*P. qiui*、*P. ostii*及*P. rockii*组成的一个复合体。*P. suffruticosa*包括栽培亚种*P. suffruticosa* ssp. *suffruticosa*和野生亚种*P. suffruticosa* ssp. *yinpingmudan*，*P. rockii*同样包括两个亚种*P. rockii* ssp. *rockii*和*P. rockii* ssp. *taibaishanica*。1999年，Halda（1999）将大花黄牡丹提升到黄牡丹的亚种等级，即*P. lutea* Delavay ex Franchet subsp. *ludlowii*（Stern & Taylor）J. J. Halda。

  2001年，沈保安（2001）对牡丹组药用植物进行了重新的修订，新的分类方案中包括8个种：牡丹（栽培种）*P. suffruticosa* Andr.、银屏牡丹*P. yinpingmudan*（D. Y. Hong，K. Y. Pan et Z. W.Xie）B . A. Shen、杨山牡丹*P. ostii* T. Hong et J. X. Zhang、矮牡丹*P. jishanensis* T. Hong et W. Z. Zhao、卵叶牡丹*P. qiui* Y. L. Pei et Hong、紫斑牡丹*P. linyanshanii*（S. G. Haw et L. A. Lauener）B. A. Shen、四川牡丹*P. decomposita* Hand.-Mazz.、紫牡丹*P. delavayi* Franch.；7个亚种：河南牡丹*P. yinpingmudan*（D. Y. Hong，K. Y. Pan et Z. W.Xie）B . A. Shen subsp. *henanensis*（D. Y. Hong，K. Y. Pan et Z. W. Xie）B . A. Shen、药用牡丹*P. ostii* T. Hong et J.

X. Zhang ssp. *lishizhenenii*（B. A. Shen）B. A. Shen、太白山牡丹*P. linyanshanii*（S. G. Haw et L. A. Laeuner）B. A.Shen subsp. *taibaishanica*（D. Y. Hong）B. A. Shen、圆裂四川牡丹subsp. *rotundiloba* D. Y. Hong、狭叶牡丹*P. delavayi* Franch. subsp. *angustiloba*（Rehd. et Wils.）B. A. Shen、黄牡丹*P. delavay* Franch. subsp. *lutea*（Delavay ex Franch.）B. A. Shen、大花黄牡丹*P. delavay* Franch. subsp. *ludlowii*（Stern & Taylor）B. A. Shen。洪德元及其合作者（洪德元 等，2004；洪德元和潘开玉，2005a）对沈保安的修订方案提出了不同见解。第一，关于牡丹复合体*P. suffruticosa* complex的分类学概念他们已经在之前的文章（Hong and Pan，1999）中做了详细的论述，因而沈保安所提牡丹*P. suffruticosa* Andr.是牡丹组数种植物的复合体这一观点是不正确的。根据国际植物命名法规，*P. suffruticosa* Andr.有自己的模式标本，因此它就是一个合法种的名称，其包括野生类型*P. suffruticosa* ssp. *yinpingmudan*和栽培类型*P. suffruticosa* ssp. *suffruticosa*。第二，沈保安所提新种银屏牡丹是不合适的，该种只能被认定为亚种，另外一个新种河南牡丹拉丁名不符合国际植物命名法规，因此是不合法的命名。第三，沈保安发表的紫斑牡丹*P. linyanshanii*（S. G. Haw et L. A. Lauener）B. A. Shen其拉丁名是不合法的，因为他把该基名的著者搞错了，应该是T. Hong et G. L. Osti；沈保安既然承认*P. linyanshanii*和*P. rockii*的模式为同一种植物，那按照优先律而言*P. rockii*就是合法学名。同时，洪德元等再次强调了洪涛等（1992）发表*P. rockii*（S. G. Haw & Lauener）T. Hong & J. J. Li时未指明基名（ssp. *rockii* S. G. Haw & Lauener）在引文中出现的准确页码，因而该名称属于无效发表，*P. rockii*（S. G. Haw & Lauener）T. Hong & J. J. Li ex D. Y. Hong才是有效学名。第四，沈保安发表的药用牡丹*P. ostii* T. Hong et J. X. Zhang ssp. *lishizhenenii*（B. A. Shen）B. A. Shen的同号标本显示其小叶类型属于*P. ostii*的正常自然变异，因此不能单独成亚种。第五，沈保安在*P. delavayi*下分了狭叶牡丹subsp. *angustiloba*和黄牡丹subsp. *lutea*两个亚种是不合理的，他们在之前的文章（Hong et al.，1998）中已经对该类群做了详细的研究，*P. delavayi*只是一个性状多变的种而已。第六，洪德元（Hong，1997b）将大花黄牡丹提升到种的等级这已经被国内外学者所认同，并且分子生物学证据（邹喻苹 等，1999）也表明大花黄牡丹就是单独的种，但沈保安仍将大花黄牡丹作为亚种处理，这显然是不正确的。

2002年，由中国牡丹全书编撰委员会（2002）耗时3年编写的鸿篇巨制《中国牡丹全书》出版，其内容涉及牡丹的起源与发展史，种质资源的分布与分类，园艺品种的选育、繁殖与栽培，牡丹的经济文化、人物传记等方面。关于牡丹组植物的分类，该著作采用了洪涛的方案，即牡丹组共包括12个种，分别是牡丹*P. suffruticosa* Andrews、杨山牡丹*P. ostii* T. Hong et J. X. Zhang、稷山牡丹*P. jishanensis* T. Hong et W. Z. Zhao、卵叶牡丹*P. qiui* Y. L. Pei et D. Y. Hong、延安牡丹*P. yananensis* T. Hong et M. R. Li、保康牡丹*P. baokangensis* Z. L. Dai et T. Hong、红斑牡丹*P. ridleyi* Z. L. Dai et T. Hong、紫斑牡丹*P. rockii*（S. G. Haw et L. A. Lauener）T. Hong et J. J. Li、四川牡丹*P. decomposita* Hand.-Mazz.、野牡丹*P. delavayi* Franch.、黄牡

丹 P. lutea Delavay ex Franch. 和大花黄牡丹 P. ludlowii（Stern et Taylor）D. Y. Hong，其中紫斑牡丹包括两个亚种：模式亚种 subsp. rockii 和林氏牡丹 subsp. linyanshanii。杨山牡丹、稷山牡丹及延安牡丹经过长期的栽培，形成了各自的栽培品种群。该著作中同时还列举了另外3个具有代表性的牡丹组分类方案，即李嘉珏所分10个种方案（李嘉珏，1999）、陈俊愉所分9个种方案（陈俊愉，2000）和洪德元所分8个种2个杂种方案（洪德元和潘开玉，1999）。

对洪德元和潘开玉（2005b）对 S. G. Haw（2001）所提的几点质疑做出了解答。第一，在对比 P. suffruticosa Andr. 和 P. suffruticosa subsp. yinpingmudan 的模式标本后，他们坚信自己的分类是正确的；同时还对比了 P. suffruticosa subsp. yinpingmudan 和 P. ostii 的叶片，认为二者明显不属于一类。尽管不确定河南省嵩县的那一株 subsp. yinpingmudan 到底是栽培类型还是由附近山上的野生类型引种，但他们确信该区域山上曾经肯定有大量野生类型分布，之所以现在一株也找不到是由于生境的破坏和人们出于药用及观赏用途的无节制采挖。第二，观赏牡丹是由多个种起源的复合体，至少包括 P. suffruticosa Andr.、P. rockii、P. ostii、P. jishanensis 以及它们的杂交种，并且分子生物学的证据（赵宣 等，2004）也证实了 P. suffruticosa Andr. 是一个单独的种而不是一个杂种。第三，Halda（1997）将卵叶牡丹作为 P. suffruticosa ssp. spontanea 下的品种是不正确的，因为卵叶牡丹在小叶叶形、分裂情况及颜色等性状上与其有很大的差异，卵叶牡丹就是一个独立的种。同样，Halda（1997）将 P. ostii 作为 P. suffruticosa 下的亚种是不正确的，因为二者的叶片特征差异明显，属于明显的两个种。第四，洪涛等在1992年的文章中并没有明确提及 'cv. spontanea' 属于新种 P. jishanensis 的范畴内，但是却详细描述了 P. jishanensis 与 'cv. spontanea' 相比花瓣为白色，雄蕊不具瓣化现象，因此并未有明确的证据表明 P. jishanensis 是不合法的名称。洪涛等（1994）又发表的新种 P. spontanea（Rehder）T. Hong & W. Z. Zhao 就是 P. jishanensis 的一个异名。第五，Haw 和 Lauener（1990）以及 Haw（2001）之所以不认同 P. suffruticosa ssp. atava 属于 P. rockii 范畴内，其原因在于 P. suffruticosa ssp. atava 的模式标本中花瓣基部并没有紫斑。洪德元和潘开玉查阅 ssp. atava 的原始材料后发现，尽管花瓣标本基部没有紫斑，但是有文字记载了花瓣基部具有紫斑这一性状，而标本褪色可能是由于不恰当的保存条件导致的。同时他们还发现 ssp. atava 与之前发表的 P. rockii ssp. taibaishanica D. Y. Hong 性状极其相似，二者为同一物种，太白山紫斑牡丹的正确学名应为 P. rockii ssp. atava（Brühl）D. Y. Hong & K. Y. Pan，而 ssp. taibaishanica 则是它的异名。第六，他们再次强调 P. delavayi Franch. 是一个性状多变的种，同时 P. ludlowii（Stern & Taylor）D. Y. Hong 是一个好种。

朱相云和洪涛（Zhu and Hong，2005）意识到林氏牡丹的拉丁名 P. rockii（S. G. Haw et L. A. Lauener）T. Hong et J. J. Li subsp. linyanshanii T. Hong et G. L. Osti（洪涛 等，1994）是无效发表，因此基于有效发表的品种名 P. suffruticosa var. linyanshanii J. J. Halda（Halda，1997）重新发表了 P. rockii（S. G. Haw et L. A. Lauener）T. Hong et J. J. Li ex D. Y. Hong subsp. linyanshanii（J. J. Halda）T. Hong et G. L. Osti。同时由于该亚种的原模式标本（Zhang Qi-rong19930428，CAF）丢失，因此重新指定了模式标本（Zhang Qi-rong 19920517，PE）。Zhou（2006）对牡丹组野生种的分类、地理分布及生境进行了系统的报道，他完全认同洪德元的分类方案（Hong 等，1999；洪德元和潘开玉，1999），但遗憾的是他并未看到洪德元后来对紫斑牡丹 *P. rockii*（S. G. Haw & Lauener）T. Hong & J. J. Li ex D. Y. Hong 及太白山紫斑牡丹 *P. rockii* ssp. *atava*（Brühl）D. Y. Hong & K. Y. Pan 合法拉丁名的修订，仍然使用的是错误名称。Hong 等（2007）意识到分子数据和形态学数据均支持产自安徽省巢湖的银屏牡丹模式标本（潘开玉和谢中稳9701）实则是 *P. ostii*，因而河南嵩县的银屏牡丹另一个植株（洪德元等H97010）就是一个单独的分类群。基于这一植株他们发表了新种中原牡丹 *P. cathayana* D. Y. Hong & K. Y. Pan，并将 *P. suffruticosa* ssp. *yinpingmudan* 作为 *P. ostii* 的一个异名处理。*P. cathayana* 与 *P. ostii*、*P. jishanensis* 亲缘较近，但在小叶数量及花色等性状上有着显著区别。Hong（2011a）发现四川牡丹的两个亚种在心皮数量、花盘高度、小叶数及顶端小叶形状上有着显著差异，同时分子数据也显示二者亲缘关系较远，因此将 subsp. *rotundiloba* 提升到种的等级，即 *P. rotundiloba*（D. Y. Hong）D. Y. Hong。

洪德元总结他们课题组多年的研究结果，相继出版了关于芍药科植物研究的世界性专著 *Peonies of the World: Taxonomy and Phytogeograpy*（Hong，2010）和 *Peonies of the World: Polymorphism and Diversity*（Hong，2011b）。他指出芍药属共包括33个种，其中牡丹组 sect. *Moutan* 含9个种，北美芍药组 sect. *Onaepia* 含2个种，芍药组 sect. *Paeonia* 含22个种。此时洪德元认可了 F. C. Stern 将牡丹组划分为两个亚组的观点，其中肉质花盘亚组 subsect. *Delavayanae* Stern 包括 *P. delavayi* Franch. 和 *P. ludlowii*（Stern et Taylor）D. Y. Hong，革质花盘亚组 subsect. *Vaginatae* Stern 包括四川牡丹 *P. decomposita* Hand.-Mazz.、圆裂牡丹 *P. rotundiloba*（D. Y. Hong）D. Y. Hong、紫斑牡丹 *P. rockii*（S. G. Haw & Lauener）T. Hong & J. J. Li ex D. Y. Hong（其下有模式亚种 subsp. *rockii* 和太白山紫斑牡丹 subsp. *atava*（Brühl）D. Y. Hong & K. Y. Pan）、凤丹 *P. ostii* T. Hong et J. X. Zhang、矮牡丹 *P. jishanensis* T. Hong et W. Z. Zhao、卵叶牡丹 *P. qiui* Y. L. Pei et D. Y. Hong、和中原牡丹 *P. cathayana* D. Y. Hong & K. Y. Pan。

李嘉珏（李嘉珏，2005；李嘉珏 等，2011）并未完全认同洪德元的分类方案。第一，栽培种 *P. suffruticosa* Andr. 仅是现有栽培牡丹中的一部分而非全部，具体应界定为中国中原牡丹品种群中的传统品种，还包括中原牡丹早年引种到国内其他地方，或引种国外后，通过驯化改良而形成的品种类群。第二，中原牡丹 *P. cathayana* 实际上就是 *P. suffruticosa* Andr. 中的一个成员，而该成员恰好仅有传统品种特有的遗传成分，并未包含任何现有野生种的遗传组分。第三，根据引种地后代性状、叶片及种子蛋白谱带、花色素组成和地理生殖隔离等方面的研究结果，他认为洪德元将三个近缘种 *P. delavayi*、*P. lutea* 及 *P. potaninii* 完全合并为一个大种，而没种下类型是不合适的。在李嘉珏的分类系统中，牡丹组植物包括1个栽培种和9个野生种，即矮牡丹 *P. jishanensis* T. Hong et W. Z. Zhao、卵叶牡丹 *P. qiui* Y. L. Pei et D. Y. Hong、杨山牡丹 *P. ostii* T. Hong et J. X. Zhang、紫斑牡丹 *P. rockii*（S. G. Haw &

Lauener）T. Hong & J. J. Li ex D. Y. Hong（其下有模式亚种subsp. *rockii*和太白山紫斑牡丹subsp. *atava*（Brühl）D. Y. Hong & K. Y. Pan）、四川牡丹*P. decomposita* Hand.-Mazz.（其下有模式亚种subsp. *decomposita*和圆裂四川牡丹subsp. *rotundiloba* D. Y. Hong）、紫牡丹*P. delavayi* Franch.、黄牡丹*P. lutea* Delavay ex Franch.和大花黄牡丹*P. ludlowii*（Stern et Taylor）D. Y. Hong。

第二节　中国野生牡丹分布概述

植物的地带性分布包括水平分布和垂直分布。水平分布是指生物不同经度、纬度上的横向自然分布，而垂直分布是指生物在地面高度或水层深度等重力方向上的自然分布。中国野生牡丹的水平分布主要由于不同纬度地区温度、湿度差异而引起，而垂直分布主要由于受海拔高度的影响而造成的温度不同所引起的。

一、中国野生牡丹的水平分布

中国境内共有8个省份（自治区）分布有牡丹组植物，分别是陕西省、河南省、山西省、甘肃省、湖北省、四川省、云南省、西藏自治区，其中陕西省同时分布着4个种及1个亚种，是资源最丰富的省份。陕西省位于我国西北部，地域南北长、东西窄，省内河流、山脉众多，主要河流有黄河、汉江、嘉陵江、渭河、泾河等，主要山脉有秦岭、大巴山与子午岭山脉。全省地势南、北高中间低，由北至南分别为黄土高原、关中平原、秦巴山区（汉水谷地）。省内气候差异很大，由北向南渐次过渡为温带、暖温带和北亚热带，也正是这种丰富的地形与气候特点为牡丹的生长提供了合适的环境，使这里成为野生牡丹的主要原生地。

二、中国野生牡丹的垂直分布

革质花盘亚组（Subsect. Vaginatae F. C. Stern）主要分布于子午岭、秦巴山区及青藏高原东部地区海拔700～3000m的山坡灌丛及林下，肉质花盘亚组（Subsect. Delavayanae F. C. Stern）主要分布于云贵高原西北部及青藏高原东南部海拔2000～3600m的山地灌丛中，二者在水平和垂直分布上均有较为明显的区别。四川牡丹属于革质花盘亚组，但其心皮无毛，与肉质花盘亚组各种类似。从水平分布上看，除了四川牡丹外革质花盘亚组其他种均分布于秦巴山区沿线及以北山脉地带，肉质花盘亚组4个种均分布于青藏高原东南部及云贵高原西北部，而四川牡丹仅分布在青藏高原东部地区，属于上述二者的中间区域；从垂直分布上看（图1-1），除了四川牡丹外革质花盘亚组其他4个种分布海拔为700～2300m，肉质花盘亚组4个种分布海拔为2000～3600m，而四川牡丹的分布海拔基本上也处于二者区间。综合来看，四川牡丹应该是处于革质花盘和肉质花盘亚组之间的过渡种。

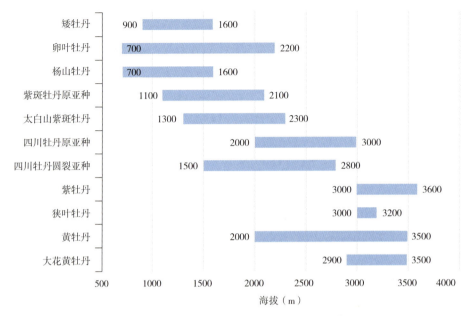

图1-1 中国芍药属牡丹组野生种的垂直分布

第三节　中国野生牡丹的分布特征

宋·寇宗奭《图经》谓:"牡丹生巴郡山谷及汉中,丹、延、青、越、滁、和州诸山中亦有之。花皆单叶,有黄紫红白数色。"由此可见,在宋代我国野生牡丹的分布可谓遍布黄河上下、大江南北以及东南沿海。近年来,我国植物学家也多次深入山林沟壑、荆棘荒坡,对中国野生牡丹资源进行实地考察,并对野生牡丹的分布方式和种群特征进行整理归纳,提出了许多新的见解,使中国牡丹研究迈入新的阶段,也为牡丹资源的开发和利用提供了科学依据。

一、野生牡丹的群落特征

野生牡丹主要分布在灌木丛、林下或溪边,与松属、侧柏属、构属、山茱萸属、栎属、蔷薇属、胡桃属、盐肤木属等植物相间生长。在野生牡丹自身的群落中,上层为5~8年生的植株,下层为1~2年生的幼苗,3~4年植株在二者之间高度在0.1~2m之间浮动,这说明牡丹群落具有一定的自然更新能力。野生牡丹多生长于郁闭度低的疏林中,少见于郁闭度高的密林中,即使有生长其枝冠多处于林缘的外侧或上层乔木枝干稀疏处,但其普遍长势瘦弱,分枝少,不及光照充足处的植株,这说明其具有喜光性,但也稍具耐阴性。野生牡丹多生长于具有一定坡度的地势上,在地势低洼处很少见野生植株,即使有植株生长其根部土壤较周围地势要稍高,这说明牡丹喜欢在排水良好的环境中生长,忌积水。调查中发现,只要在水分与光照条件适宜的条件下,野生牡丹也可在具有土壤的山坡脚岩石缝隙中生长,如商南县十里坪镇大竹园的杨山牡丹居群,这说明野生牡丹有着极强的适应能力。

在不同海拔高度的牡丹群落中,其群落组成各不相同。野生牡丹群落的分布随着海拔升高,灌丛郁闭度与植株高度都降低,其他植物可以在其群落中生长,其分布的植物种类较其他牡丹都多,群落比较丰富。分布海拔稍低点的野生牡丹,生境条件稍好,植株长势好,常为郁闭度较大的纯林(如商南县金丝峡镇二郎庙杨山牡丹居群),所以其伴生植物分布的灌木与草本都比较缺乏,群落组成比较单薄。而分布海拔最低的野生牡丹,多为分布在林缘的高大灌木林,其处于主林层的优势种地位,作为建群种,形成灌木丛,可与林下草本植物混生。

二、野生牡丹的分布方式

野生牡丹主要分布在山脉的中低部地带的广大地区,由于陕西省境内水热条件差异较大及气候组成的不同,野生牡丹的分布也有相应变化。从水平分布上看,紫斑牡丹分布的地点最多,水平跨度也最大,这说明紫斑牡丹有较强的适应性;其余野生牡丹水平跨度较小。从分布海拔上来看,野生牡丹有着非常明显的垂直分布特点,肉质花盘亚组生长的平均海拔较高,而卵叶牡丹、黄牡丹和四川牡丹圆裂亚种的生长海拔跨度则较大。

野生牡丹居群生长在不同的区域,由于气候、地形、生境的不同,野生牡丹灌丛在分布方式上也存在很大的差异,主要的分布方式有点状、块状和片状三种(图1-2;图1-3;图1-4)。在调查过程中发现,大部分野生牡丹为点状和块状分布,少数几个野生居群为片状分布,如耀州区照金镇紫斑牡丹居群和商南县金丝峡镇杨山牡丹居群。

图1-2 点状分布
(左:陕西省太白县的紫斑牡丹,右:四川省雅江县的狭叶牡丹)

图1-3 块状分布
（左：陕西省宜川县的矮牡丹，右：西藏自治区林芝市的大花黄牡丹）

图1-4 片状分布
（云南省香格里拉市普达措国家公园的紫牡丹）

第二章
中国牡丹种质资源研究历史

牡丹的发展历史悠久，栽培格局也在其发展过程中逐渐变化，但观赏中心仍以黄河中下游地区为主，其他地区逐渐形成次要观赏中心。整个发展过程可以概括为，由隋朝时候的东都洛阳到唐朝的长安，在五代和宋朝时期又转移回洛阳，明清时期以山东菏泽和安徽亳州为主。这期间牡丹在古典园林中的应用也随着栽培和观赏中心的转移而发生变化。此外，牡丹的发展中心也在慢慢扩大，逐渐向南发展到四川盆地的成都市彭州县、安徽省太湖周边、安徽省的东南部、广西壮族自治区的灌阳以及长江三角洲，向北发展至甘肃省的兰州市、临夏回族自治州和临洮县等地。本章在综合参考了牡丹栽培史和发展史的基础上，对牡丹在皇家园林、寺庙园林和私家园林的应用展开论述，详细说明其在隋唐、宋元、明清这三个时期的应用概况。

第一节 观赏牡丹研究历史

随着我国牡丹栽培技术的突飞猛进，牡丹被广泛应用在我国的传统园林中。无论是在哪个发展时期，皇家园林、寺庙园林还是私家园林，都存在着多种表现方式。所以，下文在综合参考牡丹栽培史和发展史的基础上，对牡丹在皇家园林、寺庙园林和私家园林的应用展开介绍，详细论述其在隋唐、宋元、明清这三个时期的应用概况。

一、皇家园林中的应用与发展

1. 始盛期——隋唐时期

牡丹观赏和栽培始于隋唐。在隋以前，几乎没有人工栽培牡丹的记载。隋炀帝在洛阳称帝时，牡丹渐渐开始进入今天的河北地区，同时也意味着牡丹正式从野外乡村引进城市，从民间栽培逐渐进入皇家园林。正如宋代刘斧在《青琐高议》中记载："诏天下境内所有鸟兽草木驿至京师……易州进二十箱牡丹"，其中易州就是指今天河北的易县。

牡丹在唐朝的发展之所以能够兴盛繁荣，很重要的原因是唐朝当时的世界地位，唐朝在我国历史上达到了封建社会发展的巅峰，它的经济文化和对外贸易影响到了许多国家，各国纷纷遣使来交流学习。唐朝的国力之强盛，文化之灿烂，发展之辉煌，都是当时世界上其他国家无法匹敌和超越的。在这样的背景

图2-1　武则天画像

下，皇家园林更呈现出前所未有的"皇家气派"。自从李渊建国开始，便采取了许多开明的政策和方法，使唐朝不管在社会经济、政治、文化，还是外交上都取得了巨大的成就。随着帝王的宫廷及游园活动越来越丰富，宫廷的制度越来越完善，以皇权为中心的统治越来越得到巩固，更使皇家园林在三种园林类型之中的地位愈发的重要和显赫。牡丹由于经过初唐百余年的发展，逐渐以其富于变化且雍容华贵的色香姿韵而赢得上流社会的关注、赏识。牡丹花不仅被定为国花，更被赋予了"国色天香""花王"这样的美誉，它富贵吉祥的寓意也被皇亲贵胄所喜爱，成为盛世人们所追捧的花卉。此外，武则天（图2-1）也在一定程度上推动了牡丹在唐朝的发展。她十分喜爱牡丹，视牡丹为富贵之花，所以命令花匠们将不同种类的牡丹从各地移植到京师，牡丹在京师皇宫的大发展也由此开始。

综上，牡丹在皇家园林中的作用主要是为了满足皇室赏花观花的需求，同时也是皇帝及大臣们对国家昌盛繁荣、兴旺发达的一种寄托。因此，牡丹丰富多样的应用形式便是基于使皇室游赏更加愉悦、迎合皇室喜好的基础上进行设计和配植的。

2. 全盛期——宋元时期

我国的牡丹发展在北宋时期达到了新的高潮，牡丹在皇家园林中的应用也进入全盛期。此时，洛阳牡丹为全国之冠，可以说是处处皆园林，园园皆牡丹。北宋初期的政治体制与唐朝时期有较大的不同，此时的统治者更注重强内虚外，更加强了对国家的治国方法和培养文官武将的政治策略。此时，不再像唐朝那样对外传播技术，宣传自己先进的经济技术成果，而是采用了专制集权，对国内的政策更加自由开明，使此时的农耕技术和园艺植物栽培技术更加先进和灵活。

此外，北宋建都开封，政治中心自然在开封。洛阳虽然是陪都，但由于其建都历史悠久，除了政治中心之外，仍然是北宋当时最大的经济和文化中心，其城市规模也超过了京都汴京城。在宋真宗咸平年间、宋仁宗庆历年间，牡丹的栽培育种未有很大的发展，但在

之后的岁月里，栽植牡丹和观赏牡丹的风气又逐渐在皇家园林中兴盛起来。皇亲国戚以及满朝大臣在皇家宫苑中观赏牡丹的情景也被张端义记录了下来，他的《贵耳集》中记述："慈宁殿赏牡丹时，椒房受册，三殿极欢，上洞达音律，自制袪，赐名舞杨花，停殇，命小臣赋词，俾贵人歌，以侑玉卮为寿，左右皆呼万岁。"这也可见当时满朝文武百官都极其喜爱牡丹，在歌舞表演和写词谱曲中表达着对牡丹的欣赏和歌颂。

皇家园林在宋代主要集中在东京和临安，此时的皇家园林的规模虽然有所缩小，但是仍不能湮灭其浓郁的文人气息。此时对于牡丹在园林中的应用记载较前朝有所减少，作为北宋时期皇家园林最杰出代表的艮岳，也并未记载有关牡丹的应用。然而，即便如此，由于宋代园林在规模和造园上的独到之处，使园林在总体上呈现巧夺天工、精致细腻的特点。各个园林中的设计更加简单小巧，比起隋唐时期少了些许皇家的贵气却多了私家园林中的几分灵气，这也使整个园林在选择植物和搭配上加深了人文内涵的体现，更加诗情画意。

由于宋代的政策使其科技发展更加向前，这无形中也带动了园林事业不断向前发展。牡丹栽培的普遍，不仅使牡丹栽培的技术达到了前所未有的水平，还拥有了牡丹切花保鲜的技术。这一时期还留下了许多关于牡丹的著作，如宋哲宗元祐年间张峋所著的《洛阳花谱》、张邦基所著的《陈州牡丹记》等。同时，北宋时江南牡丹在皇家园林中也有较大发展。此时，牡丹被栽植于坡地，有力地避免了牡丹受涝，再经过丛植，使位于江南地区的皇家宫苑中的牡丹得以独特的呈现，后来更被赋予"富贵花"的称号。

综上，观赏作为牡丹在皇家园林中的主要作用，使其应用主要以与建筑的搭配为主。皇家园林中牡丹的种植形式主要采取类似于"圃地"的形式和多层花台的形式。例如《武林旧事》卷二中记载的那样："至于种美堂赏大花极盛……堂前三面，皆以花石为台三层，各植名品，标以象牌，覆以碧幕，台后分植玉绣球数百株，俨如镂玉屏。"充分地展现了牡丹用于花台搭配的观赏应用效果。

元代是一个动荡的朝代，牡丹在中国传统园林的发展也受到了较大的限制，牡丹在园林中的发展处于低潮期，但元大都宫苑内栽植不少牡丹。有史籍记载元大都皇宫内"四处斤植牡丹百余本，高可五尺"（《大都宫殿考》）。还有"屋顶饰黄金双龙。殿后药栏花圃，有牡丹数百株……"是对"西苑门"内对牡丹"圃地"式种植的记载。其次，由于元代全国性的观赏中心已经不复存在，但民间依旧蕴藏着牡丹发展的潜力，不少宋代牡丹品种也在民间爱好者的保护下得以保存。

3. 成熟期——明清时期

明清时期牡丹在皇家园林中的发展逐渐成熟，兴建的方式也以尊重自然，师法自然为主，还有在自然形成的地形上加以人工改造的形式。此时的明大都建在城郊外，建筑的规模宏大，色彩装饰多彩鲜艳，皇家园林的构造精良，数量庞大，在规划上也更加注重园林中各布局的分配。其中，明清时期的植物配置也常用牡丹、海棠、芍药等，造园手法则更加注重植物的搭配所形成的景象，运用不同植物与牡丹的搭配体现其吉祥寓意。

正是由于牡丹的寓意丰富，博得了明清皇帝的喜爱。有诗云"金殿内外尽植牡丹"，描述的就是牡丹栽植于皇家宫苑之上，与各种山石、植物相互搭配，与各园林景观相映成趣，并通过牡丹与其他植物的结合体现皇权至高无上和吉祥富贵的寓意。例如，颐和园中的牡丹栽植于乐寿堂旁，建筑正面又有玉兰、海棠对植于前面，这正是"玉、堂、春、富贵"吉祥寓意的表现。

而在清末，随着园林建筑比例的不断增加，各种建筑、植物与牡丹的配置也愈发常见。由于皇家园林中，花池和花台的应用越来越多，使得牡丹在园林中的栽植形式更加多样化，也使牡丹的应用形式更加鲜明和丰富。例如高士奇在《金鳌退食笔记》中将清宫牡丹应用情况记述如下："南花园，立春日……于暖室烘出牡丹芍药诸花，每岁元夕赐宴之时，安放乾清宫，陈列筵前，以为胜于剪彩……每年三月，进……插瓶牡丹。"表现了牡丹当时在清宫不仅栽培在花园中供观赏使用，还在宫殿中当作插花。

此外，清代皇后慈禧非常喜欢牡丹，当时在故宫御花园、圆明园、天坛以及颐和园等园中都栽植了大量牡丹，还在颐和园修砌了国花台，即牡丹台，正可谓"殿以香楠为材，在富春楼后。千枝牡丹，后列古松。旧名曰'牡丹台'，其后有堂曰'御兰芬'"（清·吴振棫《养吉斋丛录》）。慈禧更将自己对牡丹的喜爱之情表现在她的书画作品上，她擅长画花卉，这也使她所绘的两幅牡丹画作流传至今（图2-2；图2-3）。

正是由于建筑为牡丹提供了所需的环境和场所，使牡丹得以借助建筑变得更加雍容华贵，建筑在牡丹的装饰下也更加富丽堂皇，与景观相映成趣。古籍有记载，在故宫的御花园中牡丹栽种在方形的玻璃花池中，与嶙峋的太湖石互相搭配，构成一株巨大的盆景景观。除盆景景观外，牡丹的搭配还注重近、中、远景之间的关系，更是借鉴了江南园林的手法，运用障景、框景等手法，使牡丹的配植更加多样化。例如高士奇所记载的清代畅春园内的植物配置"时蓁竹

图2-2　清·慈禧《牡丹图》　　图2-3　清·慈禧《富贵图》

两丛，琦椅两翠，牡丹异种，开满阑槛间，国色天香人世罕睹……"；再如圆明园中牡丹的配植，则是运用花卉和古松的结合，加之牡丹台的修建，使牡丹在皇家园林中更受欢迎。

随着牡丹在皇家园林中的应用，它与山石的搭配也更加常见和成熟。例如，原乾隆的十二景之一的"春午坡"，该坡上种有数百株的牡丹，通过假山的搭配，莲池当门秀嶂，每当牡丹开放之时，便构成一幅美好祥和、诗意盎然的景象，更深深地凸显着牡丹的雍容华贵。

二、寺庙建筑中的应用与发展

1. 始盛期——隋唐时期

"寺院多名木，华夏牡丹多"。自古以来，在我国众多的寺观庙院中，素有养花、缀操、植名木的习俗。被后人誉为"寺庙园林"。

佛教由东汉传入中国后，隋朝时期开始大兴佛事。但是史料并未对牡丹在秦汉至隋这段时期寺庙园林中的种植做具体的记载。唯一的史料记录则是东汉时流传下来的弥陀寺的古牡丹。弥陀寺位于河北柏乡县，但是由于年代久远，也没有更加确凿的证据。

东晋和南北朝后，佛教和道教得以广泛传播，也使佛教在唐代达到兴盛。长安作为寺庙园林的代表，几乎每一处寺庙中都栽植牡丹，这不仅得益于牡丹的寓意，更来源于僧侣对于赏花吟诗的热爱。牡丹作为我国的传统名花，在寺庙中大量栽植，不仅使寺庙成为公共交往的中心，也使宗教教义与人们对牡丹的热爱相结合，使牡丹在寺庙这样特定的环境中，以精湛的花木栽培和素雅的园林环境闻名于世。

唐代佛教在统治阶级的支持下，发展的也十分迅速，从皇亲贵胄到平民百姓都十分热爱牡丹，所以在寺庙中广泛种植牡丹，采用花台和群植或者丛植的方式更是为了迎合王亲贵胄的喜好。欧阳修在《洛阳牡丹记》中记载："自则天以后，丹始盛。"更形成了"洛阳牡丹甲天下"的牡丹盛世。不仅如此，僧人们也在栽培牡丹和牡丹品种的培育上掌握了很多的方法和技术。其中，较为著名的要数始建于唐代的河南洛阳白马寺（图2-4）。根据史料记载，当时寺庙中各殿前后和两侧牡丹的种植形式都是花台，其中牡丹的形态各异，枝干姿态丰富，届时牡丹盛放，景象格外美丽。其中的新老品种逾百，株数过千，名贵品种也有很多，每逢花开，人们川流不息，观花的景象十分壮观，正可谓"鲜花与古寺共辉"。唐代著名的寺庙园林还有慈恩寺、永寿寺、光福寺、崇敬寺等。除此之外，还有很多古书和古诗中也记录了牡丹在唐代寺庙园林中应用的情况。

《酉阳杂俎》记载："长安兴善寺素师院牡丹，色绝嘉。元和末，一枝花合欢。"陈标的《僧院牡丹》有诗云："玻璃地上开红艳，碧落天头散晓霞。应是向西无地种，不然争肯重莲花。"《国史补》记载："长安贵游尚牡丹，三十余年矣。每春暮，车马若狂，以不就玩为耻。金吾铺围外寺观，种以求利，一本有数万者。"（肖鲁阳和孟繁书，1989）。

图2-4　洛阳白马寺牡丹掠影

2. 全盛期——宋元时期

牡丹在寺庙园林中的应用在宋朝达到了全盛。宋代的寺庙大多"四时花木，繁盛可观"，这正是由于宋人更加注重在山间野外等风景优美、肃穆宁静的地方修建寺庙，从而达到一定规模的种植。例如有诗形容杭州吉祥寺大规模种植牡丹的情况，"吉祥院，旧传地广袤，最多牡丹"。

宋代的园艺技术达到前所未有的水平，牡丹在栽培上和育种上也取得了很大的进步和成果，这不仅仅体现在株选上，更表现在其新颖的嫁接方法上，而品种数更是达到了上百种之多。欧阳修更写出"四十年间花百变"的感叹，对北宋的品种选育高潮进行了歌颂。其中，最为进步的技术是僧人们已经懂得运用遮阳措施来避免阳光直射对牡丹所造成的危害。

由于宋人对牡丹的喜爱，历史上还留下了许多著名的牡丹谱，这些牡丹谱是经过大量的研究和系统的分析之后留下来的著作。例如欧阳修的《洛阳牡丹记》记载了花品序、花释名、风俗记等，其中描述道"洛阳之俗，大抵好花。春时，城中无贵贱皆插花，虽负担者亦然；花开时，士庶竞为遨游"（肖鲁阳和孟繁书，1989），表现的就是当时牡丹被用于插花和观赏。这部著作同时也是我国历史上现存完整的第一部记载牡丹的谱录。宋代作家周师厚也记述他对牡丹的喜爱，他曾两次去洛阳观牡丹，在此之后他写成了《洛阳牡丹记》，谱中简录了牡丹的品名、花型、颜色及命名由来，可视为欧阳修《洛阳牡丹记》"花释名"篇的增补。而陆游的《天彭牡丹谱》扼要叙述了书中人养花、弄花、赏花的习俗，并且继续了牡丹在寺庙园林中应用的部分情况，其中有文载："永宁院有僧种花最盛，俗谓之：牡丹院。春时，赏花者多集于此。"此外，由宋代僧人仲休撰写的《越中牡丹花品》更是记述了在全盛期的宋朝牡丹之与佛寺园林的重要性以及栽培观赏情况。例如，在《越中牡丹花品》的序言中谈到："越之好尚惟牡丹，其色丽者三十二种，豪家名族，梵宇道宫，池台水榭，植之无间。"记叙了牡丹在江南寺院中的种植。

3. 成熟期——明清时期

明清时期牡丹的配植手法和建园思想趋于成熟，逐渐形成了较为完整的体系，而此时寺庙园林却渐渐开始衰败。自从政治中心北移，清朝的都城又回到了北京，佛教的发展中心也随着都城的迁移而转移，因而这样的变迁也使牡丹的栽培中心向北方发展。虽然此时牡丹的栽培和育种技术有了很大的提高，诗词歌赋等方面也进入了成熟期，但人们已不再像唐宋时候那样热烈地喜爱牡丹。

清朝时寺庙园林在运用植物组织空间手法上已经较为成熟，主要有障景、借景、框景、敞景等不同的手法。而牡丹的栽植更是在寺庙中不可或缺，所谓"青青翠竹，尽是真如，郁郁黄花，无非般若"，就说明了牡丹能在松柏的映衬下营造出更加深刻的意境和寓意。牡丹与其他植物相搭配，使植物的组合意义更加深刻，赋予人格化的精神内涵，同时还常用香樟、银杏、柳杉等树龄长、树姿美的树种来衬托牡丹的娇美神韵，丰富寺庙中的植物场景。

明清的僧人们讲究"明心见性成佛"，这样的追求也通过牡丹与其他植物的吉祥寓意搭配来表现，而牡丹自身的色、姿、香、韵也都是吸引香客来朝拜的重要原因之一。清朝时较为著名的牡丹有清末永乐宫内的牡丹，永乐宫位于山西芮城县境内，因宫内存有大量刻画细致入微的明代大型壁画而闻名，也因牡丹独特的色彩和枝干而著名。永乐宫的牡丹被称为"墨干牡丹"（图2-5），原因就在于牡丹枝干的颜色发灰，像墨色一样。刘侗在《帝京景物略》中也曾形容过北京极乐寺的牡丹，"门外古柳，殿前古松，寺左国花堂牡丹"，说明了牡丹在清朝的寺庙园林中广泛种植。《清史稿》中也有关于牡丹在冬季盛开场景的记录，"乾隆三年秋，曲沃桃李华。七年冬至日，崇明牡丹开。十六年九月，分宜高林寺牡丹开。"

北京戒台寺在晚清时期非常有名。它见证了恭亲王奕䜣在朝廷权势倾轧时期的一段历史。奕䜣在戒台寺长住十年有

图2-5 山西永乐宫壁画中的"牡丹"

余，把戒台寺当做他韬光养晦、躲避祸难的场所。在这段时间里，他将寺院打理成理想之中的"牡丹园"，又对寺中的北宫院进行了改造，并种植了大量牡丹，牡丹花开时节，戒台寺繁花锦簇，格外清明，所以称这里为"牡丹院"（图2-6）。戒台寺后花园植物种类丰富，除牡丹外，还有紫藤、丁香、樱花等花卉，牡丹院还与后花园运用垂花门相连，使这里在花开时节分外美丽。

图2-6　北京戒台寺牡丹院的牡丹

三、私人住宅中的应用与发展

1. 始盛期——隋唐时期

唐初期，随着牡丹在皇家宫苑的栽培和寺观庙宇的栽植，也终于进入寻常百姓家。"开元末，裴士淹为郎官，奉使幽冀回，至汾州众香寺，得白牡丹一颗，植于长安私第，天宝中为都下奇赏。"这是私宅种植牡丹的最早记录。到了唐朝中期的贞元年间，牡丹花会等各种活动已经变成从皇亲贵胄到黎民百姓都向往参与的观赏活动。

唐人对牡丹表现出的是浓烈而张扬的爱。虽然唐代的牡丹在宅院府邸还没有形成种植规模，品种也未必像宋代那样繁多，而且不菲价格也影响到它向民间传播，但这些都不能阻碍唐人对牡丹的热爱。《唐国史补》卷中《京师尚牡丹》条说："每春暮，车马若狂，以不耽玩为耻。"这表明每当暮春时间牡丹盛开时，京城长安大大小小的庭院以及大街小巷均成为赏花的狂欢节和嘉年华，人人皆以尽兴为欣爽。

牡丹在隋唐时期应用于私家园林时，多采用"花圃"的形式，并在周围加以围栏，结合群植和丛植的栽植方式，使牡丹在开花之时，构成片状的景观，从而增加牡丹开放的视觉感受（邵颖涛，2009）。还有大量的文人墨客开始对私家院落进行改造和规划，结合植物的种植，使园林的意境更加丰富，也使牡丹等植物不仅反映自身的意志和喜好，更使参观者在园中畅游时充满欢乐和趣味。

这其中，最著名的就是宰相杨国忠的故事。杨国忠将御赐而来的牡丹栽植在家中，并且"以百宝装饰栏盾，又用沉香为阁，檀香为栏，以麝香、乳香和为泥饰壁，每于春时木芍药盛开之际，具宾友于此阁。"这说明在唐朝牡丹在私家院落中的种植已经初具规模，虽与皇家园林的规模不能相提并论，但是在栽植方法上却也丰富多样。将牡丹和其他园林景观或者小品互相搭配，突出牡丹自身的意境和韵味，形成私家园林中不拘小节却别有洞天的园林应用格局。

2. 全盛期——宋元时期

两宋时人们对牡丹的挚爱丝毫没有减退。正如欧阳修所云："春时，城中无贵贱，皆插花，虽负担者亦然。花开时，士庶竞为游邀。"宋代时期的造园艺术进入全盛期，牡丹在私家园林中的应用也已经较为成熟。

当时，文人化的造园占据了私家园林的主要地位，并且在一定程度上也影响着皇家和寺庙园林。由于宋代文人士大夫普遍秉持着清韵绝俗的人格风尚，他们喜见质朴自然、恬淡闲适之美。相对于唐人的浪漫激情，宋人似乎以理性冷静著名。在"格物致知"的过程中，由于体认和主张的不同，宋人产生了气本派、理本派、心本派的差异，造园的思想也趋于写意化。以牡丹为例，大概欧阳修有点朴素气本派的意味，所以，他在解释洛阳牡丹"独天下而第一"的缘故时，将其归结为气之偏好。也正是在这样的大背景下，许多的文人和工匠们钻研花木观赏和种植，使两宋时期涌现出许多有关的植物著作，如钱惟演《花品》、范雍《牡丹谱》、欧阳修《洛阳牡丹记》、丁谓《续花谱》《冀王官花品》《庆历花品》、沈立《牡丹记》、张峋《洛阳花谱》、邱璿《牡丹荣辱志》和《洛阳贵尚录》、胡元质《牡丹谱》等，均记载了牡丹此时在私家园林的应用情况。

洛阳的私家园林无疑是牡丹在北宋的应用中最为繁荣的。许多的文人墨客以及皇亲贵胄选择在此造园，不仅是因为洛阳是一座花城，更因为此地的"牡丹尤为天下奇"。私家园林宜人的园林环境，丰富的文化内涵，也使洛阳这座古城在繁茂的树木及多姿的花卉中，显得更加鲜明夺目。作为当时最大的私家园林，归仁园内的牡丹栽培数量十分巨大，育种技术也被周遭人们竞相模仿，更使牡丹的华美被世人所熟知（图2-7）。

牡丹在北方发展壮大的同时，南方的私家园林中也有了牡丹的栽培。成都作为南方的栽培中心之一，后蜀主引进和种植了许多的牡丹品种，并在各民间的院落中均有种植，且种植的数量繁多，面积也较大。欧阳修说，"牡丹南亦出越州""今丹、延、青、越、滁和州山中皆有"（《群芳谱》）。周师厚《洛阳牡丹记》中也指出："越山红楼子，千叶粉红花、本出会稽"（会稽即今浙江绍兴）。《吴中花品》还说："皆出洛阳花品之外者，当是以吴中所产为限。"由此也可见越州、苏州等地牡丹的应用情况。

宋代私家园林中牡丹的应用形式多采用"花圃"的形式，不同的是在栽植牡丹的同时，

图2-7 洛阳归仁园内牡丹掠影

也栽植桃、李、梅、杏等蔬菜和果木，使牡丹在园中可以因为景观的丰富性而得到衬托，在与建筑台地相结合的同时，也营造出更完整的景观层次。李格非所记载的天王院，"盖无他池亭，独有牡丹数十万本。"也描绘了一幅牡丹与亭子相互辉映的画面，同时也说明了牡丹群植的应用形式。

元代，牡丹在私家园林中的应用停滞不前，甚至可以称作低潮期，主要是由于当时朝代的更迭，社会的动荡，使平民百姓无暇顾及造园等，在长安、洛阳等地能见到的种植品种也已经开始退化。

3. 成熟期——明清时期

明清时期是我国封建社会的末期，我国的传统园林的艺术也在此时发展到高潮，这个时期所取得的成就非常巨大，造园艺术达到了巅峰，园林建筑以及园林雕塑等都向着更加精美和精湛的方向发展。在这样的大环境下，我国的私家园林艺术也更加丰富和恢弘。随着私家园林的不断增加，园林建筑形式不断变化以及植物配置形式不断创新，牡丹在私家园林中的种植也越发普及，栽培也越发繁盛。牡丹更以其富贵吉祥的寓意和诗情画意般的姿态被文人墨客所描述和创作。

牡丹在明清时期的种植越发注重与园林中其他要素的结合，如建筑、山石、小品以及地形等。正如清·陈淏子《花镜》记载："牡丹、芍药之姿艳，宜砌雕台，佐以嶙峋怪石，修篁远映"，这说明牡丹在与花台和怪石结合时，既表现了自己傲娇的姿态，又不失其高雅的品格，运用写意化的手法，将其神韵彰显出来。

明代时，牡丹的栽培极其流行，北京城也出现了最为著名的三大私家园林，分别是梁家园、清华园和惠安园。牡丹造景广泛传播到全国各地，在安徽亳州、宁国和铜陵一带，西北地区的兰州、临夏、临洮，太湖周围均有所发展。其中尤以山东曹州和北京为代表。此时私家园林中牡丹的配植手法更延续唐宋时期的大面积种植，通过群植的方式来突出牡丹在园林中的视觉效果。梁家园内栽植的牡丹和芍药在那时已经非常有名气，有古书记载："园之牡丹芍药几十亩，每花时云锦布地，香冉冉闻里余，论者疑与古洛中无异"，形容的便是当时的场景。清华园中大量的牡丹和芍药栽植于清雅亭的周围，其氛围非常广，一直种植在花园到后湖南岸周围，有史料记载："堤旁俱植花果，牡丹以千计，芍药以万计……"，正是形容当时栽植牡丹的场景的。而惠安园栽植牡丹的面积也非常大，由牡丹所构成的园林景观通过群植的形式使人赏心悦目，也深受参观游人的喜爱。在北方地区最受欢迎的牡丹观赏园还有曹州牡丹园、桑篱园、凝香园和绮园等名园，其中曹州牡丹园内牡丹的栽植数量非常大，在当时已经逾100万株，品种也多达400多种。园内的"天香阁"和"观花楼"更见证着"中国最大牡丹园"的历史变迁。上述私家观赏园中一直栽植有大量的牡丹，而与周围山石、建筑的搭配，也有利于游人一览牡丹的芳姿神韵。

此外，这一时期江南园林中的造景手法也较为丰富。运用狭小的庭院天井，采用框景的手法，使整个景观浓缩在一定的区域中，形成"入狭而得境广"的效果。并根据牡丹的生长习性对牡丹进行栽植，与周围的景观和小品构成四时之景。其中，有文献记载，由计成设计的影园内"岩上植桂，岩下植牡丹、垂丝海棠、玉兰、黄白大红宝山茶，罄口腊梅、千叶石榴、青白紫薇与香橼，以备四时之色"（李斗，2001）。狮子林中的"湛露堂"，也是观赏牡丹的好去处，每当春天牡丹盛开，这里就会有来来往往的游人前来观赏，牡丹更是以色彩斑斓的视觉效果和曼妙的姿态受到世人的追捧。牡丹与长方形石砌花坛的搭配在当时也十分受欢迎。

综上，牡丹的应用不仅在季相上有不同的表现，各种花木与牡丹的配置上也突出了牡丹和其他植物的个性姿态和独到的韵味。同时，江南的私家园林也在植物景观上具有了自己的特色，运用圃地种植，突出牡丹花在观赏中的重要作用，达到理想的观赏效果。

第二节　药用牡丹研究历史

牡丹一直以来因被寓意为"盛世之花"而备受国人青睐，牡丹自入药以来历史悠久。常用传统中药牡丹皮（Moutan Cortex）为芍药科（Paenoniaceae）芍药属（*Paeonia*）牡丹（*Paeonia suffruticosa* Andr.）的干燥根皮，最早约在公元2世纪记载于《神农本草经》，散见于各版本草类著述和医药典籍中，为历版《中华人民共和国药典》记载。所含芍药苷、芍药内酯苷被广泛地运用于高血压、心悸、哮喘、心肌梗塞等心血管疾病的治疗康复。因此，基于文化的丰富内涵同时结合牡丹悠久的药用历史，牡丹药文化可理解为在2000余年牡丹药用历程中，经历不断总结、实践、创新而形成的以药用牡丹为中心，体现牡丹药用价值的文化现象和文化体系，它同时涉及传统中医药文化和中华花文化。为便于理解，我们将依据历史时代的变迁来探究药用牡丹文化发展。

一、先秦至南北朝：药用牡丹文化的生成

《山海经》记载"条谷之草多芍药，洞庭之上多芍药"；《诗经》云"维士与女，伊其将谑，赠之以芍药"；《五十二病方》则针对疽病的治疗提出"骨疽倍白蔹，肉疽倍黄芪，肾疽倍芍药"，不仅如此，治疗疽病的两个方子中也以芍药入药。虽然这些书均未明确出现"牡丹"一词，但却有"芍药"二字，而文献资料举证此处"芍药"系指牡丹，因为之前关于"牡丹"的文字记载已不可考，一般认为此阶段牡丹、芍药通称芍药，宋·郑樵《通志》"牡丹初无名，依芍药得名，故其初曰木芍药"可以佐证。因此，成书于春秋战国的《山海经》《诗经》和成书时间不晚于战国时期的《五十二病方》应是迄今最早提及牡丹的古籍和医药典籍。

继《山海经》《诗经》《五十二病方》之后，精确出现"牡丹"二字最早的是《神农本草经》，其次是《汉代武威医简》。《神农本草经》中列牡丹为中品，谓其味辛寒，一名鹿韭，一名鼠姑，生山谷。牡丹的别名、药性、生长环境仅用片言只语就跃然纸上。在甘肃武威县柏树乡出土的《汉代武威医简》则分别记载了用牡丹治疗血瘀病和用芍药治疗化脓病的处方。这些都反映出秦汉时期人们已根据牡丹与芍药生物学及药学的不同特性而加以区别、利用。由此可见，秦以前虽无确切的文字记载，但牡丹已为公众所知并成为一种药物。在唐朝以前，牡丹的主要价值就体现在以根入药上，其中确切提及牡丹、研究牡丹的医药专著除了《神农本草经》《汉代武威医简》，还有《中藏经》《金匮要略方论》《名医别录》以及《肘后备急方》《脉经》《刘涓子鬼遗方》《本草经集注》等。此时包括药性、生长环境、别名、方剂等内容在内的牡丹文字记载已相当广泛与丰富。这些确切文字可证明牡丹已进入实际药用与初步的理论研究，所遗存文献为之后2000余年的牡丹药物学理论研究与实际运用打下了坚实基础。

二、隋唐宋金元：药用牡丹文化的兴盛

汉末伴随着创新开拓和系统整理，牡丹药文化发展提速，隋唐至元朝蓬勃发展并趋至完善，相关研究成果散见于各类方书、药书、医书、医案、医论中。无论是医学大家孙思邈、巢元方的著作，还是官方修订的医典、药典，均可见对于牡丹的描述，牡丹皮被广泛运用在临床方剂中。如金元四大家之一的李杲《兰室秘藏》牡丹皮出现在眼耳鼻门、口齿咽喉门、衄血吐血门、妇人门、泻痢门、疮疡门中。《神龙本草经》仅用"主寒热，中风，瘛疭，痉，惊痫，邪气，除症坚，淤血留舍肠胃，安五脏，疗痈创"寥寥20余字展示牡丹皮的功用，但医家之丰富经验、灵活运用与大胆创新足见一斑。

唐宋两朝观赏牡丹受到了自上而下的狂热推崇，药用牡丹也迎来了繁荣与发展。此阶段牡丹药文化得到了普及与推广，既有系统考证与总结，也有创造性的开拓与发展，堪称牡丹药文化发展的繁荣期。

三、明清两朝：药用牡丹文化的积淀

当明朝取代元朝之后，明清时期的牡丹药文化因受之前传统文化影响，汉唐文风依旧浓郁，在古籍整理与考证方面也提升显著，成就了《本草纲目》《雷公炮制药性解》《医林改错》《救荒本草》《本草纲目拾遗》《植物名实图考》《外科正宗》《普济方》《金匮要略方论本义》《本草思辨录》等一系列著名的中医药著作。其时所著牡丹相关医药典籍甚至超过了我国古代药用牡丹典籍总量的50%。特别是巨著《本草纲目》从释名、集解、气味、主治、附方、附录几个方面对旧有的药用本草知识进行了系统概括，在萃取前人精华的同时，融入了作者多年行医过程中的思考与总结，让世界其他各国难望其项背。书中对牡丹药性、形态、环境、名称、方剂等的描述也是巨细靡遗、备极完善。

值得注意的是，明清一些本草不再强调野生，而是突出单瓣花。如《本草备要》（1694年）和《本草从新》（1757年）均强调："单瓣花红者入药，肉厚者佳。"《植物名实图考》（1848年）载："入药亦用单瓣者"。明清时期医家可能发现野生的牡丹资源难以满足市场需求，而栽培牡丹中的单瓣花类群质量优良，可以满足临床需求。

继前朝经验总结、积极探索加上系统的文字记载与研究，明清两代的牡丹药文化由诸多本草著作滋养，在传统文化轨道上持续发展。据我们初步统计，从先秦至明清（尤其前清）时期提及牡丹的词条2000多处、典籍110余部。

第三节　古牡丹研究历史

千百年来，牡丹以其华丽富贵、端庄大气的花姿折服了一代又一代的华夏儿女，同时，随着历年文化的积淀，我国也流传下来许许多多记录牡丹的著作，这些著作记载了很多有关牡丹栽培育种和应用的文字，同时也记录了中国牡丹的栽培史和发展史。

一、古牡丹现存分布

中国作为世界上第一的牡丹大国，对于牡丹品种的繁育、起源以及之后的演变都与我国古老的栽培史密不可分。其中，牡丹的11个野生种来源于我国，而古牡丹资源在众多牡丹名品中，也占有着特殊的地位。古牡丹具有极其高的文物科考价值、科学价值和延续至今的观赏价值，人们对这些株龄已经过百岁但仍然十分苍劲挺拔的古牡丹认识不断地深入，同时对古牡丹的统计也慢慢地趋于完整和规范。据文献资料记载及实地考查，现存的古牡丹约有40余种之多，散布于内蒙古自治区、山西省、河北省、甘肃省、河南省、山东省、安徽省、江苏省、上海市、浙江省、广东省等省（直辖市、自治区）。我们也从古籍和文献中对园林中的古牡丹进行了总结，并通过实地考察走访对各朝代的古牡丹作出了统计（表2-1）。

表2-1 古牡丹统计表

朝代	序号	名称	地点	数量	颜色	备注
汉	1	汉牡丹	河北省柏乡县北郝村弥陀寺	4	浅紫红	传说年代最为久远的古牡丹。被誉为"神奇牡丹"
晋	1	七蕊牡丹等	四川省峨眉山万年寺	近百株	粉红	
唐	1	三合村古牡丹	山西省古县石壁乡三合村寺庙	3	白	迄今国内见到的冠幅最大、着花最多的单株牡丹。被中国牡丹协会定为"天下第一牡丹"
宋	1	银屏牡丹	安徽省巢湖市银屏山仙人洞悬崖	1	白	每逢农历谷雨前后绽放,千百年来被誉为"天下第一奇花"
宋	2	枯枝牡丹	江苏省盐城市便仓镇枯枝牡丹园	10	红、白	有史可考的现存最古老的栽培牡丹
宋	3	潞城古牡丹	山西省潞城县南舍村玉皇庙	1	深紫红	北宋年间栽植
明	1	狮子皇冠	云南省武定县狮子山正续禅寺	1	粉红	被中央电视台称为"中国牡丹之最"
明	2	姚家古牡丹	江苏省常熟市杨园	1	不详	至今已将近500年历史
明	3	'粉妆楼'	上海市奉贤区邬桥镇	1	粉	被誉为"江南第一牡丹"
明	4	'玉楼春'	浙江省杭州市余杭区仁和镇普宁寺	3	粉红	
明	5	'玉楼春'	浙江省平湖市新埭镇毛家湾	1	粉红	北京市极乐寺移回。
明	6	'玉翠荷花'	山东省菏泽市曹州牡丹园	1	不详	2006年曾开花400余朵,堪称"牡丹王"
明	7	'胡红'	内蒙古自治区古宁城	1	粉红	由康熙皇帝御赐
明	8	'紫霞仙'	山西省太原市双塔寺	10	粉紫红	至今已有400余年
明	9	'岳山红'	洛阳市伊川县	1	紫粉	此牡丹由其祖辈所种,据说种植于1644年
明	10	兴洲古牡丹	河北省滦平县兴洲	2	红白	为乾隆36年（1771年）从北京紫禁城御花园移出
明	11	'玫瑰红'	宁夏回族自治区中卫县	1	不详	
明	12	中山古牡丹	上海市中山公园	1	不详	
明	13	魏坡古牡丹	河南省洛阳市魏氏宅院		叶形似'洛阳红',但花色稍浅	
明	14	坡头村古牡丹	河南省宜阳县三乡乡坡头村郭家老宅	1	粉	有300多年历史

（续）

朝代	序号	名称	地点	数量	颜色	备注
明	15	'魏紫'	江苏省苏州市苏州府	1	浅紫红	被苏州市列为二级保护品种，收入苏州地方志
	16	'粉妆楼'	上海市龙华风景区龙华寺	1	粉	原植于浙江省杭州市七仙桥东林寺
	17	古交古牡丹	山西省古交市关头村寺庙	1	不详	
	18	'杨妃醉酒'	广东省乐昌县白石区	1	不详	
	19	'玛瑙翠'	河南省洛阳市王城公园	1	不详	整株牡丹株形高大，被称作"牡丹树"
	20	双溪镇古牡丹	福建省屏南县	1	不详	
	21	黄彩古牡丹	山西省晋中市黄彩村天下谷庄园	1	粉红	
	22	建德三都古牡丹	浙江省建德市三都镇羊峨村	1	不详	
	23	三塔寺古牡丹	安徽省全椒县三塔寺	1	不详	
清末明初	1	无锡古牡丹	江苏省无锡市	1	紫色	
	2	紫斑牡丹	甘肃省陇西县汪家院	10	红、粉、紫、白	
	3	漕溪古牡丹	上海市漕溪公园	8	不详	
	4	古漪园古牡丹	上海市古漪园	1	不详	堪称镇园之宝
	5	墨干牡丹	山西省芮城县永乐宫	数株	不详	
	6	'长寿红'	河南省洛阳市国花园	1	桃红	
	7	宏村古牡丹	安徽省黔县宏村	1	玫瑰红	
	8	植物园古牡丹	辽宁省沈阳植物园	1	不详	沈阳市植物园的"百年牡丹"
	9	'魏花'	甘肃省临洮县李家院	1	不详	
	10	'杨贵妃'	辽宁省盖州市王礼安老宅	1	粉红	
	11	曹州古牡丹	山东省菏泽市曹州牡丹园	10	不详	
	12	沙溪镇古牡丹	江苏省太仓市沙溪镇顾家院	1	红	
	13	'无暇玉'	甘肃省陇西县城关居民家	1	白	
	14	'玉狮子'	甘肃省临夏回族自治州政府院	1	不详	
	15	'琼台春艳'	甘肃省兰州市宁卧庄	1	不详	1997年着花360余朵，单株着花量堪称全国之冠

二、牡丹珍品简述

通过实地走访以及牡丹古谱等资料的查阅,对有史可查的部分牡丹珍奇品种在传统园林中的应用进行了如下总结:

(1)'姚黄':古老传统珍品。出自河南省洛阳邙山脚下白司马姚崇家。宋代诗人徐积写长诗来歌颂它:"天下牡丹九十余种,而姚黄居第一。"

(2)'豆绿':古老传统珍品。北宋·张邦基《墨庄漫录》记载:"北宋宣和年间,洛阳花工欧氏以药壅培牡丹根下,次年花开作浅碧色……"。

(3)'葛巾紫':古老传统珍品。南宋·陆游《天彭牡丹谱》记载:"葛巾紫,花圆正而富丽,如世人新戴葛巾壮。"

(4)'昆山夜光':古老传统珍品。诗云:"有云无月夜自明,古人誉作神灯笼。白色之中佼佼者,叠玉横空傲昆峰。"

(5)'胡红':这一品名最早见于清·赵孟俭《桑篱园牡丹谱》记载:"胡红又名宝楼台"。清·汪灏《广群芳谱》又称魏花魏红,古时以"花后"喻之。

(6)'魏紫':古老传统珍品,为牡丹花王。据宋·欧阳修《洛阳牡丹记》记载:"此花出于宋代晋相魏仁溥家的园中而得名。据描述,此花'面大如盘,中堆积碎叶(花瓣),突起圆整如覆钟状,开头可八九寸许,其花瑞丽精彩,莹洁异于众花心'。"

(7)'粉娥娇':明·王象晋《群芳谱》记载:"粉娥娇,大淡粉红色,花开如碗,中外一色,清香耐久……"

(8)'状元红':古老传统品种。宋代·周师厚《鄞江周氏洛阳牡丹记》记载:"状元红。千叶深红花也,色类丹(朱)砂而浅……其花甚美,迥出众花之上,故洛人以状元呼之。"

(9)'酒醉杨妃':古老传统品种。《洛阳县志》中称其为"醉杨妃"。

(10)'赵粉':又名童子面。清·赵孟俭《桑篱园牡丹谱》记载:"赵粉花千叶,楼子,粉有宝润色,出菏泽赵氏园。"

(11)'泼墨紫':古老传统品种。南宋·陆游《天彭牡丹谱》记载:"泼墨紫,新紫花之子花也,单叶,深黑如墨。"

(12)'玉板白':宋·欧阳修《洛阳牡丹记》记载:"单叶、白花、叶细长如柏板,其色如玉而深檀心。"

(13)'大棕紫':宋·周师厚《鄞江周氏洛阳牡丹记》记载:"千叶紫花也。本出于永宁县大宋川亳氏,故名,开头极盛,径尺余,众花无比其大这,其花大卒类安胜紫云。"

(14)'珊瑚台':明·薛凤翔《亳州牡丹史》记载:"珊瑚楼,茎短,胎长,宜阳,色如珊瑚,宝光射人,更多芳香助其娇艳。"

(15)'祥云':南宋·陆游《天彭牡丹谱》记载:"千叶浅红色,娇艳多态,而花叶最多,花户王氏谓此花如朵云状,故谓之祥云。"

（16）'刘氏阁'：南宋·陆游《天彭牡丹谱》记载："白花带微红，多至数百叶，纤妍可爱。出自长安刘氏尼阁下而得名。"

（17）'姣容三变'：明·薛凤翔《亳州牡丹史》记载："初绽紫色，及开桃红，经日渐至梅红，至落乃更深红，诸花色久渐褪，惟此俞进。故曰三变。"

（18）'庆云黄'：南宋·陆游《天彭牡丹谱》记载："花叶重复，郁然轮囷"以故得名。

（19）'玉楼子'：南宋·陆游《天彭牡丹谱》记载："白花，起楼，高标逸韵，自然是风尘外物。"

（20）'富贵红'：南宋·陆游《天彭牡丹谱》记载："其花叶圆正而厚，色若新染乾者，他花皆落，独此抱枝而槁，亦花之异者。"

（21）'合欢娇'：明·薛凤翔《亳州牡丹史》记载："深桃红色，一胎二花，托蒂偶并，微有大小。"

（22）'念奴娇'：明·薛凤翔《亳州牡丹史》记载："有二种，俱绿胎，能成树。出张氏者深银红色，大而较好。"

（23）'转枝'：明·薛凤翔《亳州牡丹史》记载："二花出鄢陵刘水山太守家，亳中亦仅有矣。"

（24）'寿安红'：宋·周师厚《鄞江周氏洛阳牡丹记》记载："千叶肉红花也，出寿安县锦屏山中，其色似魏花而浅淡。"

（25）'大宋紫'：宋·周师厚《鄞江周氏洛阳牡丹记》记载："千叶紫花也。本出于永宁县大宋川豪民李氏之圃。"

（26）'九蕊珍珠'：宋·欧阳修《洛阳牡丹记》记载："千叶红花，叶上有一点白如珠，而叶密蹙，其蕊为九丛。"

第三章
中国牡丹的分类系统

牡丹花色泽艳丽，富丽堂皇，素有"花中之王"的美誉，同时，由于牡丹花大而香，故又有"国色天香"之称。我国现有栽培牡丹品种数千个，这些栽培品种可根据株型、花色、瓣形、叶形、根的类型等进行分类，其中根据株型、花色、瓣形等的分类最为常见。牡丹品种繁多，色泽亦多，以黄、绿、肉红、深红、银红为上品，尤其黄、绿为贵，其中姚黄、魏紫、豆绿、赵粉被称为四大名品。此外，全世界仅有的9种野生牡丹全部分布在中国，我国植物学家也多次对不同野生种牡丹进行系统分类，但其分类方法略有差异。为了更好地了解牡丹的类别，本章在介绍中国野生牡丹的分类系统基础上，进一步对中国牡丹的演化进行研究和论述。

第一节 芍药属牡丹组的分类

芍药属牡丹组的分类研究已有200年历史，在漫长的资源调查、收集及研究过程中，我们愈发清晰地了解了牡丹组植物的特征，并逐步对其进行归纳分类。通过牡丹的分类简史回顾，得出牡丹组的分类至今并未有一个统一的方案。

一、芍药属牡丹组的分类方法

目前学者们认可度较高的分类方案有两个，一是洪德元先生提出的9个种1个亚种及1个栽培种（Hong，2011a；Hong，2011b）；二是李嘉珏先生提出的9个种2个亚种及1个栽培种（李嘉珏，2005；李嘉珏 等，2011）。现将两种分类方案罗列如下：

表3-1　洪德元和李嘉珏牡丹组分类方案

洪德元分类方案	李嘉珏分类方案
牡丹 Paeonia suffruticosa Andrews（栽培种）	牡丹 P. suffruticosa Andrews（栽培种）
中原牡丹 P. cathayana	矮牡丹 P. jishanensis
矮牡丹 P. jishanensis	卵叶牡丹 P. qiui
卵叶牡丹 P. qiui	杨山牡丹 P. ostii
凤丹 P. ostii	紫斑牡丹 P. rockii
紫斑牡丹 P. rockii	紫斑牡丹模式亚种 P. rockii ssp. rockii
紫斑牡丹模式亚种 P. rockii ssp. rockii	太白山紫斑牡丹 P. rockii ssp. atava
太白山紫斑牡丹 P. rockii ssp. atava	四川牡丹 P. decomposita
四川牡丹 P. decomposita	四川牡丹模式亚种 P. decomposita ssp. decomposita
圆裂牡丹 P. rotundiloba	四川牡丹圆裂亚种 P. decomposita ssp. rotundiloba
滇牡丹 P. delavayi	狭叶牡丹 P. potaninii
大花黄牡丹 P. ludlowii	紫牡丹 P. delavayi
	黄牡丹 P. lutea
	大花黄牡丹 P. ludlowii

表3-2　牡丹分种检索表（洪德元）

1a. 花通常2～4朵集成聚伞花序，多少下垂；花盘肉质，仅包心皮基部；心皮无毛………肉质花盘亚组

2a. 心皮通常2～5枚，偶至7枚；果长不足4cm，直径1.5cm；花瓣、花丝和柱头常不为纯黄色…………………………………………………滇牡丹（云南省中部和西北部、四川省西部、西藏自治区东南部）

2b. 心皮几乎总是单枚，稀2枚；果长4.7～7cm，直径2～3.3cm；花瓣、花丝和柱头总是纯黄色…………………………………………………………………………大花黄牡丹（西藏自治区米林县、隆子县）

1b. 花单朵，上举；花盘革质，全包心皮，少数仅包心皮下半部；心皮被毛或无毛…………革质花盘亚组

　　3a. 心皮无毛，2～5枚；花盘在花期包心皮下半部或至花柱基部；下部叶多回复出，小叶19～71枚，全部分裂。

　　　　4a. 心皮几乎总是5，稀3或4枚；花盘开花时仅包心皮下半部；小叶35～71枚，椭圆形至狭菱形……………………四川牡丹（四川省大渡河流域：马尔康市、金川县、丹巴县、康定市）

　　　　4b. 心皮通常3，较少4或2，更少5枚；花盘花期包心皮至花柱基部；小叶通常25～37枚，少至19，多至49枚；菱形至近圆形……………………………………………………………………………………圆裂牡丹（四川省岷江流域：黑水县、松潘县、茂县、汶川县、理县）

　　3b. 心皮被绵毛或茸毛，5枚，稀至7枚；花盘在花期全包心皮；下部叶二回三出、二回三出羽状或三出二回羽状，小叶通常少于20枚（稀少达到33枚），如多于20枚，则至少有部分小叶全缘。

　　　　5a. 下部叶有9枚小叶；小叶卵形、卵圆形，仅顶生小叶3裂，叶片上面常淡紫色；花瓣基部常带淡红色斑块……卵叶牡丹（湖北省神农架、保康县；陕西省旬阳县；河南省西峡县）

　　　　5b. 下部叶的小叶数多于9，如9则小叶大多分裂；叶片上面绿色；花瓣无斑块或基部有深紫色斑块。

6a. 下部叶具11~33枚小叶；小叶通常卵形至披针形，大多全缘，少卵圆形而大多分裂。

7a. 下部叶具11~15枚小叶；小叶卵形至卵状披针形，大多全缘；花瓣白色，稀浅粉色，无斑块 ················· 凤丹（安徽省巢湖、河南卢氏县、西峡）

7b. 下部叶具17~33枚小叶；小叶披针形或卵状披针形，多数全缘，或卵形至卵圆形，多数分裂；花瓣白色，少红色，基部总有一个深紫色大斑块 ················· 紫斑牡丹（湖北省西部、河南省西部、陕西省秦岭、北至志丹县、甘肃省东南部、四川省北部）

6b. 下部叶具9枚小叶（*P. jishanensis*中偶见11或15枚）；小叶卵形或卵圆形，多数或全部分裂。

8a. 小叶卵形，顶生小叶3或5裂，并具1至数枚浅裂片，侧生小叶大多2或3裂，较少全缘，裂片顶端急尖；叶片背面无毛；萼片顶端都有尾尖或突尖 ················· 中原牡丹（河南省嵩县）

8b. 小叶卵圆形，全部3裂；裂片浅裂，顶端急尖至圆；叶片背面被长柔毛；花萼顶端全部圆钝 ················· 矮牡丹（山西省稷山县和永济市、河南省济源市、陕西西华阴市和铜川市）

表3-3 牡丹分种检索表（李嘉珏）

1. 灌木或亚灌木；花盘发达，革质或肉质，包裹心皮1/3以上 ················· 牡丹组
 2. 单花着生于当年枝端；花盘革质，包裹心皮达1/2以上 ················· 革质花盘亚组
  3. 心皮密生淡黄柔毛，革质花盘全包住心皮；小叶片长4.5~8.0cm，宽2.5~7.0cm，不裂或浅裂
   4. 花瓣内面基部无紫色或紫黑色、棕红色斑块。
    5. 小叶9片。
     6. 顶生小叶3裂至中部，中裂片再3裂，侧生小叶亦多3~4浅裂。叶片大形，叶脉上被短柔毛。
      7. 叶轴和叶柄均无毛（原产陕西省，现为栽培植物）················（1）牡丹
      7. 叶轴和叶柄均具短柔毛（陕西省北部中部、山西省西南部）················（2）矮牡丹
     6. 顶生小叶3浅裂，侧生小叶全缘。叶大形（湖北省西部、河南省西南部）················（3）卵叶牡丹
    5. 小叶15枚，披针形，全缘（河南省西南部、陕西省中部、湖北省西部、湖南省西北部）················（4）杨山牡丹
   4. 花瓣内面基部具深紫黑色、紫红色或棕红色斑块。
    5. 小叶多19以上，罕15，花白色或粉红，花盘、花丝黄白色，柱头黄色。
     8. 小叶有深缺刻（甘肃省东部、中部，陕西省北部、河南省西部）········（5a）紫斑牡丹裂叶亚种
     8. 小叶披针形、全缘（湖北省西部、陕西省及甘肃省南部）················（5b）紫斑牡丹模式亚种
  3. 心皮无毛，革质花盘包被心皮1/2~2/3；小叶片长2.5~4.5cm，宽1.2~2.0cm，分裂，裂片细（四川省西北部、甘肃省南部）················（6）四川牡丹
 2. 当年生枝有花2~3朵；花盘肉质，仅包裹心皮基部 ················· 肉质花盘亚组
  9. 花紫红色、红色。

10. 叶的小裂片披针形至长圆披针形，宽0.7～2.0cm；花紫红、红色，直径9～10cm；花外有8～12个大型萼片与苞片组成的总苞（云南省西北部、四川省西南部、西藏自治区东南部）···（7）紫牡丹
10. 叶的裂片线状披针形或狭披针形，宽4～7cm；花红色，罕白色，直径5.0～6.0cm；花外无大型总苞，苞片与萼片共5～7枚（四川省西部、云南省西北部）··············（8）狭叶牡丹
9. 花黄色，稀白色。
11. 植物高约1～1.5m，有地下茎；心皮通常3；花黄色，稀白色，基部常有紫红色斑（云南中部、西北部，四川西南部，西藏东南部）·······························（9）黄牡丹
11. 植株高大，可达2m以上，心皮1～2（3），无毛（西藏东南部）············（10）大花黄牡丹

二、栽培品种群的分类

根据亲本来源、形态特征、生物学特性和地理分布的不同，我国栽培牡丹品种可以划分为4个不同的品种群，即中原牡丹品种群、西北牡丹品种群、江南牡丹品种群和西南牡丹品种群。

1. 中原牡丹品种群

由矮牡丹、紫斑牡丹、杨山牡丹、卵叶牡丹几个野生种经长期自然杂交和人工杂交形成的多元杂种的后代群体（周志钦 等，2003）。矮牡丹是该品种群的主要亲本，紫斑牡丹次之。主要分布于黄河中下游地区，以山东省菏泽市、河南省洛阳市、北京市等地为栽培中心，是我国牡丹品种栽培历史最悠久、规模最大的品种群。中原牡丹品种繁多，花色、花型丰富，叶形株态变化多，观赏价值高，具有"宜冷畏热，喜燥恶湿"的基本特性（蓝保卿 等，2002；李嘉珏 等，2011）。

2. 西北牡丹品种群

紫斑牡丹是西北牡丹品种群最主要的起源种，部分具典型紫斑牡丹特征和特性的传统西北品种即由紫斑牡丹直接演化而来，另一部分品种由紫斑牡丹和矮牡丹直接或间接的杂交后代演化而来（袁军辉，2009），杨山牡丹和卵叶牡丹没有直接形成传统的西北牡丹。主要分布于我国西北地区的甘肃省中部、青海省、宁夏回族自治区等地，以甘肃省兰州市、榆中县、临夏回族自治州和临洮县等地为栽培中心，是我国第二大栽培品种群。西北牡丹品种群适应性很强，比中原牡丹更为耐寒、耐旱、耐盐碱（高岚 等，2012）。其生态习性可划为高原冷凉干燥型（高见，2008）。西北牡丹植株高大，生长势强。花色、花型变化不如中原牡丹，但也很有特色，单瓣品种和托桂品种较多（蓝保卿 等，2002；李嘉珏 等，2011）。

3. 江南牡丹品种群

杨山牡丹是江南牡丹品种群最主要的亲本。该品种群主要的组成部分——当地土生土长的凤丹系列品种，由杨山牡丹直接演化而来，其余的品种由中原品种南移驯化而来，或者是它们与杨山牡丹及凤丹系列的品种共同演化而来，个别品种则来自西北牡丹品种群（李嘉珏 等，2011）。矮牡丹、紫斑牡丹和卵叶牡丹主要通过中原和西北品种群与之发生联系。主要分布于我国江南地区的安徽省（东南部）、江苏省（中南部）、浙江省（中北部）、武汉市、江西省（北部）和上海市等地，以安徽省的宁国县、铜陵市和上海市、杭州市等地为栽培中心（蓝保卿 等，2002；李嘉珏 等，2011）。江南牡丹品种群的特点是，植株高大，土芽少，分枝力强。一般4月上旬开花，台阁品种比例大。根系粗壮，根系浅，较耐湿热。

4. 西南牡丹品种群

该品种群与中原和江南品种群关系密切，可以说矮牡丹、紫斑牡丹、杨山牡丹和卵叶牡丹都有可能参与该品种群的起源，但各个种均无直接参与起源的直接证据（李嘉珏 等，2011），这是该品种群起源十分模糊的重要原因，主要分布于云南省、四川省、贵州省、西藏自治区等地，以四川省彭州市、成都市，云南省大理市、丽江市牡丹为代表。西南牡丹品种植株高大，叶片也大，生长旺盛，直立性强，但枝条较稀疏（蓝保卿 等，2002；李嘉珏 等，2011）。

第二节　中国牡丹的演化研究

中国是牡丹组植物的分布和演化中心，伴随着牡丹育种工作的推进，牡丹野生种质资源遗传多样性及遗传演化的研究一直是热点，牡丹科研工作者利用形态学、细胞学、生化、分子等标记方法进行了比较全面的分析。

一、形态学标记

形态标记（morphological marker）以生物的外在形态特征为基础，是进行遗传多样性和亲缘关系分析最基本、最直观的方法，不仅包括肉眼可见的宏观的生物外部的形态特征，还应包含微观上的解剖学形态和生理特性。相对其他标记方法，形态标记最为直观方便、操作简单，其在种质资源评价和新品种培育等方面发挥不可替代的作用。

1. 表型性状研究

表型多样性主要研究物种的分布区内，各种环境影响下的宏观形态特征的变异情况，由遗传物质决定但受环境因素的影响（杨生超 等，2008；张晓骁 等，2017）。通过有效合理的采样、观察，选取环境影响较小的的性状，通过合理的数学统计方法揭示生物的遗传规律以及变异情况（明军和顾万春，2006；肖海峻 等，2007），在物种的保护和驯化研究中也发挥重要作用（Ayele et al.，2011）。

袁涛等（1999）利用形态学分析革质花盘亚组的演化顺序为卵叶牡丹→矮牡丹→杨山牡丹→紫斑牡丹→四川牡丹。张晓骁等（2017）对7个紫斑牡丹野生居群的表型多样性进行分析，证明紫斑牡丹20个性状在居群间差异极显著，居群间的变异是其表型变异的主要来源。目前研究主要集中在种的水平上，作为连续变异的植物类群，种内居群间以及居群内个体间的相关研究则较少。

2. 花粉形态学研究

花粉作为植物的雄性细胞，其形态特征由遗传物质控制，在长期的进化过程中形成较为稳定的结构，其形状大小、极端形态、萌发孔（沟）的结构和位置、表面穿孔和外壁纹饰等特征，能够为植物的起源、系统发育、分类和品种鉴定、亲缘关系等提供科学依据（李佐 等，2015）。

目前，花粉形态研究已经应用于牡丹的系统演化和品种鉴定研究（陈智忠，1999）。何丽霞（2005）研究23个野生牡丹居群的花粉形态，认为花粉形态和表型特征有一定关系。曾秀丽（2009）观测2个西藏自治区野生牡丹种和10个中原牡丹栽培品种花粉结构，发现不同居群牡丹野生种的花粉在结构和外壁纹饰方面存在明显差异。

二、细胞学标记

在植物的生长发育过程中，染色体大小、数目和形态等特征保持相对稳定，所以染色体成为主要的细胞学标记，但因为生物体染色体数目有限，有时多态性比较低，不能准确的反映群体或个体之间的亲缘关系，并且成本较高。所以此标记只能作为植物遗传多样性研究的辅助手段。

目前，牡丹细胞学标记主要集中在染色体随体、带型和染色体银染带研究（于玲 等，1997；侯小改，2006；史倩倩，2012）。张赞平等（1996）、于兆英等（1987）、裴颜龙（1993）等分别观察杨山牡丹、紫斑牡丹以及矮牡丹、卵叶牡丹的染色体形态，为牡丹野生种的遗传多样性研究提供参考。

三、生化标记

生化标记主要包括同工酶标记和贮藏蛋白标记两种，因其经济方便、数量丰富等特点，被广泛应用于生物多样性、物种起源以及演化等方面研究。自1959年Markerl和Moller提出同工酶的概念以来，其电泳、染色技术已经相当成熟，遗传参数的分析方法也更加合理。

于玲（1998）分析6个牡丹野生种的蛋白谱带，说明矮牡丹、紫斑牡丹和四川牡丹具有较近的亲缘关系；Zhang et al.（2017）研究牡丹中总酚、类黄酮，说明其含量和种类对物种分类有一定的借鉴作用。

四、分子标记

以上3种标记均从基因的表达为基础，只能侧面反映DNA遗传多样性且易受外界环境干扰，能够提供多态性信息的位点较少。从根本上来说，DNA水平的多态性能够直接反应遗传多样性，以此为基础检测遗传多样性和亲缘关系的研究方法有分子标记技术和DNA序列分析，它们具有准确性高，不受环境因素影响的特点。目前，广泛应用于牡丹遗传多样性研究的分子标记技术主要有RAPD（邹喻苹等，1999；裴颜龙等，1995；孟丽等，2004）、AFLP（扩增片段长度多态性）（周兴文等，2006；侯小改等，2006；朱红霞，2007）、SSR（张嘉等，2016；郭琪等，2015）、ISSR（童芬等，2016；李宗艳等，2015）等。

1. 限制性片段长度多态性（RFLP）

RFLP（Restriction Fragment Length Polymorphism），是最早发展的分子标记方法，1974年由Grodzicker等提出的基于DNA-DNA杂交的第一代遗传标记。其原理是使用特定的限制性内切酶把基因组DNA消化成长度不同的DNA片段，利用凝胶电泳后使不同的谱带分开，然后与克隆DNA探针进行Southern杂交、放射显影，分析条带的多态性。RFLP标记稳定高，但操作复杂，经济成本高，应用受限。

2. 随机扩增多态性DNA（RAPD）

1990年Williams等提出的一种分子标记方式，基本原理是使用人工合成的随机引物（一般为8~10bp）对DNA片段进行非定点的PCR反应扩增，通过凝胶电泳技术分析获得的扩增DNA片段的多态性，具有用时短、操作简单、经济高效等优点，在遗传多样性和亲缘关系分析、遗传图谱构建、基因定位等研究中应用广泛。但因其引物随机结合造成稳定性较差，实验不易重复。裴颜龙等（1995）和邹喻苹等（1999）采用RAPD分子标记证明紫斑牡丹和矮牡丹，杨山牡丹和卵叶牡丹具有较近的亲缘关系，与四川牡丹关系相对较远。

3. 扩增片断长度多态性（AFLP）

AFLP（Amplified Fragment Length Polymorphism）是结合了RFLP、RAPD两种标记方法的优势，具有较高的多态性、分辨率和效率，灵敏度、稳定性好且不必预先知道供试样本DNA序列信息的优点。但是，它的技术费用较高，要求DNA的纯度和内切酶的质量很高，操作步骤多、流程长、不能区分二倍体中的纯合子和杂合子。尽管AFLP技术诞生时间较短，但因其多态性好，非常适于指纹图谱构建及分类研究，被认为是一种十分理想、有效的分子标记。侯小改等（2006）采用AFLP研究牡丹栽培品种的遗传多样性，表明多数来源地相同的牡丹种质表现出较为密切的亲缘关系。

4. 简单重复序列（SSR）

SSR（Simple Sequence Repeat）是指DNA中的简单重复序列，还可称微卫星（microsatelite），一般是由1~6个碱基若干次重复后构成的串联重复序列，因为串联重复次数的差异，使得SSR片段的长度和种类不同。根据重复序列两翼稳定保守的单拷贝序列进行引物设计并用于进行PCR扩增，通过聚丙烯酰胺电泳或毛细管电泳检测扩增片段的长度，分析片段的多态性。一般来说，SSR在基因组中广泛存在，具有多态性、稳定性高的特点。这种标记方法是共显性标记，能够区分基因中的纯合子以及杂合子，计算杂交系数。在遗传多样性分析、遗传结构、分子身份证构建和性状关联分析中得到广泛的应用。

5. 简单重复间序列（ISSR）

1994年Zietkiewicz等提出ISSR（Inter-Simple Sequence Repeat）分子标记，此方法是以SSR技术为基础，根据DNA中的SSR片段设计引物，在SSR的5'或3'末端添加1~4个碱基进行PCR扩增，通过凝胶电泳分析条带多态性。相比SSR分子标记，具有操作更加简单、经济成本低、多态性高等的特点，但其为显性标记，不能进行杂种鉴定，在父系分析以及需要计算杂合度的研究中不适用。童芬等（2016）利用ISSR技术证明四川牡丹和圆裂四川牡丹之间出现遗传分化。

6. DNA序列分析

DNA序列分析是以核苷酸变异为基础，直接在DNA分子水平上检测生物间的差异，包括核基因（nrDNA）、叶绿体基因（cpDNA）及线粒体基因（mtDNA）的序列。应用于牡丹遗传多样性及演化关系研究的DNA序列主要为ITS（internal transcribed spacer）序列、cpDNA（chloroplast DNA）基因、Adh（alcohol dehydrogenase）基因、matK基因、GPAT（glycerol-3-phosphateacyltransferase）基因等（Sang et al., 1997；Zhang et al., 2009）。

利用cpDNA和核基因GPAT革质花盘亚组的进化谱图，结果证明两种方法均有2条主进化谱系。cpDNA的一条谱系为牡丹（栽培种）、中原牡丹、杨山牡丹、紫斑牡丹西部居群（甘肃省陇南地区）、四川牡丹的理县和茂县居群，另一条包括矮牡丹、卵叶牡丹、四川牡丹马尔康居群以及紫斑牡丹的东部居群（甘肃省子午岭、陕西省、湖北省、河南省一带分布）；核基因GPAT的进化线一条贯穿中原牡丹→牡丹（栽培种）→杨山牡丹→卵叶牡丹→矮牡丹，另一条则包括紫斑牡丹和四川牡丹（李嘉珏，2011；Zhang et al., 2009）。对于分布范围广，适应性强的紫斑牡丹，cpDNA序列（袁军辉，2009；Yuan et al., 2013）证明紫斑牡丹的遗传结构可分为两个分支，即东部分支（陕西省甘肃省子午岭、河南省伏牛山和湖北省神农架林区）、西部分支（秦岭中部太白山和甘肃省南部山区）。Zhou et al.（2015）利用转录组方法获取4910个候选基因，从中筛选出25个单拷贝核基因，利用37个野生牡丹样本构建了高分辨率的系统发育树。结果显示，野生牡丹包含9个物种，与依据形态分析得出的结果高度吻合。他们选用1949年以前在中国育成的47个牡丹传统栽培品种，探讨它们与野生牡丹的关系，发现中原地区的5个野生种参与了传统栽培品种的形成，其中3个野生种既作了父本又作了母本。西南地区分布的4个野生种，如大花黄牡丹，未参与中国传统栽培品种的形成。

上述方法在牡丹的遗传多样性和亲缘关系中被广泛应用，不同的方法可以解决不同类型的问题。如何选择合适的分子标记方法？1995年，Weising 和Nybom等指出，理想的分子标记方法应该满足以下条件：

（1）多态性高，分布广泛；
（2）共显性遗传，能够区分二倍体的生物中的纯合子和杂合子；
（3）选择中性；
（4）引物或探针容易获取；
（5）容易操作，自动化程度高；
（6）重复性好。

目前，尚未存在哪种分子标记方法满足上述条件。在研究过程中，应根据需要解决的科学问题，选择合适的分子标记方法。

表3-4 应用于系统和进化研究的几种分子标记的比较

标记问题	等位酶	RAPD, ISSR	酶切位点分析	SSR	AFLP	测序
交配系统mating system	+	m	m	+	−	n
克隆检测clone detection	+	+	+	+	+	n
杂合度heterozygosity	+	−	+	+	−/+	n
父系测定paternity determination	−	m	m	+	m	n
亲缘关系genetic relationship						
地理变异geographic variation	+	+	+	+	+	+
杂交区hybrid zone						
种间界限boundaries of species	+	+	+	+	+	+
系统发育system development						
0兆~5兆年0 trillion ~ 5 trillion years	+	m	+	+	m	+
5兆~50兆年5 trillion ~ 50 trillion years	+	−	+	+	−	+
50兆~500兆年50 trillion ~ 500 trillion years	m		m	m		+
500兆~3500兆年500 trillion ~ 300 trillion years	−	−	−	−	−	+

注：+合适；-不合适；m基本可用；n成本较高。

由表3-4可知，有时同一问题可采用多种方法解决，不同的问题要采用不同的方法。RAPD、AFLP、ISSR均为显性标记，不能区分纯合子和杂合子，要分析交配系统、计算杂合度以及父系分析等问题时这些效果不理想。

SSR在基因组中广泛存在，该标记为共显性，具有等位酶分析的全部功能，不仅可以用于研究居群的遗传结构以及种内的遗传多样性，在解决居群交配系统、计算杂合度、亲子关系的鉴定等问题上也取得良好效果，在研究居群间、亚种间或者种间的遗传多样性和亲缘关系时，是一种比较理想的分子标记方法。

7. 牡丹SSR分子标记的开发和应用

（1）牡丹中SSR分子标记的开发

基于生物信息学技术开发的SSR标记：Homolka A et al.（2010）在NCBI dbEST数据库中获得2024条牡丹ESTs序列，通过筛选，获得的726条包含各种重复的序列片段中有473条序列中含有SSR，其中有些序列包含不止一个SSR。根据所有的598个SSR片段，利用设计的25对引物对18个牡丹栽培品种进行PCR扩增，其中仅有5对引物的扩增产物表现出多态性。Hou等（2011）在GenBank数据（http://www.ncbi.nlm.nih.gov/dbEST/index.html）共检索到2204条牡丹DNA序列，利用DNA STAR将非冗杂序列进行组装，使用软件MISA筛选其中的SSRs标记后得到901条序列并进行鉴定，根据SSR侧翼区域设计29对引物对45个牡丹栽培品种进行遗传多样性分析，其中10对引物的PCR扩增产物存在多态性。Wu et al.（2014）在3783条序列中筛选出4373个EST-SSR标记，随后设计788对引物对'凤丹'（*P. ostii* 'Feng Dan'）和'红乔'（*P. suffruticosa* 'Hong Qiao'）两个品种的杂交后代进行PCR扩增，其中的149对引物扩增结果具有多态性。目前GenBank、EMBL和DDBJ等公共数据库中牡丹的序列有限，限制了该方法在牡丹上的使用。随着更多牡丹序列上传到GenBank数据库，牡丹SSR分子标记的开发将更加方便简捷（张艳丽，2011；郭琪，2015）。

磁珠富集法：磁珠富集法的原理是：基因组DNA经限制性内切酶酶切，使获得的DNA片段和生物素标记的SSR探针杂交，利用生物素与链霉亲和素的亲和性富集目标重复序列，经克隆和测序后获得包含SSR的重复序列（刘华波，2013）。Yu et al.（2013）运用限制性内切酶RsaI和XmnI酶切DNA，将获得500bp大小的片段与（AG）12、（AT）12、（CG）12、（GT）12、（ACG）12、（ACT）12、（CCA）8、（AACT）8、（AAGT）8和（AGAT）8微卫星探针进行杂交，通过阳性克隆以及DNA测序技术设计出48对引物对48个牡丹栽培品种进行PCR扩增，筛选12对多态性的SSR分子标记；Wang et al.（2009）用相同的方法，利用设计的45对引物对20个牡丹栽培品种进行扩增，其中14对引物的扩增结果显示出多态性。但是这种方法适合已发布序列的物种，有时会因为所设计的EST-SSR引物跨越内含子而出现扩增失败的现象。

二代测序技术：二代测序技术（next-generation sequencing，NGS）（Schuster，2008）的

出现和发展大大加快了生物学研究的进程，被广泛应用在基因组和转录组测序等方面。Wu et al.（2014）利用Illumina技术以'洛阳红'的花蕾为材料，对转录组进行测序，在获得的59275条序列中搜索到2989条含有SSR的序列，采用软件ORF Finder对EST序列中的起始密码子和终止密码子进行鉴定，选择SSR侧翼序列合适的进行引物设计，最终获得373对EST-SSR引物可以成功的扩增出目标SSR片段。

（2）SSR在牡丹研究中的应用

遗传多样性研究：Gao等（2013）利用SSR分子标记对23个牡丹栽培品种进行聚类，说明紫斑牡丹和凤丹是其他21个品种的祖先，'姚黄''豆绿''水晶白''琉璃冠珠'以及中原品种群聚为一类，表明它们之间的亲缘关系较近；日本品种 P. suffruticosa 'Taiyoh'、P. suffruticosa 'Shima Nisshiki' 和 P. suffruticosa 'Gun Pou Den' 也同中原品种群聚为一类，表明这3个日本牡丹品种可能起源于中国中原牡丹品种群；P. suffruticosa 'Huai Nian'、P. suffruticosa 'Ju Yuan Shao Nv' 以及 P. suffruticosa 'Xin Xing' 与西北品种群聚为另外一类，说明它们的亲缘关系较近。Wu et al.（2014）利用30对EST-SSR引物研究56个牡丹种质资源的遗传关系，在NJ聚类图中，紫斑牡丹及西北品种群与四川牡丹遗传相似度高，该结果与Zhao et al.（2008）获得的相同；'凤丹'和日本栽培品种聚在一起，这与日本品种起源于中国有关。在系统发育树的几个分支中存在一些不一致的分支，这可能是受研究样品数量限制的结果。

亲缘关系：Yuan等（2010）检测紫斑牡丹（P. rockii）、延安牡丹（P. yananensis）以及矮牡丹（P. jishanensis）共159个供试样本中的152个等位基因，共发现14个SSR标记位点。在检测到的等位基因中，3个野生种所共享36个（占比26.97%），稷山牡丹特有21个（占比13.81%），延安牡丹特有数量最少，近3个（占比1.97%），紫斑牡丹特有等位基因71个（56.71%）。说明延安牡丹与紫斑牡丹、稷山牡丹均具有较高的基因共享率，结合多态信息位点数的分析，万花山当地的矮牡丹为母本，其临近区域（陕西省甘泉县）的紫斑牡丹为父本杂交获得延安牡丹。

第四章
牡丹资源的评价描述记载方法与标准

要对牡丹植物资源开展评价研究,必须要有一套完整的评价描述记载标准。早在二十世纪七十年代(1974),国际农业研究顾问组(CGIAR)下设了国际植物遗传资源委员会(IBPGR),之后该组织在2006年变更为国际生物多样性组织(Bioversity International),其使命就是通过增强对栽培与野生农林作物多样性的保护,来达到改善当代与未来人们的生活福祉。经过长达30多年的努力,该组织迄今已编写102种农作物的描述记载标准,显然受制于人力和财力,到目前为止,该组织还未就有关涉及种类更多的园林或药用植物的描述记载标准有所涉猎。作为我国特有的牡丹植物资源,难以寄希望短时间内获得有关国际标准,因此建立符合我国实际的牡丹植物资源评价描述记载方法与标准,对于研究我国牡丹资源和发展我国牡丹产业就显得十分重要。

第一节 概述

牡丹资源评价描述记载方法与标准所面临的主要问题主要有以下两点:

一、分类方面的问题

在现有的牡丹栽培品种分类系统与方法上,迄今并未达到广泛共识。周家琪(1962)提出了栽培品种的"二元分类法",该方法开启了我国芍药科的花型分类的科学性和实用性相结合时代。之后,国内外不同研究学者相继对牡丹和芍药的栽培品种分类做出了不懈的努力,提出了不同分类系统。虽然如此,但在牡丹芍药品种分类上仍有许多具体问题:一是纯系和杂交系的归类问题,伊藤杂种按芍药进行处理(李嘉珏,1999),在描述记载当中的特殊地位没有得到体现；二是花型与花色在分类中的地位；三是台阁花型的分类；四是过渡花型的处理。

此外，对牡丹野生种的系统分类也存在争议，如滇牡丹种群的含混，矮牡丹、稷山牡丹、卵叶牡丹及中原牡丹之间关系与其植物学分类地位的确立等。

最后，鉴于在国际上普遍将牡丹隶属于芍药科的惯例，因此制定一套既适合芍药，又适合牡丹资源描述项目与方法标准将会在标准化上更好发挥作用。

二、源描述记载标准问题

我国的芍药科植物描述记载标准一直在不断改进、变化，所涉及对象也从牡丹某一品种群到综合涵盖牡丹芍药栽培种等。总的看来，国内针对牡丹描述记载标准的研究较多，芍药的描述记载标准常与牡丹统一。芍药品种除了切花芍药品种的标准明确，少见单独对其描述的记载标准（Hong D Y，2010）。

由于缺乏统一的描述记载方法与标准，至今就描述记载项目及取样标准存在说法众多。另外即使有相同的描述项目，但存在描述记载标准细化程度各有不同，对不同地域条件、物候期、植株部位形态性状的变化没有给予充分的考虑。如果将芍药科植物描述记载标准综合考虑，那么就必须要整体考量芍药科植物形态的多样性。

在国际上，美国芍药牡丹协会（American Peony Society）作为国际园艺协会指定的芍药科植物新品种法定登录机构，制定了详细的描述记载登录标准。但该标准只注重品种的商品性，专利所属在登记表中也有所体现。在日本，通过《牡丹名鉴》可看出，他们对品种的观赏性制定了详细的标准，如花期、花香、一季花或两季花。

第二节 牡丹资源的描述记载项目的确立

通过对以往国内外关于芍药科植物资源描述记载方法与标准，结合我们的观察，特别是充分考虑了牡丹的油用特性，增加了牡丹结实特性有关的重要性状，共筛选出109个记载项目（表4-1），其中基本信息11个，植株的基本形态23个，花部形态38个，叶部形态15个，果实及种子15个。这其中根据以往的观察新增了茎的性质、新芽颜色、有无茸毛、新芽张开形态、苞片形状、其他6个项目，并对株态、花色、花姿、外瓣瓣缘、内瓣形状、内瓣其他、花丝颜色、房衣颜色、小叶形态、顶小叶顶端分裂、侧小叶边缘、小叶叶尖、叶主要颜色、花香14个项目的分级和标准进行了整合，以适于整个芍药科植物。

通过性状分析研究，最终确立了102个项目。其中茎的性质、外瓣褶皱、雄蕊存在、复叶类型、复叶形状、侧小叶平整程度和侧小叶缺刻7个性状为研究中新增性状。生境、二回叶大小、果实被毛情况、果实饱满度、单果种子数、果实直径、果角长、果角宽、种子横径、种子平均粒重、坐果量、单果重12个性状新增性状。

表4-1　牡丹资源描述记载项目确立现状

序号	项目名称	出处	说明	序号	项目名称	出处	说明
1	名称	A, B, J		27	茎有无棱	B	
2	名释	A, J			单茎着花量	B, J	
3	编号	A, J		28	长势	H, I	
4	分类	L		29	芽型	A, B, C, F	
5	品种来源	A, J, B		30	芽色	B, C	
6	第一次开花年份	J		31	新芽颜色		新增
7	第一次繁殖年份	J		32	有无茸毛		新增
8	记载地点	A, J		33	新芽张开形态		新增
9	记载日期	A, J		34	萌芽早晚性	I	
10	记载人	A, J		35	芽的数量		
11	生境		新增	36	花蕾形态	D	
12	茎的性质		新增	37	花色	D, A, I, G	整合
13	株态	A, B, C, J	整合	38	花径	A, H, I	
14	株高	B		39	花高	D, A	
15	冠幅	B		40	花姿	D, H, I, J	整合
16	株龄	A, B		41	花型	D	
17	植株大小	A, B, D		42	外瓣形状	C, B, D	
18	老枝皮色	B, C		43	外瓣瓣缘	A, B, C, J	整合，添加褶皱
19	老枝粗糙或剥落程度	B, C		44	外瓣大小	J, B	
20	一年生枝皮色	B		45	外瓣数量	B	
21	一年生枝长度	A, B, D, I		46	外瓣着色均匀程度	B, I	
22	一年生枝粗度	B, I, D		47	内瓣形状	B, A	根据经验总结
23	基部萌蘖性	B, A		48	内瓣其他	B, A	将其他不突出性状整合到一组
24	花茎长度	H, I		49	内瓣大小	B	
25	茎干粗度	H		50	色斑存在情况	A, J	
26	花茎直立性	H		51	色斑形态	A	

（续）

序号	项目名称	出处	说明	序号	项目名称	出处	说明
52	色斑大小	A, J		81	小叶排列	A	
53	色斑颜色	A		82	叶片质地	A	
54	色斑边缘形态	A		83	叶背被毛情况	B	
55	雄蕊数	A, B		84	叶主要颜色	A, I, J	整合
56	雄蕊发育	A		85	叶表面色晕	A	
57	花丝长度	B		86	总叶柄长度	B	
58	花药长度	B		87	叶柄颜色	B	
59	花丝颜色	A, I	整合	88	叶姿	B, D	
60	花丝形态	A		89	一季花或两季花	I	
61	雄蕊着生方式	A		90	单花期	A, B, C	
62	房衣形态	B		91	群体花期	A, B, C	
63	房衣颜色	B, I	整合	92	初花期	A, B, C	
64	柱头颜色	B		93	盛花期	A, B, C	
65	心皮被毛情况	B, J		94	谢花期	A, B, C	
66	心皮数量	B, J		95	花香	A, B, C, J	整合
67	发育情况	B		96	结实能力	A, B	
68	外观	B, A		97	果实被毛情况		新增
69	花量		新增	98	果实饱满度		新增
70	花萼数量	B		99	单果种子数		新增
71	花萼瓣化程度	B		100	果实直径		新增
72	苞片形状		新增	101	果角长		新增
73	台阁花之上方花	B		102	果角宽		新增
74	复叶大小	B, A, C		103	种子横径		新增
75	二回叶大小		新增	104	种子平均粒重		新增
76	小叶形态	A, F, I	整合	105	坐果量		新增
77	小叶数	A, B		106	单果重		新增
78	顶小叶顶端分裂	B, C, D	整合	107	综合评价	A, B	
79	侧小叶边缘	C, D, J	整合	108	其他		新增
80	小叶叶尖	A, B, C, D	整合				

注：A.《中国紫斑牡丹》（成仿云 等，2005）（成仿云，2005）；B.《中国牡丹与芍药》（李嘉珏，1999）；C.《中国牡丹品种图志》（王莲英，1997）；D.《中国牡丹品种图志：续志》（王莲英，2015）；F.《芍药》（韦金笙，1983）；G.《中国牡丹》（李嘉珏，2011）；H.《芍药切花品种筛选研究》（李瑞梅，2008）；I.《牡丹名鉴》；J. *American Peony Society Cultivar Registration Form*。

第三节　牡丹资源的描述记载性状必要性的评价

对于上述确立的108个芍药科植物描述记载之后，我们采取了系统评价研究，具体评价方法如下：

一、性状选取与编码

选取需要评价的性状并进行编码（表4-2）。依据性状特性分别加以处理，具体处理按下述原则进行。

（1）数量性状：此类性状所得数据在整理数据时，直接取其测量平均值计入；

（2）多态性状：对植株大小、一年生枝长度等9个数量型多态性状进行转换；

（3）质量性状：采用等级数量编码（陈俊愉，1998）；

（4）二元性状：用0或1编码，可区分进化关系的原始形状为0，不可区分的性状缺失为1；

（5）多元性状：有序的多态性状尽可能按原始性状不断进化的顺序从1开始编号，无序的多态性状按生物进化顺序编号（韩雪源 等，2014a）。

表4-2　性状及编码

序号	性状	形状类型	详细编码情况
1	茎的性质	二元	木本（0）/草本（1）
2	株态（木本）	多态	直立型（1）/半开张型（2）/开张型（3）/独干型（4）
3	株态（草本）	多态	直立（1）/扭曲（2）/倒伏（3）
4	植株大小	多态	矮生型（1）/中高型（2）/高大型（3）
5	一年生枝皮色（木本）	多态	绿（1）/红绿相间（2）/红（3）
6	一年生枝长度（木本）	多态	短枝（1）/中长枝（2）/长枝（3）
7	一年生枝粗度（木本）	数量	
8	花茎长度（草本）	数量	
9	茎干粗度（草本）	数量	
10	花茎颜色（草本）	多态	绿（1）/红绿相间（2）/红（3）/紫（4）
11	茎有无棱（草本）	二元	无（0）/有（1）
12	单茎着花量（草本）	数量	
13	长势	多态	弱（1）/中（2）/强（3）

（续）

序号	性状	形状类型	详细编码情况
14	花蕾形态	多态	扁圆形（1）/圆形（2）/圆尖形（3）/长圆尖形（4）
15	花色	多态	白（1）/粉（2）/黄（3）/绿（4）/红（5）/紫红（6）/蓝（7）/紫（8）/黑（9）/复色（10）
16	花朵大小	多态	小花类（1）/中花类（2）/大花类（3）
17	花高	数量	
18	花姿	多态	直立（1）/侧垂（2）/下垂（3）
19	花型	多态	单瓣型（1）/荷花型（2）/菊花型（3）/蔷薇型（4）/托桂型（5）/皇冠型（6）/绣球型（7）/千层台阁（8）/楼子台阁（9）
20	外瓣大小	多态	小（1）/中（2）/大（3）
21	外瓣形状	多态	倒卵形（1）/圆形（2）/倒广卵形（3）
22	外瓣褶皱	二元	无（0）/有（1）
23	外瓣瓣缘	多态	平滑（1）/浅齿裂（2）/深齿裂（3）和不规则（4）
24	外瓣着色均匀程度	二元	不均匀（0）/均匀（1）
25	内瓣长	数量	
26	内瓣宽	数量	
27	内瓣形状	多态	条形（1）/带形（2）/狭倒卵形（3）/倒卵形（4）/圆形（5）/其他（6）
28	色斑存在情况	二元	无（0）/有（1）
29	色斑形态	多态	圆形（1）/卵圆形（2）/椭圆形（3）/菱形（4）
30	色斑大小	多态	小（1）/中（2）/大（3）/特大（4）
31	色斑颜色	多态	红（1）/棕红（2）/紫红（3）/黑色（4）
32	色斑边缘形态	多态	整齐（1）/辐射状（2）/不规则（3）
33	雄蕊存在情况	二元	无（0）/有（1）
34	雄蕊数	多态	多（1）/一般（2）/较少（3）/残存（4）
35	雄蕊着生方式	多态	正常（1）/腰金（2）/点金（3）/藏金（4）
36	雄蕊发育	多态	正常（1）/部分正常（2）/不正常（3）
37	花丝颜色	多态	白（1）/淡黄（2）/粉红（3）/紫红（4）/黑（5）/其他（6）
38	雌蕊发育情况	多态	正常（1）/败育（2）/瓣化（3）/完全瓣化（4）
39	房衣形态	多态	全包（1）/半包（2）/残存（3）/消失（4）
40	房衣颜色	多态	白（1）/淡黄（2）/粉红（3）/紫红（4）/黑（5）/其他（6）

(续)

序号	性状	形状类型	详细编码情况
41	柱头颜色	多态	白（1）/淡黄（2）/粉红（3）/紫红（4）/黑（5）/其他（6）
42	心皮数量	数量	
43	雌蕊外观	多态	袒露（1）/微显（2）/隐含（3）
44	花萼数量	数量	
45	花萼瓣化程度	多态	正常（1）/部分瓣化（2）/完全瓣化（3）
46	复叶类型	二态	二回羽状复叶（0）/三回羽状复叶（1）
47	复叶大小	多态	小型叶（1）/中型叶（2）/大型叶（3）
48	复叶形状	二态	长形（0）/圆形（1）
49	二回叶长	数量	
50	二回叶宽	数量	
51	小叶形态	多态	宽卵形（1）/卵形（2）/长卵形（3）/狭长卵形（4）
52	小叶数	数量	
53	顶小叶顶端分裂	多态	全缘（1）/浅裂（2）/中裂（3）/深裂（4）/全裂（5）
54	侧小叶边缘缺刻	多态	无（1）/弱（2）/强（3）
55	侧小叶平整程度	多态	平整（1）/波曲（2）/反卷（3）
56	小叶叶尖	多态	圆钝（1）/突尖（2）/锐尖（3）/渐尖（4）
57	小叶排列	多态	稀疏（1）/正常（2）/致密（3）
58	叶片质地	多态	较薄（1）/一般（2）/较厚（3）
59	叶背被毛情况	多态	无（1）/少（2）/多（3）/极多（4）
60	叶主要颜色	多态	黄绿（1）/绿（2）/灰绿（3）/深绿（4）/紫红（5）
61	叶表面色晕	二元	无（0）/有（1）
62	总叶柄长度	多态	短（1）/中（2）/长（3）
63	叶柄颜色	多态	绿（1）/红绿相间（2）/红（3）/紫（4）
64	叶姿	多态	斜上伸（1）/斜伸（2）/平伸（3）
65	花香	多态	无香（1）/淡香（2）/中等（3）/浓香（4）

二、性状的观察记载

按照筛选的标准用《芍药科植物记载表（试用版）》进行记载。每个种及品种测5个植株，不足5株按3株选取，低于3株不予记载。数量性状均测3次，最终取其平均值；质量性状观测3株后以出现频率最高的类型为准进行记录。为减少花色、叶色等在日照条件不同的情况下而产生误差，每天16:00~18:00进行观测，利用潘通（PAN-TONE）色卡对比确定颜色，记录表格中描述颜色性状。在记录时对植株生境、花、叶、雌雄蕊、芽、花蕾等性状进行拍照。

在性状调查过程中着重观察项目的取样标准，对试用版使用中不方便或者标准、分级不合理的项目进行修改。

三、性状数据分析处理方法

首先对原始数据矩阵进行标准化（STD）正规化处理，避免不同量纲对数据分析可能产生的影响。然后运用专业的数据分析软件SPSS 20.0，对木本草本共有的55个性状进行R型聚类（R-type cluster），聚类方法选用最远邻元素组间连接，以Pearson相关性为度量的标准，对性状指标聚类输出树形图。运用同样的方法对木本具有的60个性状进行R型聚类。再采用主成分分析及权重排序对木本草本共有的55个性状通过降维的方法将指标简化，使这些综合指标可以反映原来所有指标的信息。最后对所统计的147个种及品种进行Q型聚类（Q-type cluster），选择平方Euclidean距离为度量标准，运用Ward聚类方法，输出聚类树形图。

四、性状分析评价

1. 芍药科共有性状的分析

应用R型聚类分析输出的树形图并结合相关性矩阵分析结果，色斑存在情况与色斑边缘形态（$r=0.953$）相关性最大，其次是内瓣长与内瓣宽（$r=0.927$）、色斑存在情况与色斑颜色（$r=0.927$）、内瓣形状与内瓣宽（$r=0.911$）、内瓣形状与内瓣长（$r=0.900$）、色斑存在情况与色斑形态（$r=0.893$）、色斑存在情况与色斑大小（$r=0.863$）、复叶类型与小叶数（$r=0.815$）、二回叶长与二回叶宽（$r=0.759$）、房衣颜色与柱头颜色（$r=0.688$）、雄蕊数与雄蕊发育（$r=0.655$）、复叶形状与复叶宽（$r=0.616$）相关性都在0.6以上。其中色斑存在情况同时与色斑边缘形态、色斑颜色、色斑形态、色斑大小，内瓣形状与内瓣长、内瓣宽同时具有很强的相关性，复叶形状同时与复叶长、复叶宽具有较强的相关性。

2. 牡丹特有性状的分析

株态（木本）、一年生枝皮色、一年生枝长度、一年生枝粗度为木本特有性状。通过R型聚类分析，株态（木本）、一年生枝皮色、一年生枝长度、一年生枝粗度与其他项目的相关系数绝对值均在0.5以下，相关性较小可用于芍药科植物分类。

3. 性状重要性的评价

（1）主成分分析

根据主成分分析结果表明：前16个成分的累计贡献率达到71.485%，特征值均大于1，贡献率均大于2%。第1主成分的贡献率为11.71%，其中影响较大的是色斑存在情况、色斑形态、色斑大小、色斑颜色与色斑相关的性状，特征值都在0.7以上。其次是复叶类型、复叶大小、二回叶长与复叶相关的性状，特征值都在0.5以上。第2主成分的贡献率为8.58%，影响较大的是花型、内瓣长、内瓣宽、内瓣大小、雌蕊发育情况，特征值都在0.7左右。第3主成分的贡献率为8.3%，影响较大的是茎的性质、雄蕊存在情况、房衣形态、心皮数量，特征值都在0.5以上。第4主成分的贡献率为5.79%，影响较大的性状为外瓣大小，特征值为0.57。第5主成分的贡献率5.14%，影响较大的性状为雄蕊数，特征值为0.41。第6主成分的贡献率4.35%，影响较大的性状为花姿，特征值为0.53。第7～16主成分中有雌蕊外观、侧小叶平整程度和小叶叶尖、瓣缘、复叶形状、花蕾形状分别在第7、第8、第9、第11、第14主成分中特征值大于0.5，对所在成分影响较大。

根据上述分析筛选出特征值大于0.5的性状，除去R分析中不参与Q聚类分析的性状（色斑边缘形态、色斑颜色、色斑形态、色斑大小、二回叶长、二回叶宽、内瓣长、内瓣宽、柱头颜色、雄蕊数、小叶数），余下的色斑存在情况、复叶类型、复叶大小、花型、内瓣大小、雌蕊发育情况、茎的性质、雄蕊存在情况、房衣形态、心皮数量、外瓣大小、花姿、雌蕊外观、侧小叶平整程度、小叶叶尖、瓣缘、复叶形状、花蕾形状18个性状是芍药科植物调查记载的重要性状，在聚类分析中起重要作用。其中复叶类型、茎的性质、雄蕊存在情况、侧小叶平整程度、复叶形状5个性状是新增性状。

（2）不同性状的重要性的评价

应用计算权重的方法为运用主成分分析得到的公因子方差，计算各个性状的公因子方差占总公因子方差的百分比方法，计算出芍药科植物55个性状的权重（表4-3），按照权重大小作为不同性状存在重要性的数量化标准。

表4-3 芍药科植物55个性状权重计算表

性状	公因子方差	权重	排名	性状	公因子方差	权重	排名
茎的性质	0.83413	0.02067	11	房衣形态	0.69911	0.01732	35
植株大小	0.68844	0.01706	37	房衣颜色	0.79636	0.01973	14
长势	0.60785	0.01506	50	柱头颜色	0.70430	0.01745	32
花蕾形状	0.72167	0.01788	27	心皮数量	0.66959	0.01659	41
花色	0.64078	0.01588	46	雌蕊外观	0.68760	0.01704	38
花朵大小	0.71962	0.01783	28	花萼数量	0.64363	0.01595	45

（续）

性状	公因子方差	权重	排名	性状	公因子方差	权重	排名
花高	0.72837	0.01805	24	花萼瓣化程度	0.68456	0.01696	39
花姿	0.74705	0.01851	22	复叶类型	0.83224	0.02062	12
花型	0.77964	0.01932	16	复叶大小	0.76851	0.01904	18
外瓣大小	0.72291	0.01791	26	复叶形状	0.66023	0.01636	42
外瓣形状	0.63655	0.01577	48	二回叶长	0.84536	0.02094	10
褶皱	0.72815	0.01804	25	二回叶宽	0.81211	0.02012	13
瓣缘	0.59662	0.01478	51	小叶形态	0.70666	0.01751	30
外瓣着色均匀程度	0.49452	0.01225	55	小叶数	0.76627	0.01899	19
内瓣长	0.91345	0.02263	4	顶小叶顶端分裂	0.69588	0.01724	36
内瓣宽	0.93921	0.02327	2	侧小叶边缘缺刻	0.69994	0.01734	34
内瓣形状	0.92375	0.02289	3	侧小叶平整程度	0.70440	0.01745	31
色斑存在情况	0.95729	0.02372	1	小叶叶尖	0.67181	0.01664	40
色斑形态	0.88720	0.02198	7	小叶排列	0.63787	0.01580	47
色斑大小	0.86933	0.02154	9	叶片质地	0.72932	0.01807	23
色斑颜色	0.88775	0.02199	6	叶背被毛情况	0.62910	0.01559	49
色斑边缘形态	0.90171	0.02234	5	叶主要颜色	0.64712	0.01603	44
雄蕊存在情况	0.87156	0.02159	8	叶表面色晕	0.57307	0.01420	53
雄蕊数	0.76487	0.01895	20	总叶柄长度	0.71170	0.01763	29
雄蕊着生方式	0.77634	0.01923	17	叶柄颜色	0.57145	0.01416	54
雄蕊发育	0.79632	0.01973	15	叶姿	0.57514	0.01425	52
花丝颜色	0.70005	0.01734	33	花香	0.64728	0.01604	43
雌蕊发育情况	0.75601	0.01873	21				

　　权重排前10的性状中，有9个花部性状，1个叶部性状。在排名11～25的形状中有9个花部性状，5个叶部性状。这说明花部性状在调查研究时十分重要，要保证数据完整性及正确性。与色斑相关的性状排名全在前10，这说明色斑性状在调查分析中起重要作用。

　　叶姿、叶表面色晕、叶柄颜色和外瓣着色均匀程度排在最末，权重均小于0.14，且结合R型聚类分析，这几个性状与其他性状的相关性系数绝对值均小于0.3，表明其研究记载价值较小。

　　茎的性质、外瓣褶皱、雄蕊存在、复叶类型、复叶形状、侧小叶平整程度、侧小叶缺刻7个新增性状的权重排名靠前，这证明了新增性状设置的意义。

五、几种数量性状的分级研究

1. 一年生枝长度

根据一年生枝长度数据分布（图4-1）可知长度集中在20～40cm之间，可以25cm及35cm为界限均匀分为3级。

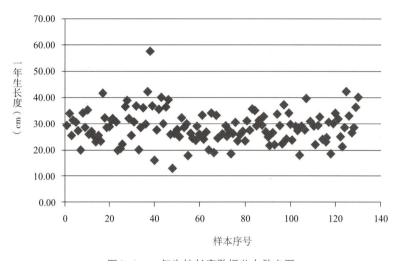

图4-1　一年生枝长度数据分布散点图

2. 花朵大小

根据花径数据分布图（图4-2）可知花径集中在10～15cm之间，可以10cm及15cm为分界线分成3级。

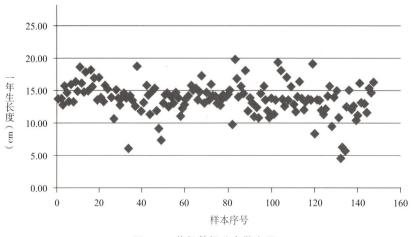

图4-2　花径数据分布散点图

3. 花外瓣大小

根据花外瓣长度数据分布图（图4-3）可知外瓣长度分布在3~9cm之间，可以5cm及7cm均匀分为3类。

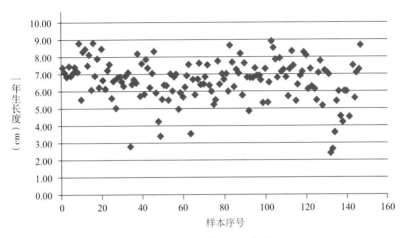

图4-3 外瓣长度数据分布散点图

4. 复叶大小

根据复叶长度数据分布图（图4-4）可知复叶长度大体分布在30~40cm之间，可以30cm及40cm分为3类，这与《中国紫斑牡丹》的分类是一致的。

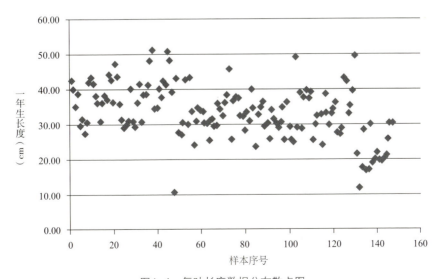

图4-4 复叶长度数据分布散点图

5. 总叶柄长度

已有的描述记载标准中只记载了总叶柄长度并未进行分级。作者在调研中发现叶柄在复叶中所占比例有明显差别，有的叶柄极长（如牡丹品种'锦袍红'、卵叶牡丹），有的叶柄很短（如牡丹品种'八千代椿'、观测的大部分芍药品种）造成复叶形态上的差异（图4-5）。通过总叶柄占复叶的比例可大致呈现复叶的形态，因此以1/3复叶长和2/3复叶长为界限进行分级。

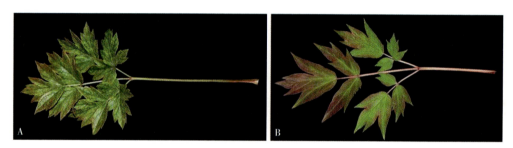

图4-5 不同牡丹品种的叶柄差距

A：牡丹品种'锦袍红'；B：牡丹品种'八千代椿'

第四节 牡丹资源描述记载标准

本节重点描述芍药属牡丹组植物的基本信息、植株形态、花部形态、叶部形态、果实及种子形态，并对其花期、花香等指标进行综合评价，为芍药科植物资源描述记载制定了标准。

一、基本信息

（1）名称：野生种为拉丁名，品种为登记所用名称，如有别名应在常用名称之后括号注明。

（2）名释：中文名的典故、来源及含义。

（3）编号：为调查登记号，可按年份编排。

（4）分类：栽培品种所属品种群。

（5）品种来源：一般包括传统品种、新育品种和引进品种3种情况，其中新育品种要说明育成年代、育种方法、育种人（单位）、发现人和命名人，引进品种应确切记载引种地和引进年代。

（6）第一次开花年份。

（7）第一次繁殖年份：植株第一次成功进行分株，嫁接等的年份。

（8）记载地点：栽培品种指植株的具体栽培地点，野生种指具体调查地点。应填写县、乡、镇、村、宅，或市、街道、社区、里弄，野生种应包含海拔、经纬度信息。

（9）记载日期。

（10）记载人。

（11）生境：如林下、林缘、灌木丛、河旁、岩石畔等，并记录分布密度、伴生植物。

二、植株的基本形态

1. 株型

不同品种因枝干生长或开张角度不同，分为直立型、半开张型、开张型、独干型4种基本株型（图4-6）。

（1）直立型：枝条开张角度小，一般多在30°以内直伸向上。

（2）开张型：枝条开张角度大，常大于50°，斜出向四周伸展，株幅宽度远大于其高度。

（3）半开张型：该类型品种的枝条开张角度介于前二者之间，枝斜上伸长。

（4）独干型：主干单向上，植株小乔木状。

图4-6　牡丹株态类型

2. 植株特征

（1）株高：以5～8年生植株高度为标准，分为高大型、中高型、矮生型3类。高大型：植株高度大于100cm以上；中高型：植株高度60～100cm；矮生型：植株高度在60cm以下。（以cm为单位记载盛花期植株最高枝条至植株基部地平面的垂直距离）

（2）冠幅：以cm为单位记载盛花期植株枝叶伸展的水平距离。

（3）株龄：株龄不可查的植株木本可通过数枝条的茎痕和植株芽数进行粗略估计，草本可通过数植株芽数以及根痕进行粗略估计，茎干数量也是一个参考标准。

3. 枝干（茎干）特征

（1）一年生枝皮色：分为绿、红绿相间、红3类。

（2）一年生枝长度：以cm为单位记载，不以平茬之后的当年生枝为依据。分为短枝、中长枝、长枝3类。长枝：长度≤25cm；中长枝：35cm＞长度＞25cm左右；短枝：长度≥35cm。

（3）一年生枝粗度：以mm为单位记载一年生枝基部粗度。

（4）基部萌蘖性：根据从植株基部根颈处萌发形成的萌蘖枝（俗称土芽或脚芽）的多少，分为弱、中、强、极强4类。弱：萌蘖枝1~3条；中：萌蘖枝4~6条；强：萌蘖枝7~10条；极强：萌蘖枝＞10条。

4. 长势

按生长情况及年生长量（枝干粗壮、花繁叶茂和嫩枝长短等）区分为强、一般、弱3类。强：生长旺盛，年生长量大；一般：生长较缓慢，年生长量大或生长旺盛，年生长量小；弱：生长缓慢，年生长量较小。

5. 芽

（1）芽型：分为圆形、卵圆形、狭长卵圆形、长卵形4类。注意鳞芽是否开裂或翻卷等（图4-7）。

（2）芽色：分为红、红绿、绿白3类。

（3）萌芽早晚性（通常栽培条件下发芽早晚）：分为早生、中生、晚生、最晚生4类。

图4-7　芽型

三、花部形态

1. 花蕾形态

以风铃期花蕾为准分为扁圆形、圆形、圆尖形、长圆尖形4类（图4-8）。

2. 花色

颜色分为白、粉、黄、绿、红、紫红、蓝、紫、黑和复色共10类。

以盛花期植株开花第二天的花朵花色为准记载，有些品种的花色从初花、盛花到谢花不断变化，应予以注明盛开及末花颜色。其中黑色并非纯正黑色而是深紫红色和墨红色，黄色也包括淡黄色，蓝色指粉蓝色或粉蓝紫色，复色指同一朵花上出现两种或两种以上颜色。用英国皇家园艺协会色谱标准RHS（Colour Chart The Royal Horticultural Society, London）统一记载，在括号里加以注明。

3. 花朵大小

以盛花期植株开花第二天的花朵花径为准衡量，分为小花类、中花类、大花类3类。

小花类：花径≤10cm左右；中花类：15cm>花径>10cm左右；大花类：花径≥15cm，可根据情况进一步记述为中偏大、中偏小。（花高：以cm为单位记载盛花期植株开花第二天的花朵从花基部到最高花瓣顶端的高度）

4. 花姿

指花朵在植株上着生的姿态，分为直立、侧垂、下垂3类。直立：花头直立于株丛之上；侧垂：花头半直立、向一侧倾斜；下垂：花头下垂（图4-9）。

图4-8　花蕾形态

图4-9　花姿类型

5. 花型

以盛花期植株开花第二天花朵为准，按单瓣型、荷花型、菊花型、蔷薇型、托桂型、皇冠型、绣球型、千层台阁和楼子台阁9种类型记载。如果出现多花型现象在记载时以出现频率最高而不是演化水平最高的花型为主，其他花型、过渡花型也要一并记录。一般应连续记载三年以判断花型变化幅度（图4-10）。

（1）单花类

单花型：2轮，稀为3轮；一般雌雄蕊正常，少见雄蕊极度减少，或雌蕊数量增加的情况。

金蕊型：花满2轮，雄蕊大型（花药肥大，花丝伸长），雌蕊正常。

（2）千层类

荷花型：花瓣4-5轮，较大，形状、大小较为相近。雌雄蕊正常，或有雄蕊少量瓣化及雄蕊减少现象。

菊花型：花瓣6-8轮，自外向内逐渐变小，雄蕊正常，数量减少或在花心处有少量瓣化，少有数量增加，心皮正常、少有瓣化或退化。

蔷薇型：花满9轮以上至极度增多，自外向内逐渐变化，雄蕊减少或在花心处残留并夹杂部分雄蕊瓣化，少有雄蕊极度增多现象，心皮正常或退化变小，或数量增多。

千层台阁型：全花由2或2以上花朵组成，其下方花为千层类单花。该花型有以下几个亚型：

荷花台阁（亚）型：下方花为荷花型，皮正常或稍有瓣化，上方花发育程度因品种而异。

菊花台阁（亚）型：下方花为菊花型，心皮稍有瓣化或全部瓣化，上方花发育程度因品种而异。

蔷薇台阁（亚）型：下方花为蔷薇型，心皮瓣化或发育不全，上方花发育程度因品种而异。多为2花，稀为3花。

（3）楼子类

托桂型：外2～3轮、宽大、平展。雄蕊大部或全部瓣化，瓣化瓣狭长，直立或扭曲状，明显小于外轮花瓣。部分品种瓣化瓣常残留部分花药。心皮正常。

金心型：外瓣2～3轮，宽大、平展。雄蕊多数，位于雌蕊周围，外轮雄蕊形成数轮至多轮大小不等的花瓣。心皮正常或稍瓣化。

皇冠型：外瓣2轮或多轮，宽大、平展。雄蕊全部或大部瓣化，瓣化瓣直立高起，近花心处花瓣宽大，近外瓣处细窄或残留花药，瓣间夹杂少量正常或退化的雄蕊。心皮正常或瓣化。

金环型：外瓣2～3轮，宽大、平展。雄蕊大部分瓣化，瓣化瓣高起，但在内外花瓣间残留一圈正常雄蕊。心皮正常或瓣化。

绣球型：雄蕊全部高度瓣化，瓣化瓣与外瓣形状大小相近。心皮正常或数量增加，或瓣化成绿瓣（插翠），或退化变小以至消失，全花丰满完整，形如绣球。

楼子台阁：全花由2或2朵以上花朵组成，其下方花为楼子类单花。该花型有以下几个亚型：

托桂台阁（亚）型：由2朵托桂型的单花上下重叠而成。上方花发育不充分，花心处常残留少量雄蕊及正常或退化变小的雌蕊。

金环台阁（亚）型：由2朵金环型的单花上下重叠而成，发育状况同上。

皇冠台阁（亚）型：由2朵皇冠型的单花上下重叠而成。下方花发育充分，雄蕊完全瓣

图4-10　花型

化，雌蕊亦瓣化并呈现多种彩瓣（如同金环台阁型）。上方花发育亦较充分，但花心有时残有少量雄蕊，雌蕊退化变小或消失。

绣球台阁（亚）型：由2朵绣球型的单花上下重叠而成。上下两单花均发育充分。雄蕊瓣化瓣均伸长展宽与正常花瓣无异。下方花的雌蕊亦瓣化成正常花瓣，而上方花的雌蕊瓣化或退化。全花球状。

6. 花瓣

以盛花期植株开花第二天花朵为准。外瓣，指原有花瓣，以最外层原始花瓣为准。

（1）大小：以cm为单位用瓣长衡量。分为小、中、大3类。小：长<5cm；中：长5~7cm；大：长>7cm。

（2）形状：分为倒卵形、圆形、倒广卵形3类。倒卵形：宽<长；圆形：宽≈长；倒广卵形：宽>长（图4-11）。

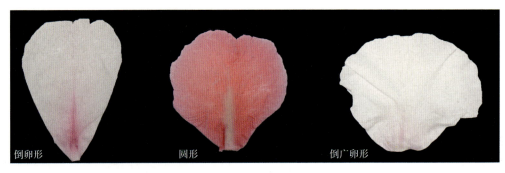

图4-11 外瓣形状

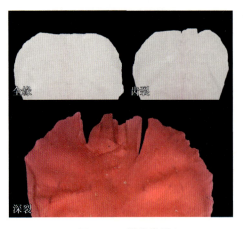

图4-12 瓣缘类型

（3）褶皱：分为有、无2类。

（4）瓣缘：指外瓣边缘，分为平滑、浅齿裂、深齿裂和不规则4类。平滑：花瓣全缘或有细小凹凸；齿裂：瓣缘有细小分裂；深裂：瓣缘分裂较深；不规则：除以上三种外无法归类的边缘类型（图4-12）。

（5）内瓣

指原有雄蕊瓣化后的花瓣，以最内层花瓣为准。

大小：用宽×长表示，以cm为单位记载。

形状：分为条形、带形、狭倒卵形、倒卵形、圆形及其他6类，其他需进行说明。条形：长远大于宽；带形：长/宽>2；狭倒卵形：长/宽≈2；倒卵形：长略大于宽；

圆形：长≈宽；其他：前面无法概括的形状（图4-13）。

其他：内瓣往往在色泽和质地上与外瓣也会有一定程度的差异，应描述说明。

（6）色斑

色斑存在情况：分为有、无2类。

色斑形态：分为圆形、卵圆形、椭圆形和菱形4类。圆形：长≈宽；卵圆形：长＞宽，最宽处在色斑基部；椭圆形：长＞宽，最宽处在色斑中部；菱形：最宽处在色斑中部，边缘几乎呈直线（图4-14）。

色斑大小：分为特大、大、中、小4类。特大：色斑高度≥1/2瓣高；大：斑高为瓣高的1/2-1/3瓣高；中：斑高为瓣高的1/4～1/3；小：斑高≤1/4瓣高（图4-15）。

色斑颜色：分为红、棕红、紫红和黑色4类。

色斑边缘形态：分为整齐、辐射状和不规则3类。

图4-13　内瓣形状

图4-14　色斑形态

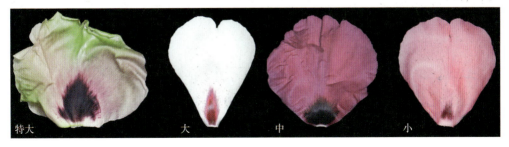

图4-15　色斑大小

（7）花蕊

雄蕊存在情况：分为有、无2类。有：可明显看出雄蕊的形态；无：雄蕊完全瓣化，无法看出雄蕊形态。

—— 有雄蕊 ——

雄蕊数：分为多、一般、较少、残存4种情况（图4-16）。

雄蕊着生方式：分为正常、腰金、点金、藏金4类。正常：雄蕊在花部中央雌蕊周围集中排列；腰金：雄蕊在外瓣和内瓣之间的腰部成圈或集中排列；点金：雄蕊完全瓣化形成的花瓣顶端残存金黄色花药；藏金指雄蕊夹杂在花瓣中间、一般不能直接看到（图4-17）。

雄蕊发育：分正常、不正常和部分正常3种情况。正常：雄蕊的花药和花丝结构正常；不正常：雄蕊出现不同程度的瓣化倾向（如花丝伸长并变宽）或开始瓣化；部分正常：既有正常的雄蕊也有不正常的雄蕊（图4-18）。

花丝颜色：分为白、淡黄、粉红、紫红、黑和其他6类，其他需进行说明。

图4-16　雄蕊数

图4-17　雄蕊着生方式

图4-18　不正常雄蕊形态

── 无雄蕊 ──

雌蕊发育情况：分为正常、败育、开始瓣化和完全瓣化4类。

房衣形态：分为全包、半包、残存、消失4类。全包：房衣完全包被雌蕊或包被3/4以上；半包：房衣包被雄蕊1/2左右；残存：房衣退化仅留残痕，或包被雌蕊基部不足1/3；消失：房衣完全退化、不存在（图4-19）。

图4-19　房衣形态

房衣颜色：分为白、淡黄、粉红、紫红、黑和其他6类，其他需进行说明（若房衣完全消失则不填）。

柱头颜色：分为白、淡黄、粉红、紫红、黑和其他6类，其他需进行说明。

心皮数量：直接记录心皮数量。

心皮被毛情况：分为有、无2类（图4-20）。

外观：从外部观察雌蕊的可见程度，分为隐含、微显、袒露3类。隐含：直接观察不到雌蕊；微显：雌蕊部分可见；袒露：雌蕊完全暴露。

（8）花萼

花萼数量：未发生瓣化的正常花萼数量。

花萼瓣化程度：记录瓣化的最高程度，分为正常、部分瓣化、完全瓣化3类（图4-21）。

台阁花之上方花：记载上方花雌雄蕊着生或瓣化程度。

图4-20　心皮被毛情况

图4-21 萼片瓣化程度

四、叶部形态

1. 复叶

复叶指整个羽状复叶,二回叶指羽状复叶上的二回叶片。在盛花期木本以从基部往上数发育良好的第3复叶为准,草本取以植株顶部往下数发育良好的第3复叶为准。二回叶以复叶最底部侧叶为准。

(1)复叶类型:分为二回羽状复叶和三回羽状复叶2类(图4-22)。

(2)复叶大小:以cm为单位用叶长衡量,分为小型叶、中型叶、大型叶3类。小型叶:长<30cm;中型叶:长30~40cm;大型叶:长>40cm。

(3)复叶形状:分为圆形、长形2类。圆形:长宽大致相等;长形:长远大于宽(图4-23)。

2. 小叶

(1)顶小叶顶端分裂:分为全缘、浅裂、中裂、深裂、全裂5类。全缘:顶端光滑不分裂;浅裂:顶端分裂<1/2顶小叶长;中裂:顶端分裂≈顶小叶长;深裂:顶端分裂在中裂

图4-22 复叶类型

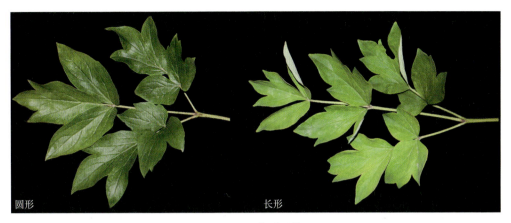

图4-23 复叶形状

图4-24 顶小叶顶端分裂

和全裂之间;全裂:顶小叶完全分裂至小叶底部(图4-24)。

(2)侧小叶形态:分为宽卵形、卵形、长卵形、狭长卵形4类。宽卵形:小叶长/小叶宽<2;卵形:小叶长/小叶宽≈2;长卵形:小叶长/小叶宽>2;狭长卵形:小叶长远大于小叶宽(图4-25)。

图4-25 侧小叶形态

（3）侧小叶边缘缺刻：分为无、弱、强3类。无：边缘光滑无缺刻；弱：缺刻数量较少；强：缺刻数量多（图4-26）。

（4）侧小叶平整程度：分为平整，波曲、反卷3类。平整：叶面平滑；波曲：叶边缘凹凸不平整，不反折；反卷：边缘反折（图4-27）。

（5）小叶叶尖：分为圆钝、突尖、锐尖、渐尖4类（图4-28）。

（6）小叶排列：分为稀疏、正常和致密3类。稀疏：小叶间有明显间隙；正常：小叶间无明显间隙、但不重叠；致密：部分小叶重叠。

图4-26　侧小叶边缘缺刻

图4-27　侧小叶平整程度

图4-28　小叶叶尖类型

（7）叶片质地：叶片质地主要由其薄厚决定，分为较薄、一般、较厚3类。

（8）叶背被毛情况：分为无、少、多、极多4类。无：叶被光滑；少：仅叶脉被毛；多：叶被全被毛；极多：叶被密被毛。

3. 叶色

有些品种的叶色从叶片初展到叶片完全展开不断变化，应从叶片初展持续观察，并注明颜色变化。主要颜色分为黄绿、绿、灰绿、深绿、紫红5类。根据叶色随着时间变化改变进行备注。

4. 总叶柄长度

以cm为单位记载第一对侧叶基部起至总叶柄基部止的长度，分为短、中、长3类（图4-29）。短：总叶柄长度≤1/3总叶长；中：总叶柄长度为总叶长的1/3～1/2；长：总叶柄长度≥1/2总叶长（图4-29）。

图4-29　总叶柄长度

五、花期

在不同物候条件下同一品种的花期明显不同。因此花期要以记载地物候为准，分别区分为早花、中花和晚花品种。一般至少以三年观察结果为准。

一季花或两季花（通常栽培条件下开一季花或两季花的区分）：一季花、两季或多季开花。

（1）单花期：单个花朵从初开到凋谢所经历的平均天数。

（2）群体花期：5%的花朵初开到95%的花朵凋谢所经历的天数。

（3）初花期：约5%的花朵开放的日期。

（4）盛花期：约50%以上的花朵开放的日期。

（5）谢花期：约80%的花朵凋谢的日期。

六、花香

大部分芍药科植物具有香气，可分为无香、淡香、中等、浓香4类。以品种代表为分级对照。无香：'豆绿''锦袍红'；淡香：'洛阳红''珊瑚台'；中等：'首案红''十八号'；

浓香：'海黄''绿香球'。

七、果实及种子

对果实成熟期植株果实、种子整体情况进行记载。

（1）结实能力：是对植株结实多少、结实质量的综合评价。可分为强、一般、不结实3类。

（2）果实被毛情况：有或无。

（3）果实饱满度：分为3类，饱满、较饱满、干瘪。

（4）种子饱满度：分为3类，饱满、较饱满、干瘪。

（5）单果种子数：每一个蓇葖果包含的种子数的平均值。

（6）果实直径：以mm为单位记载蓇葖果的最大长度。

（7）果角长：以mm为单位记载单个蓇葖果的长度。

（8）果角宽：以mm为单位记载单个蓇葖果的宽度。

（9）种子横径：以mm为单位记载种子横截面处最大的直径。

（10）种子平均粒重：根据植株结实情况选取一定数量的种子，以g为单位按平均粒重=总重/种子数计算。

（11）坐果量：植株上聚合蓇葖果的数量。

（12）单果重：以g为单位记载1个聚合蓇葖果的重量。

八、综合评价

根据品种实际水平和应用现状，对花色、花型、花香以及花之神态、气质等许多因素的综合考虑，可把芍药科植物品种分为优、良、中和可4个等级。

（1）优：形态或性状奇特，品质上乘，其观赏性或应用价值达到或超过目前国内外公认的优良品种。

（2）良：形态或性状优良，品质无明显可见瑕疵，具有很高的观赏及推广应用价值。

（3）中：形态或性状表现良好，在个别方面有需要改进之处，具有较高的观赏性或推广应用价值。

（4）可：形态或性状表现一般，但个别特点突出，具有一定观赏性或推广应用价值。

九、其他

根据实际情况需要在记载中说明的问题。

例一：如引种移栽时需记载根的形状，芍药可分为直根、披根、须根，牡丹可分为直根型、须根型、中间型。

如是否有移栽记录。

芍药科植物资源调查观察记载表

基本信息	名称		名释		编号	
	分类		第一次开花年份		第一次繁殖年份	
	品种来源				生境	
	记载地点		记载人		记载日期	
植株的基本形态	茎的性质		木本		草本	
	株态		直立、半开张、开张、独枝		直立、扭曲、倒伏	
	植株大小		高大型、中高型、矮生型			
		株高		冠幅	株龄	
	枝干茎干	一年生枝皮色	绿、红绿相间、红	花茎颜色	绿、红绿相间、红、紫	
		一年生枝长度	短枝、中长枝、长枝	茎有无棱	有、无	
			cm	茎干粗度		cm
		一年生枝粗度	cm	单茎着花量		
		基部萌蘖性	弱、中、强、极强	花茎长度		cm
	长势		强、一般、弱			
	芽	芽型	圆形、卵圆形、狭长卵圆形、长卵形	毛笋型、笔尖型、弹丸型		
		芽色	红、红绿、绿白	萌芽早晚性	早生、中生、晚生、最晚生	
花部形态	花蕾形态		扁圆形、圆形、圆尖形、长圆尖形	花姿	直立、侧垂、下垂	
	花色		白、粉、黄、绿、红、紫红、蓝、紫、黑、复色			
	花朵大小		小花类、中花类、大花类	花径	cm	花高 cm
	花瓣	外瓣	大小	小、中、大	外瓣长	cm
			形状	倒卵形、圆形、倒广卵形	外瓣宽	
			瓣缘	平滑、浅齿裂、深齿裂、不规则		
			褶皱	有、无	外瓣数量	
		内瓣	大小	内瓣宽×内瓣长　　cm×　cm	其他	
			形状	条形、带形、狭倒卵形、倒卵形、圆形、其他		
	色斑	色斑存在情况		有、无		
		色斑形态		圆形、卵圆形、椭圆形、菱形		
		色斑大小		特大、大、中、小		
		色斑边缘形态		整齐、辐射状和不规则		
		色斑颜色		红、棕红、紫红、黑色		
	雄蕊	雄蕊存在情况		有、无		
		雄蕊数	多、一般、较少、残存	花药长		mm
		雄蕊着生方式	正常、腰金、点金、藏金	花丝长		mm
		花丝颜色	白、淡黄、粉红、紫红、黑和其他			
		雄蕊发育		正常、部分正常、不正常		

（续）

花部形态	雌蕊	发育情况	正常、败育、开始瓣化、完全瓣化				
		房衣形态	全包、半包、残存、消失		心皮数量		
		房衣颜色	白、淡黄、粉红、紫红、黑和其他				
		柱头颜色	白、淡黄、粉红、紫红、黑和其他				
		外观	隐含、微显、袒露		心皮被毛情况	有、无	
	花量						
	花萼	花萼瓣化程度	正常、部分瓣化、完全瓣化		花萼数量		
	台阁花之上方花						
叶部形态	复叶	复叶类型	二回羽状复叶、三回羽状复叶				
		复叶大小	小型叶、中型叶、大型叶		复叶长		cm
		复叶形状	圆形、长形		复叶宽		
		二回叶大小	二回叶长	cm	二回叶宽		cm
	小叶	顶小叶顶端分裂	全缘、浅裂、中裂、深裂、全裂				
		侧小叶形态	宽卵形、卵形、长卵形、狭长卵形				
		侧小叶边缘缺刻	无、弱、强		小叶数		
		侧小叶平整程度	平整、波曲、反卷				
		叶背被毛情况	无、少、多、极多				
		小叶叶尖	圆钝、突尖、锐尖、渐尖				
		小叶排列	稀疏、正常、致密		叶片质地	较薄、一般、较厚	
	叶色		黄绿、绿、灰绿、深绿、紫红				
	总叶柄长度		短、中、长				
花期	一季花或两季花		一季花、两季或多季开花		单花期		
	群体花期		初花期		盛花期	谢花期	
花香			无香、淡香、中等、浓香				
果实及种子	结实能力		强、一般、不结实		果实被毛情况	有、无	
	果实饱满度		饱满、较饱满、干瘪		种子饱满度	饱满、较饱满、干瘪	
	单果种子数		果实直径	cm	果角长	cm	果角宽 cm
	种子横径	mm	种子平均粒重	g	坐果量	单果重	g
综合评价			优、良、中、可				
其他							

第五章
野生牡丹种质资源的植物学性状

牡丹组可分为革质花盘亚组（Subsect. *Vaginatae* F. C. Stern）和肉质花盘亚组（Subsect. *Delavayanae* F. C. Stern），革质花盘亚组包括牡丹、矮牡丹、卵叶牡丹、杨山牡丹、紫斑牡丹和四川牡丹，这些种当年生枝开花1朵，花盘革质，包裹心皮全部或1/2以上，密被白色茸毛或光滑无毛。肉质花盘亚组包括紫牡丹、狭叶牡丹、黄牡丹和大花黄牡丹，这些种当年生枝开花2-4朵，花盘肉质，仅包裹心皮基部，光滑无毛。

第一节 矮牡丹（稷山牡丹）

一、种名沿革

矮牡丹发现较晚，其种名先后经历了如下变化：

Paeonia jishanensis T. Hong et W. Z. Zhao in Bull. Bot. Res. 12（3）：225.Fig. 2. 1992；D. Y. Hong & P. K. Yu in Acta Phytotax. Sin. 37（4）：362. 1999；D. Y. Hong & P. K. Yu in Nord. J. Bot. 19（3）：293. 1999；Flora of China 6: 128. 2001；D. Y. Hong & P. K. Yu in D. Y. Hong in Acta Phytotax. Sin. 43（2）：173. 2005；D. Y. Hong in Peonies of the World: Taxonomy and Phytogeography 87. 2010.——*P. suffructicosa* Andr. var. *spontanea* Rehder in Journ. Arn. Arb. 1: 193. 1920；W. P. Fang in Acta Phytotax. Sin. 7（4）：315. 1958；Fl. Reip. Pop. Sin. 27: 41-45. pl. 2: 1-2. 1979.——*P. suffructicosa* ssp. *spontanea*（Rehder）S. G. Haw & L. A. Lauener in Edinb. J. Bot. 47（3）：278. 1990.——*P. spontanea*（Rehder）T. Hong et

W. Z. Zhao in Bull. Bot. Res. 14（3）：238，1994；S. G. Haw in The New Plantsman 8: 163. 2001.——*P. suffruticosa* ssp. *spontanea*（Rehder）Haw & Lauener var. *jishanensis*（T. Hong et W. Z. Zhao）J. J. Halda in Acta Mus. Richnov.，Sect. Nat. 4（2）：30. 1997.

二、植物学特征摘要

落叶灌木，成年植株高约0.5～1.2m，茎灰褐色，地下茎明显，以营养繁殖为主。二回羽状复叶，对生，小叶数9～15枚，常见9枚，罕见15枚，椭圆形或卵形，1～5裂，先端渐尖或急尖，基部楔形或近圆形，羽状网脉，叶下表面具白色短茸毛，后渐脱落，花期叶柄具紫红色凹槽；花单生枝顶，白色，花瓣两轮10枚，稍皱，顶端具多数缺刻；花盘紫红色，革质，顶部齿裂，心皮5枚，密生白色茸毛，柱头紫红色，雄蕊多数，花丝紫红色，近顶部白色，花药黄色；蓇葖果，黄绿色，密生黄色茸毛；种子无毛，黑色。花期4月下旬至5月上旬，果期8月。

三、发现过程与地理分布

矮牡丹又名稷山牡丹，因其模式标本采自山西省稷山而得名，最初报道的分布地仅有延安市万花山和稷山县西社镇，后来陆续报道在山西省永济市、蒲县，陕西省铜川市、宜川县、华阴市，河南省济源市等地有分布。我们查看CVH、PE及WUK中所有矮牡丹的标本，并未发现有采自蒲县、铜川市两地的标本，同时相关文献中也未提及分布地的具体地理信息。我们曾于2013年和2014年两次赴铜川市实地考察，包括与当地林业局工作人员交流，并未发现该地区有矮牡丹分布，倒是有大面积的太白山紫斑牡丹分布。洪德元等（2017）认为延安市万花山的矮牡丹不太可能是自然居群，我们认同他们的观点，因为该区域已完全开发成为景区，人为因素干扰较大，我们在调查中并未发现有野生居群或植株。该景区有一栽培品种名为'万花春'，性状与矮牡丹十分相似，景区工作人员也将其称为矮牡丹。我们2015年在陕西省潼关县资源调查时发现桐峪镇善车峪有矮牡丹沿山梁呈带状零星分布，垂直分布海拔700～1150m。连续调查中发现，某些居群（稷山、宜川县）成年植株具隔年开花，甚至多年不开花现象，对比不同居群生境，我们发现凡是具备这种现象的居群均生长于郁闭度较高的密林下，光照不足，同时矮牡丹主要靠根状茎和根出条繁殖（成仿云等，1997），野生环境下养分过多用于营养生长，导致生殖生长不足而无法正常开花，相反，在疏林或灌丛中生长的居群（万花山、济源市）植株每年均可正常开花结实。

综上，矮牡丹天然居群主要分布于山西省稷山县、永济市，河南省济源市，陕西省宜川县、华山、潼关县等地，生长于900～1600m灌丛和次生落叶林中（表2-2）。《中国植物红皮书》（傅立国和金鉴明，1991）、《中国生物多样性红色名录——高等植物卷》（环境保护部和中国科学院，2013）和洪德元等（2017）将矮牡丹濒危等级评估为易危（VU）。

图5-1 矮牡丹

A：生境；B、C、D：居群；E：花；F、G：叶片；H：蓇葖果；I：种子；J、K：根出条繁殖（拍摄地：A、F、G、H-陕西省潼关县；B、J-山西省稷山县；C、K-陕西省宜川县秋林镇；I-陕西省宜川县集义镇；D、E-河南省济源市）

第二节　卵叶牡丹

一、种名沿革

卵叶牡丹种名先后经历了如下变化：

Paeonia qiui Y. L. Pei et D. Y. Hong in Acta Phytotax. Sin. 33（1）: 91. Fig. 1. 1995；D. Y. Hong & P. K. Yu in Acta Phytotax. Sin. 37（4）: 363. 1999；D. Y. Hong & K. Y. Pan in Nord. J. Bot. 19（3）: 293. 1999；Flora of China 6: 129. 2001；D. Y. Hong & P. K. Yu in D. Y. Hong in Acta Phytotax. Sin. 43（2）: 172. 2005；D. Y. Hong in Peonies of the World: Taxonomy and Phytogeography 91. 2010.——*P. suffruticosa* ssp. *spontanea*（Rehder）Haw & Lauener var. *qiui*（Y. L. Pei et Hong）J. J. Halda in Acta Mus. Richnov., Sect. Nat. 4（2）: 31. 1997.——*P. ridleyi* Z. L. Dai et T. Hong in Bull. Bot. Res. 17（1）: 1. Fig. 1. 1997

二、植物学特征摘要

落叶灌木，成年植株高约0.5～1.0m，茎灰褐色，地下茎明显，兼性营养繁殖。二回三出复叶，对生，小叶数9枚，卵形至卵圆形，顶生小叶多3裂，先端钝形或急尖，基部圆钝或楔形，羽状网脉，花期叶片及叶柄紫红色，渐变绿；花单生枝顶，粉色至浅紫色，基部带浅紫色条晕，花瓣两轮10枚，卷皱，顶端具多数缺刻；花盘紫红色，革质，全包心皮，心皮2～5枚，密生白色茸毛，柱头紫红色，雄蕊多数，花丝紫红色，近顶部白色，花药黄色；蓇葖果，黄绿色，密生黄色茸毛；种子无毛，黑色。花期4月中旬，果期8月。

标本引证：

陕西省　商南县：十里坪镇八宝寨，山坡林下，海拔1141m，2015-04-24，张晓骁018（WUK）；旬阳县：白柳镇峰溪村，山坡林下，海拔1456m，2014-04-26，张晓骁028（WUK）。

河南省　西峡县：林下，海拔1600m，1988-05，邱均专PB88305（PE）。

湖北省　神农架林区：松柏镇附近，向阳草坡，海拔2200m，1986-05-19，陈陶和马黎明 PB86012（PE）；松柏镇山屯岩，林下，海拔2010m，1988-05-06，邱均专PB88022（PE）；松柏镇山屯岩，海拔2000m，1988-05-06，邱均专PB88024（PE）；松柏镇山屯崖，落叶林下悬崖上，海拔1900m，2004-08-07，洪德元等H04041（PE）。保康县：后坪镇洪家院，原生地引种至房前栽培，海拔400m，1997-05-02，洪德元、叶永忠和俸宇星 H97023（PE）；后坪镇洪家院，Yanghu Mt. 落叶次生林下，海拔1000m，1997-05-02，洪德元，叶永忠和俸宇星 H97027（PE）；后坪镇车风坪，东坡落叶林下，悬崖边，海拔1300m，1997-05-03，洪德元，叶永忠和俸宇星H97029（PE）；后坪镇五道峡，落叶林下，海拔1000m，1997-05-04，洪德元，叶永忠和俸宇星H97045（PE）。

三、发现过程与地理分布

卵叶牡丹由裴颜龙和洪德元在1995年命名发表，模式标本由邱均专采自湖北省神农架林区（裴颜龙和洪德元，1995），最初分布地仅限于湖北省保康县、神农架及秦岭地区东段的河南省西峡县。现存于标本馆中采自西峡县的卵叶牡丹标本仅有一份，由邱均专于1988年采集，遗憾的是在标本中仅记载了分布于海拔1600m的林下，并未有更详细的地理信息。我们2015年4月对该地区进行了调查，并未寻见野生植株，但在与河南省西峡县接壤的陕西省商南县十里坪镇和金丝峡镇发现有卵叶牡丹分布，该地区分布的卵叶牡丹与其他区域分布的卵叶牡丹主要差异在于其心皮数2～3。同年，我们还在陕西省旬阳县发现有卵叶牡丹分布，此发现将卵叶牡丹自然分布区的经度向西推移了2°（约200km），同时我们还发现花期时卵叶牡丹叶片正表面确实多是紫红色，但果期时叶片正表面又转变为绿色，紫红色消失（张晓晓 等，2015）。卵叶牡丹繁殖特性与矮牡丹类似，根出条或地下茎往往使植株成丛或者成片出现，但同样在郁闭度高的密林中卵叶牡丹开花情况要好于矮牡丹。

综上，卵叶牡丹天然居群主要分布于陕西省旬阳县、商南县，湖北省保康县、神农架林区，生长于700～2200m山地灌丛草坡、石缝及落叶林下（表2-3）。《中国物种红色名录》（汪松和解焱，2004）和《中国生物多样性红色名录——高等植物卷》（环境保护部和中国科学院，2013）将卵叶牡丹濒危等级评估为易危（VU），洪德元等（2017）将该种列为濒危等级（EN），我们赞同洪德元的观点。

图5-2-1 卵叶牡丹
A：居群；B：实生幼苗（拍摄地：A、B-陕西省旬阳县白柳镇）

图5-2-2 卵叶牡丹

C：开花植株；D：花；E、F：叶片；G、H：蓇葖果；I：着茸毛的心皮；J：种子；K：根出条繁殖（拍摄地：E、F、G、H、J-陕西省旬阳县白柳镇；C、D-陕西省旬阳县构元镇；I、K-陕西省商南县金丝峡镇）

第三节 杨山牡丹

一、种名沿革

杨山牡丹种名先后经历了如下变化：

Paeonia ostii T. Hong et J. X. Zhang in Bull. Bot. Res. 12（3）：223. Fig. 1（p.231）. 1992；D. Y. Hong & P. K. Yu in Acta Phytotax. Sin. 37（4）：363. 1999；D. Y. Hong & P. K. Yu in Nord. J. Bot. 19（3）：294. 1999；S. G. Haw in The New Plantsman 8（3）：164. 2001；Flora of China 6: 129. 2001；D. Y. Hong & P. K. Yu in Acta Phytotax. Sin. 43（2）：173. 2005；D. Y. Hong & P. K. Yu in D. Y. Hong in Acta Phytotax. Sin. 43（3）：285. 2005；D. Y. Hong in Peonies of the World: Taxonomy and Phytogeography 84. 2010. ——*P. suffruticosa* Andr. ssp. *ostii*（T. Hong & J. X. Zhang）Halda in Acta Mus. Richnov., Sect. Nat. 4（2）：30. 1997.——*P. suffruticosa* ssp. *yinpingmudan* D. Y. Hong, P. K. Yu & Z. W. Xie in Acta Phytotax. Sin. 36: 519. Fig. 2. 1998；D. Y. Hong, P. K. Yu & Z. Q. Zhou in Acta Phytotax. Sin. 42（3）：282. 2004.——*Paeonia yinpingmudan*（D. Y. Hong, K. Y. Pan & Z. W. Xie）B. A. Shen in Lishizhen Medic. Mater. Med. Res. 12: 330. 2001. ——*Paeonia ostii* T. Hong & J. X. Zhang var. *lishizhenii* B. A. Shen in Acta Phytotax. Sin. 35（4）：360. 1997. ——*Paeonia ostii* ssp. *lishizhenii*（B. A. Shen）B. A. Shen in Lishizhen Medic. Mater. Med. Res. 12: 330. 2001.

二、植物学特征摘要

落叶灌木，成年植株高约1.0～1.5m，茎灰褐色，专性种子繁殖。二回羽状复叶，对生，小叶数15枚，卵状披针形至椭圆形，多数全缘，罕有裂，先端渐尖或急尖，基部楔形，羽状网脉；花单生枝顶，白色，基部带浅紫色条晕，花瓣两轮12～14枚，稍皱，顶端中央具凹缺刻；花盘紫红色，革质，全包心皮，心皮5枚，密生白色茸毛，柱头紫红色，雄蕊多数，花丝紫红色，近顶部白色，花药黄色；蓇葖果，黄绿色，密生黄色茸毛；种子无毛，黑色。花期4月中旬，果期8月。

标本引证：

陕西省 太白县：太白山，蒿坪寺至庐沟地，北坡栽培，海拔1350m，1985-05-23，洪德元，朱相云PB85052（PE）。

河南省 嵩县：九龙洞，山坡阴处，海拔1200m，1994-05-07，贾怀玉002（PE）；白云山国家森林公园，黑龙潭，海拔1500m，1997-04-29，洪德元、叶永忠和俸宇星H97011（PE）；白里沟东岭，山坡阴处，海拔1200m，1994-05-18，贾怀玉043A（PE）；母猪洼，山坡，1150m，1994-05-20，贾怀玉004（PE）；乱石尖，山坡阴处，海拔1250m，1994-05-25，贾怀玉034。郑州航空工业管理学院，珍稀树木园栽培，从嵩县杨山引种，1990-05-10，洪涛905010（CAF）。内乡：宝天曼，牡丹垛，海拔800m，1997-04-30，洪德元、叶永忠，俸宇星H97021（PE）。卢氏：Guandu Township，Chenjia Village，落叶栎属林下，海拔1400m，1998-05-16，洪德元、潘开玉、王遂义和饶广远H98005（PE）。西峡县：林下，海拔1600m，1988-05-14，邱均专PB88302（PE）。

湖北省 保康县：寺坪镇 Jinjiaping Village，房前栽培，1997-05-05，洪德元，叶永忠，俸宇星H97052（PE）。

安徽省 九华山天台药材种植场，栽培，1986-04-28，洪德元和陈陶PB86007（PE）。铜陵市，1990-05-30，张振华s.n.。南陵县：丫山，1984-04-18，沈保安1018。

重庆市 南川区，南极公社茶沙，栽培，海拔700m，1983-04-07，谭士贤119（PE）。

四川省 缙云山花园，栽培，海拔780m，1982-04-18，黄志明1286（SM）。涪陵：南川三泉药物农场，栽培，海拔550m，1979-04-11，104（SM）；汉霞火石公社双龙大队，栽培，海拔850m，1979-04-14，111（SM）。

三、发现过程与地理分布

首次发现杨山牡丹与其他牡丹种染色体有异的学者是洪德元等（1988），但他们并没有将其提升到种的等级，而是将其命名为 *P. aff. suffruticosa* Andr.。1992年洪涛以栽种于郑州市航空工业管理学院的植株材料为模式标本发表了新种杨山牡丹，该植株由河南省嵩县杨山引种，据他们报道该种野生分布地仅有河南省嵩县、湖南省龙山、陕西省留坝县，在甘肃省两当县、陕西省眉县发现有栽培植株（洪涛等，1992），后来有文献报道河南省西峡县、内乡县、卢氏县，陕西省凤县，安徽省巢湖市、宁国县，湖北省保康县、神农架，湖南省永顺县、桑植县、石门县等地也有分布（洪德元和潘开玉，1999；李嘉珏，2005；李嘉珏 等，2011；中国牡丹全书编撰委员会，2002）。

2013年7月，我们及课题组成员对陕西省西南部（凤县、留坝县、略阳县）和甘肃省东南部地区（两当县、徽县、康县、成县）进行了详细的调查，在当地林业局工作人员及药农的带领下并未寻见野生杨山牡丹植株。2014年7月，我们在陕西省眉县营头镇大湾村山上发现了野生的杨山牡丹，但仅有3株幼苗，并未开花或结实，后来成仿云团队也在此地找到了这几株幼苗（个人交流）。2015年8月我们曾在河南境内秦岭东段地区（嵩县、卢氏县、栾川县、西峡县、淅川县、内乡县）作野生牡丹资源调查。在卢氏县文峪乡窑子沟村我们寻见了一株栽植于山坡地中的杨山牡丹，该植株冠幅3.5m×2.0m，周围有大量实生后代。该地主人姓冯，约70岁，他介绍该植株从他记事起就一直栽植于此，是他父亲由当地山上引种，同时冯先生讲他年轻时周围山上有大量的杨山牡丹，后来都被当地人采挖贩卖丹皮，现在周边山上有极少量的野生植株。在我们的请求下，冯先生同意带领我们上山寻找，但由于中途开始下雨，我们被迫下山，并未寻见野生植株。在栾川县合峪镇高庄村一户农家门前，我们发现了3株栽植的杨山牡丹，该户主讲这些植株由嵩县杨山引种（该村位于杨山西边约8km），但是我们在对嵩县以及其他县区范围内调查时并未见野生植株。安徽省巢湖市银屏山悬崖上的野生牡丹分类学地位一度存在争议（Haw，2001；洪德元和潘开玉，1999），但分子生物学证据表明该植株就是杨山牡丹（Hong and Pan，2007）。至于湖南省龙山、永顺县等分布地，我们虽未实地考察，但据与前辈交流（中国花协牡丹芍药分会副会长李嘉珏高工，湖南农业大学吕长平教授），这些地方几乎无野生植株。

洪德元和潘开玉（1999）认为杨山牡丹与中国广为栽培的药用品种'凤丹'极为相似，为了与栽培作观赏用的牡丹相对应，因此建议该种的中文名用'凤丹'。李嘉珏等（2011）认为经过几十年的栽培种植，'凤丹'已成为牡丹药用栽培品种的通用名称，包括'凤丹白''凤丹粉''凤丹紫'等多个类型，其准确来说是一系列品种的统称而不是指某个具体的品种，因此在概念上不宜将它与野生近亲杨山牡丹二者混淆，我们比较认同此观点。丹皮自古就是我国传统的中药材，20世纪50～60年代中国各地更是掀起一股'凤丹'种植高潮，但是随着丹皮市场逐渐趋于饱和及价格大幅下跌，各地药农已经种植下的'凤丹'疏于管理，栽培地逐渐荒废为半野生生境，存留的'凤丹'也逐渐沦为半野生植株。在这样的时代背景下，我国近年来发现的多数野生杨山牡丹分布地存在疑问，包括甘肃省南部（陈德忠调查，个人交流）、湖北省保康县（湖北省保康县冠芳野生牡丹栽培专业合作社李洪喜调查，个人交流）、陕西省略阳县（实地调查）等，这些地方分布的杨山牡丹极有可能是当年栽植的'凤丹'后代。

据陕西省商南县林业局工作人员介绍当地有较多的野生杨山牡丹分布，我们及课题组成员多次赴该地调查，在城关镇瓜山村、金丝峡镇二郎庙村及十里坪镇大竹园村周围山上都发现了疑似杨山牡丹居群。大竹园村的植株栽植于居民房后，显然为人工栽植；二郎庙村的居群位于海拔606m的山坡灌丛中，我们徒步约两小时到达，初看极像是野生居群，但后来我们在周边发现了散乱石块砌成的边界，还有成排栽植的核桃树，同时该居群中的植株果角数多6～8，因此我们断定该居群应该是之前人工种植下的。瓜山村的居群尽管位于村路边山坡上，但该区域植物群落及生境原始，未见人为参与改造痕迹，且周围并未见农户及旧房，因此我们初步推断该居群为野生居群。由于'凤丹'系列，尤其是'凤丹白'与野生杨山牡丹形态极其相似，因此我们建议在对野生杨山牡丹的资源调查中尽可能要秉承"寻根究地"的原则，即首先要询问当地药农当地是否有栽植'凤丹'的历史，其次要认真观察分布地的生境，看是否有人为开垦的痕迹，综合上述因素全面考虑后再下结论。

洪德元等（2017）将杨山牡丹濒危等级评估为极危（CR），我们赞同他的观点。野生杨山牡丹现有分布地极其稀少，安徽省巢湖银屏山上有一野生植株，陕西省商南县、眉县、河南省卢氏县等地700～1600m山坡灌丛及落叶阔叶林中均有分布，但居群分布呈不连续性，个体以幼苗为主（表2-4）。

图5-3 杨山牡丹

A：居群；B：结实植株；C、D：实生幼苗；E、F：不同花期的花；G：花盘全包心皮；H：叶片；I：蓇葖果；J：种子（拍摄地：A、D、E、F、G-陕西省商南县；C、H-陕西省眉县；B、I、J-河南省卢氏县）

第四节 紫斑牡丹

一、种名沿革

紫斑牡丹种名先后经历了如下变化：

Paeonia rockii（S. G. Haw & L. A. Lauener）T. Hong et J. J. Li ex D. Y. Hong in Acta Phytotax. Sin. 36（6）: 539. 1998；S. G. Haw in The New Plantsman 8（3）: 164. 2001；D. Y. Hong & P. K. Yu in Acta Phytotax. Sin. 43（2）: 175. 2005；D. Y. Hong in Peonies of the World: Taxonomy and Phytogeography 78. 2010.——*P. papaveracea* Andr. in Bot. Rep. 7: t. 463. 1806；Icon. Cormophyt. Sin. 1: 652, fig. 1303. 1972；Fl. Tsinling. 1（2）: 225. 1974.——*P. suffruticosa* Andr. var. *papaveracea*（Andr.）Kerner in Hort. Semperv. 5: t. 473. 1816；Fl. Reip. Pop. Sin. 27: 45, pl. 3. 1979.——*P. suffruticosa* Andr. ssp. *rockii* S. G. Haw & Lauener in Edinb. J. Bot. 47: 279. fig. 1a. 1990.——*P. rockii*（S. G. Haw & L. A. Lauener）T. Hong & J. J. Li in Bull. Bot. Res. 12（3）: 227. fig. 4. 1992. nom. inval.；Hong, Pan et Turland in Wu, Raven & Hong in Flora of China 6: 129. 2001.

二、植物学特征摘要

落叶灌木，成年植株高约1.2~1.8m，茎灰褐色，专性种子繁殖，极端条件下也有走茎繁殖。该种已分化为两个形态上有一定差异且异域分布的亚种。

1. 紫斑牡丹模式亚种

Paeonia rockii subsp. *rockii* D. Y. Hong in Acta Phytotax. Sin. 36（6）: 541. 1998；S. G. Haw in The New Plantsman 8（3）: 164. 2001；D. Y. Hong & P. K. Yu in Acta Phytotax. Sin. 43（2）: 175. 2005；D. Y. Hong in Peonies of the World: Taxonomy and Phytogeography 79. 2010.——*P. rockii* subsp. *lanceolata* Y. L. Pei & D. Y. Hong in Y. L. Pei: Studies on the *Paeonia suffruticosa* Andr. Complex. Ph.D. thesis: 26. 1993. nom. inval..——*P. rockii*（S. G. Haw et L. A. Lauener）T. Hong et J. J. Li subsp. *linyanshanii* T. Hong et G. L. Osti in Bull. Bot. Res. 14（3）:237. Fig. 1 & 2. 1994.——*P. suffruticosa* Andr. subsp. *rockii* S. G. Haw et L. A. Lauener var. *linyanshanii*（T. Hong et G. L. Osti）J. J. Halda in Acta Mus. Richnov.,

Sect. Nat. 4（2）：30. 1997.——*P. linyanshanii*（S. G. Haw et L. A. Lauener）B. A. Shen in Lishizhen Medic. Mater. Med. Res. 12: 331. 2001.——*P. rockii*（S. G. Haw et L. A. Lauener）T. Hong et J. J. Li ex D. Y. Hong subsp. *linyanshanii*（J. J. Halda）T. Hong et G. L. Osti in Taxon 54（3）：807. 2005.

二至三回复叶，对生，小叶数多19～70枚，罕15枚，卵状披针形至卵圆形，小叶多3裂，先端急尖，基部楔形至圆形，羽状网脉，花期叶柄具紫红色；花单生枝顶，白色，瓣基部具心形紫色斑块，花瓣两轮约12枚，顶端具凹缺刻；花盘黄白色，革质，半包心皮，心皮5枚，密生黄色茸毛，柱头黄色，雄蕊多数，花丝白色，花药黄色；蓇葖果，黄绿色，密生黄色茸毛；种子无毛，黑色。花期4月中下旬，果期8月。

标本引证：

甘肃省 舟曲县：洮州林区内，华山松林缘，2800m，1959-05-22，姜恕和金存礼00423（PE）；拱坝沟鬼门关，山坡灌丛，海拔1550m，1998-07-16，白龙江考察队0001（PE）；铁坝文县沟，林中，海拔1500m，1999-05-25，白龙江考察队1325（PE）。文县：白马河沟，海拔1200～1400m，1992-05-17，Zhang Qi-rong19920517（PE）；白马河沟，海拔1570m，Zhang Qi-rong19930428（CAF）。康县：长坝林场牛圈沟，山坡，1800m，1963-04-24，何业祺，唐昌林92（WUK）。徽县：银杏乡海龙山，海拔1373m，2006-09-02，王益WY06096-HXP（PE）。天水：李子乡李子村，海拔1700m，1991-05-04，裴颜龙9150（PE）；秦州区李子林场长河工区，海拔1721m，2006-05-24，王益WY06031-TSP（PE）。武都：Lanshan，海拔2500m，1930-06-21，K. S. Hao 501（PE）。

陕西省 略阳县：白水江镇四平村白杨沟，海拔1400～1600m，1991-05-17，裴颜龙9140（PE）；白水江麻柳塘沟，山林内，海拔1300m，1963-04-01，王作宾18706（WUK）；白水江乡白洋沟矿山附近，海拔1332m，王益WY06094-LYP（PE）。山阳县：板岩，山坡草丛，1957-06-05，杨竟亚134（WUK）。

河南省 嵩县：木植街乡阳山羊角毫栾川一侧，西坡花岗岩榆树林下，海拔1450m，1994-05-02，洪德元和叶永忠94003B（PE）；木植街乡石碌坪向上大西沟，花岗岩岩石下，1994-05-02，王遂义、王印政94002（PE）；西沙沟，山坡阴处，海拔1080m，1994-05-07，贾怀玉023（PE）。内乡县：宝天曼牡珠琉村牡丹垛，东南坡落叶林下，海拔1100m，1997-04-30，洪德元，叶永忠和俸宇星H97015（PE）。

湖北省 神农架林区：松柏镇，海拔2010m，1988-05-06，邱均专PB88028（PE）；松柏镇，海拔1800m，1988-05-20，邱均专PB88033（PE）；松柏镇，海拔1600m，1988-05-20，邱均专PB88035（PE）；松柏镇，海拔1900m，2004-08，洪德元和周志钦H04042。保康县：后坪镇詹家坡村第六小组，林下岩石中，海拔1360m，1997-05-05，洪德元，叶永忠和俸宇星H97051（PE）。

四川省　青川县：口农公社大湾药坊，1978-09-16，青川队573（SM）。南坪县：双河区双河公社后山，海拔2000m，1979-05-15，阿坝州药检所0032（SM）。

2. 太白山紫斑牡丹

Paeonia rockii subsp. *atava*（Brühl）D. Y. Hong & P. K. Yu in Acta Phytotax. Sin. 43（2）: 175. 2005；D. Y. Hong & P. K. Yu in D. Y. Hong in Acta Phytotax. Sin. 43（3）: 285. 2005；D. Y. Hong in Peonies of the World: Taxonomy and Phytogeography 79. 2010.——*P. moutan* Sims ssp. *atava* Brühl in Ann. Bot. Gard. Calcutta 5: 114. t. 126. 1896.——*P. suffruticosa* Andrews ssp. *atava*（Brühl）S. G. Haw & Lauener in Edinb. J. Bot. 47: 280. 1990.——*P. rockii* ssp. *taibaishanica* D. Y. Hong in Acta Phytotax. Sin. 36（6）: 542. 1998；D. Y. Hong & P. K. Yu in Acta Phytotax. Sin. 37（4）: 364. Fig. 2. 1999；S. G. Haw in The New Plantsman 8（3）: 165. 2001；Flora of China 6: 129. 2001.——*P. linyanshanii*（S. G. Haw et L. A. Laeuner）B. A. Shen subsp. *taibaishanica*（D. Y. Hong）B. A. Shen in Lishizhen Medic. Mater. Med. Res. 12: 331. 2001.

二回复叶，对生，小叶15～21枚，卵形至宽卵形，多数小叶有裂或缺刻，先端急尖，基部楔形至圆形，羽状网脉，花期叶柄具紫红色；花单生枝顶，白色、粉色及粉红色，瓣基部具紫色、紫红色斑块，花瓣两轮约12枚，顶端具凹缺刻；花盘黄白色至紫红色，革质，半包至全包心皮，心皮5枚，密生黄白色茸毛，柱头黄色至紫红色，雄蕊多数，花丝白色或紫红色，花药黄色；蓇葖果，黄绿色，密生黄色茸毛；种子无毛，黑色。花期5月中上旬，果期8月。

标本引证：

甘肃省　合水县：太白林场丹皮沟，海拔1271m，2006-05-21，王益WY06029-HSP（PE）。天水：白杨林纸坊沟，山坡，1420m，1951-07-20，张珍万13（WUK, PE）。

陕西省　太白县：太白山黑虎关，山坡灌丛中，海拔1400m，1939-05-05，傅坤俊2584（PE）；南五台山，1939-05-14，T. N. Liou et al. 127；西太白山红扛山，低山坡，海拔1600m，1958-06-26，魏志平912（WUK）；太白山板房子，山坡，1959-05-04，杨金祥420（PE）；太白山大殿，殿前栽培，海拔2300m，1985-05-24，洪德元和朱相云PB85066（PE）；太白山，大殿东侧约1里处，林下，海拔1710m，1985-10-13，朱相云和吴振海PB85086（PE）；太白山，上白云，阔叶林中，悬崖上，海拔1750m，1991-05-20，裴颜龙916000（PE）；太白山上白云倒坡，1675m，2006-05-12，王益WY06020-TBP（PE）。眉县：

营头公社，山谷林中，1970-05-09，陕西省中草药普查队 14（WUK）；太白山自然保护区上白云，引自附近山上，海拔1820m，1997-05-08，洪德元、叶永忠和俸宇星 H97058（PE）。甘泉县：下寺湾林场龙巴沟，海拔1320m，2006-05-04，王益WY06009-GQP（PE）；下寺湾林场，阔叶落叶林，海拔1300m，2006-05-04，洪德元、潘开玉和任毅 H06003（PE）。铜川市：金锁乡纸坊村马学沟崔家山，栎林下，海拔1128m，2006-05-07，王益WY06012-TCP（PE）。延安市：万花山牡丹园，栽培，1997-05-09，洪德元和俸宇星 H97067（PE）。志丹县：志丹陵园栎树林中，1985-05-12，徐朗然 s.n.（PE）。

三、发现过程与地理分布

《中国高等植物图鉴》首次用中文描述了紫斑牡丹，书中描述该种分布于四川省北部、甘肃省和陕西省南部的山地灌丛中（中国科学院植物研究所，1972），但遗憾的是它的拉丁名 *P. papaveracea* Andr.实际上指的是由中国广州引种至英国的一种观赏牡丹，其花白色，半重瓣，花瓣基部具紫斑（Andrews，1807b）。1990年，S. G. Haw 和 L. A. Lauener 根据Farrer 1914年采自甘肃省武都县的标本发表了*P. suffruticosa* subsp. *rockii*，可见他们此时仍将紫斑牡丹作为牡丹的一个亚种处理（Haw and Lauener，1990），直到洪涛等在1992年将其提升到种的级别并命名*P. rockii*（S. G. Haw & L. A. Lauener）T. Hong et J. J. Li（洪涛 等，1992）。1994年洪涛等又在该种下描述了一个新亚种，*P. rockii* subsp. *linyanshanii* T. Hong et G. L. Osti（洪涛和奥斯蒂，1994），但洪德元根据野外考察及标本观察认为二者实际上是同一类群，可以统称为*P. rockii* subsp. *rockii*，即紫斑牡丹模式亚种，主要分布于甘肃省舟曲县、武都县、文县，陕西省略阳县，河南省嵩县、内乡县及湖北省神农架、保康县等地。同时洪德元又描述了一个新亚种，*Paeonia rockii* subsp. *taibaishanica* D. Y. Hong，该种与模式亚种的区别在于小叶卵圆形或宽卵形，有裂或有缺刻，主要分布于陕西省太白山、陇县及甘肃天水等地（洪德元，1998）。后来洪德元等意识到太白山紫斑牡丹其实与1896年Brühl发表的subsp. *atava*一致，因此重新对其命名*Paeonia rockii* subsp. *atava*（Brühl）D. Y. Hong & P. K. Yu（洪德元和潘开玉，2005）。

紫斑牡丹为我国分布最广的野生种，同时也是我国西北牡丹栽培品种群的主要原种（李嘉珏，1998），其分布范围包括整个子午岭地区、秦岭地区及湖北省神农架、保康县等地，但调查中我们发现各居群个体数量较少，以幼苗为主，同时很多之前有记载的标本采集地已找不见野生植株。分析造成此现象的原因可能有两种，一是成年植株多被药农采挖用于贩卖丹皮，我们2015年在河南省栾川合峪镇高庄村调查时曾发现一规模相当大的紫斑牡丹模式亚种居群，但2016年再去时已找不到一株大苗，据当地村民讲该山地承包给一商人开发，该商人将所有成年植株全部挖掘贩卖丹皮；二是紫斑牡丹自身具有较高的观赏价值，多被农户采挖至庭院观赏或做观赏苗木贩卖。2015年我们在湖北省保康县后坪镇一商人的承包地中见到了十余株他收购自周边农户的紫斑牡丹古树，同时还见到了不少紫薇（*Lagerstroemia indica*）古树，据他介绍这些古树也是临时栽植于此，最终将出售给园林公司或个人。我们在保康县紫薇广场后山见到了当地林业局1997年建立的野生牡丹种质资源收集与保护小区，该资源圃占地5亩，种植了约800株由大水林场引种的野生紫斑牡丹。我们在龙坪镇大水林场调查过程中只发现了十几株野生紫斑牡丹，据李洪喜先生介绍，保康现存野生环境下的紫斑牡丹数量极少。2016年5月，我们及课题组成员在甘肃省漳县盛世油用牡丹产业有限公司的种植基地中见到了几百株紫斑牡丹古树，据该企业员工马瑞武先生介绍，这些古树全部收购自周边县市的农户家中，树龄均超过50年，最大的两株超过百年。我们观察了这些植株，大部分为观赏紫斑牡丹品种，但有些仍具有典型的野生紫斑牡丹性状，因此我们怀疑这些植株是由农户早年从山上引种至家中栽培的。马先生证实了我们的推测，同时还介绍漳县白盖梁、卓尼县现在仍有野生分布，同时早些年（约1970年左右）他在漳县桦林山、风水岭都见过野生紫斑牡丹，但随着药农的采挖，现在已基本绝迹。2017年5月，我们再次到该企业调研，在基地中见到了大量的野生紫斑牡丹植株（高1.8～4m），包括紫斑牡丹模式亚种和太白山紫斑牡丹，据马先生介绍这些植株引种自礼县、清水县、武都、徽县、康县、文县等地，但各植株具体来自哪个县他已记不清楚了。10月份，马先生告知我们该企业又从上述地点引种了约5000株野生紫斑牡丹（高0.5～1m）。

　　李睿（2005）和袁军辉（2010）曾连续多年对紫斑牡丹资源进行过调查，尤其是在甘肃省东南部多个县区发现了紫斑牡丹模式亚种居群。结合实地调查数据，我们认为紫斑牡丹模式亚种现在主要分布于甘肃省迭部县、舟曲县、漳县、武都县、康县、两当县、徽县、文县、成县，陕西省凤县、留坝县、太白县、略阳县，河南省栾川县、嵩县、内乡县，湖北省神农架、保康县，生长于海拔1100～2100m山地阔叶落叶林下或灌木丛中。太白山紫斑牡丹因在太白山首次发现而得名，我们多次到太白山调查，并未在有记载的分布地见到野生植株，可能与太白山的旅游开发有一定关系。我们在眉县境内（太白山北麓）发现有太白山紫斑牡丹分布，同时还在太白县黄柏塬（太白山南麓）发现了有紫斑牡丹模式亚种分布。有文献报道在甘肃省合水县太白林区和平定川林区有太白山紫斑牡丹分布，我们在陕西省子午岭林区调查时也发现了多个太白山紫斑牡丹居群，同时我们还发现，紫斑牡丹模式亚种花瓣均为白色，但分布于子午岭中段（富县）、北段（甘泉县）的太白山紫斑牡丹有红、粉、白三种花色。我们在甘肃省临洮县魏家老庄魏海忠先生家见了一株由当地山上引种的紫斑牡丹，从叶形上看是太白山紫斑牡丹，据魏先生讲以前周边山上还有野生植株，但现在已基本绝迹。太白山紫斑牡丹现存分布地主要有子午岭地区的陕西省志丹县、甘泉县、富县、铜川耀州区、旬邑县，甘肃合水县，秦岭地区的陕西眉县，生长于1300～2300m山地阔叶落叶林下或灌木丛中。《中国生物多样性红色名录——高等植物卷》（环境保护部和中国科学院，2013）将紫斑牡丹两个亚种均评估为易危（VU）物种，而洪德元等（2017）将紫斑牡丹濒危等级评估为濒危（EN），我们赞同后者的观点。

图5-4 紫斑牡丹模式亚种
A：居群；B：结实植株；C：实生幼苗；D：开花植株；E：花；F、G：蓇葖果；H：叶片；I：种子；J：根系
（拍摄地：A、C-陕西省太白县黄柏塬镇；D、E、I、J-陕西省凤县；B、F、G、H-河南省栾川县）

图5-5 太白山紫斑牡丹

A：居群；B：实生幼苗；C：开花植株；D：三种颜色的花；E、F：花盘和心皮；G、H：叶片；I：蓇葖果；J：种子；K：根出条繁殖（拍摄地：A、B、D、J-陕西省富县张家湾乡；E、G、I-陕西省志丹县；F-陕西省耀州区；H、K-陕西省眉县）

第五节　四川牡丹

一、种名沿革

Paeonia decomposita Hand.-Mass. in Acta Hort. Gothob. 13: 39. 1939；D. Y. Hong, K. Y. Pan & Y. L. Pei in Taxon 45: 68. 1996；D. Y. Hong in Kew Bull. 52（4）: 957. 1997；D. Y. Hong & P. K. Yu in Acta Phytotax. Sin. 37（4）: 364. 1999；S. G. Haw in The New Plantsman 8（3）: 165. 2001；Flora of China 6: 130. 2001. D. Y. Hong in Peonies of the World: Taxonomy and Phytogeography 74. 2010.——*P. szechuanica* W. P. Fang in Acta Phytotax. Sin. 7（4）: 303, 315. pl. 61-1. 1958；K. Y. Pan in Fl. Reip. Pop. Sin. 27: 45. Fig. 4. 1979；D. Y. Hong in L. K. Fu ed. China Plant Red Data Book 1: 536. 1992.

二、植物学特征摘要

落叶灌木，成年植株高约0.8～1.6m，茎灰褐色，当年生枝紫红色，专性种子繁殖。该种已分化为两个形态上有一定差异且异域分布的亚种。

1. 四川牡丹模式亚种

Paeonia decomposita subsp. *decomposita* D. Y. Hong in Kew Bull. 52（4）: 958. 1997；D. Y. Hong & P. K. Yu in Acta Phytotax. Sin. 37（4）: 365. 1999；S. G. Haw in The New Plantsman 8（3）: 166. 2001；Flora of China 6: 130. 2001；D. Y. Hong in Peonies of the World: Taxonomy and Phytogeography 75. 2010.

标本引证：

四川省　马尔康县：松岗背后，南坡（小坡向东南坡）花岗岩灌丛，海拔2620m，1985-05-13，洪德元和朱相云PB85025；城镇背面，南坡干旱灌丛中，海拔2750m，1985-05-15，洪德元和朱相云PB85045；南山，东南坡密灌丛，海拔2650m，1991-08-06，裴颜龙9114001；城边河南岸灌木丛，海拔2700m，1995-08-19，洪德元，罗毅波和何永华95035（PE）；松岗镇，山坡，海拔2550m，2006-06-20，Mariana Yazbek & Wang Yi WY06051-MEKP。金川县：沙耳乡，东南坡悬崖附近，海拔2300m，1991-08-6～17，裴颜龙9113；红旗桥和观音桥之间，北坡石灰岩次生林下，海拔2400～2500m，1995-08-20，洪德元，罗毅波和何永华95036（PE）；曾达乡曾达村，西北坡灌木丛，海拔2200～2350m，1995-08-21，洪德元，罗毅波和何永华95037（PE）。康定县：大河沟村，西坡灌木丛中，海拔2050m，1995-08-26，洪德元，罗毅波和何永华95080（PE）；驷马桥牧校，山坡上，海拔2500m，1983-05-28，赵清盛和谭仲明119161。丹巴县：东谷乡，东北坡林下溪边，海拔2350m，1995-08-22，洪德元，罗毅波和何永华95050（PE）。

三回复叶，对生，小叶数44～81，椭圆形至卵形，羽状浅裂至深裂，先端渐尖，基部楔形至圆钝，羽状网脉；花单生枝顶，淡粉色至粉红色，瓣基部颜色加深，花瓣两轮约10枚，顶端呈不规则波状，中央或具凹缺刻；花盘白色，革质，半包心皮，心皮5枚，无毛，柱头反卷，黄色，雄蕊多数，花丝白色，花药黄色；蓇葖果，黄绿色，或着红色晕，无毛；种子无毛，黑色。花期4月下旬至6月上旬，果期8月。

2. 四川牡丹圆裂亚种

Paeonia decomposita subsp. *rotundiloba* D. Y. Hong in Kew Bull. 52（4）：961. 1997；D. Y. Hong & P. K. Yu in Acta Phytotax. Sin. 37（4）：365. 1999；S. G. Haw in The New Plantsman 8（3）：166. 2001；Flora of China 6: 130. 2001；D. Y. Hong in Peonies of the World: Taxonomy and Phytogeography 75. 2010.——*P. rotundiloba*（D. Y. Hong）D. Y. Hong in J. Syst. Evol. 49（5）：465. 2011；D. Y. Hong in Peonies of the World: Polymorphism and Diversity 15. 2011.

标本引证：

四川省　茂县：凤仪区渡口山区，潮湿的灌木林中，海拔1700m，1965-06-27，廖文法301（SM）；城北，阳坡灌丛悬崖附近，海拔2100m，1991-08-06，裴颜龙9110001；生态站下大沟，花岗岩灌丛中，海拔1750m，1995-08-15，洪德元，罗毅波和何永华95015（PE）；南新乡文镇村后山，西坡灌木丛中，海拔1900m，1995-08-17，洪德元，罗毅波和何永华95030（PE）；城旁水溪后沟，海拔2200m，1996-05-20，潘开玉和何永华96003（PE）；生态站下面小沟，海拔1800m，1996-05-20，潘开玉和何永华96002（PE）；太平乡沙湾叠溪海子旁，悬岩灌丛中，海拔2350m，1996-08-12，何永华1（PE）；南新镇绵撮沟，海拔1703m，2006-07-24，王益WY06056-MXP（PE）。理县：下维官沟，灌木林中，海拔2500m，1964-09-09，代天伦，汤国华和李汝惠 理县64-10（SM）；南山，东南坡灌丛，海拔2110m，1991-08-06，裴颜龙9112004；城边大坪，西北坡灌木丛，海拔1950m，1995-08-18，洪德元，罗毅波和何永华95031（PE）；朴头乡一颗印村，北坡林下，海拔1850m，1995-08-18，洪德元，罗毅波和何永华95032（PE）；朴头乡一颗印村，一颗印河边，海拔2200m，1995-08-18，洪德元，罗毅波和何永华95033（PE）；朴头乡四南村，海拔2279m，2006-07-25，王益WY06061-LXP（PE）。松潘县：镇江关，海拔2400m，1996-08-12，何永华2400112（PE）。黑水县：色尔古，1964-09-28，徐智明 黑水64-100（SM）；色尔古乡色尔古村，河西东坡灌丛中，海拔2300m，1995-08-16，洪德元，罗毅波和何永华 95017（PE）。汶川县：龙溪乡胜利大队巴寺小队背后山上，山坡岩石上，海拔2700m，1964-09-30，代天伦，汤国华和李汝惠 汶川64-7（SM）；黄村沟，阳坡，海拔1950m，1991-08-06～17，裴颜龙9111（PE）。

三回复叶，对生，小叶数多19～39，阔卵形至倒卵形，多羽状浅裂，先端急尖，基部楔形至圆钝，羽状网脉；花单生枝顶，淡粉色至粉红色，瓣基部具白色斑块，花瓣两轮约10～11枚，顶端呈不规则波状，中央或具凹缺刻；花盘白色，革质，半包至全包心皮，心皮多3～4枚，罕见5，无毛，柱头反卷，黄色，雄蕊多数，花丝白色，花药黄色；蓇葖果，黄绿色，或着红色晕，无毛；种子无毛，黑色。花期5月，果期8月下旬至9月。

三、发现过程与地理分布

1939年，H. Handel-Mazzetti（1939）根据瑞典植物学家H. Smith采自四川省马尔康市卓斯甲的标本发表了新种*P. decomposita* Hand.-Mass.。方文培（1958）称该种中文名为羽叶牡丹，同时他根据采自四川省马尔康市阿木里定沟的标本发表了新种四川牡丹*P. szechuanica* W. P. Fang，其分布地仅限于马尔康市。洪德元等（Hong et al.，1996）对比了这两个种的模式标本后发现两者应为同一物种，因此根据植物命名法规四川牡丹的合法拉丁名应该是*P. decomposita* Hand.-Mass.。洪德元及其团队成员20世纪80年代至90年代在四川省西北部进行了大量的野外调查工作，他们发现大渡河流域及相近的岷江流域河谷中均有四川牡丹分布，同时洪德元发现此两个区域内分布的四川牡丹小叶形状和心皮数目有明显的分化，因此他认为四川牡丹应包含两个亚种，即分布于大渡河流域河谷内的四川牡丹模式亚种*P. decomposita* ssp. *decomposita*和分布于岷江流域河谷内的四川牡丹圆裂亚种*P. decomposita* ssp. *rotundiloba*（Hong，1997）。后来洪德元又将圆裂亚种提升到种的级别，即圆裂牡丹*P. rotundiloba*，其依据是心皮数、花盘高度、小叶数、顶端小叶形状的差异（Hong，2011）及后期发表的叶绿体片段基因和核基因测序数据（Zhou et al.，2014）。我们查阅洪德元先生文章中关于这4个性状的数据，发现这些性状在两个亚种间的变异仍是连续的，同时据四川农业大学刘光立副教授（个人交流）调查，在岷江流域发现兼具两个亚种植株的居群，进一步的分类学研究正在继续，因此我们在此仍将圆裂牡丹作为四川牡丹的一个亚种处理。

《中国牡丹品种图志》（王莲英，1997）中描述四川牡丹在甘肃省文县也有分布，遗憾的是并未有详细的信息。李睿（2005）曾报道在甘肃省迭部县更古北山海拔2300m的山坡上发现有四川牡丹分布，其生长状况较四川省内分布的居群还好；甘肃省林业科学技术推广总站何丽霞教授（个人交流）提供了现场拍摄的生境照片以及种子繁殖实生苗（栽种于甘

图5-6-1 四川牡丹模式亚种
A：生境；B：居群；C：实生幼苗；D：开花植株（拍摄地：四川省马尔康市脚木足乡）

肃省林业科学技术推广总站）的开花照片，确实是四川牡丹模式亚种。据最近几年的文献（洪德元 等，2017；马莘 等，2011；童芬 等，2016；夏小梅 等，2017；杨勇 等，2015）报道，现存的四川牡丹的野生分布地众多，但都局限于大渡河流域和岷江流域。我们及课题组成员曾于2014年和2016年两次赴四川省西北部地区调查，由于种种原因，我们仅仅调查了茂县（南新镇棉簇沟）、理县（桃坪乡羌寨后山）、马尔康市（脚木足乡石江咀村、白莎村，卓克基镇）、小金县（美沃乡双河村）等地的居群。据我们在马尔康市的向导何师傅介绍，当地村民早些年大量采挖四川牡丹的根贩卖丹皮，但由于近些年价格便宜，村民便不再采挖，很多居群得以留存。同时由于四川牡丹具较高观赏价值，很多村民有意识的对其进行保护。我们在马尔康市脚木足乡石江咀村村民罗尔伍家后山发现多株数十年株龄的四川牡丹，其中最大的一株年龄超过70年，据他介绍这些植株是由他刻意保护才免遭别人采挖，调查结束时罗先生还询问我们是否可以向政府申请经费来保护这些植株。我们在实地调查中了解到大渡河双江口水电站正在修建，一旦开始蓄水，势必要淹没沿河分布的野生植物，到时候四川牡丹模式亚种也难逃一劫，因此淹没范围内的居群迁地保护是亟待解决的事情。

四川牡丹模式亚种主要沿大渡河流域分布，包括四川省马尔康市、金川县、小金县、康定市、丹巴县等地，生长于2000~3000m山坡灌木丛中，此外在甘肃省迭部县也有分布（表2-7）。四川牡丹圆裂亚种沿岷江流域分布，包括汶川县、茂县、理县、黑水、松潘县等地，生长于海拔1500~2800m的灌丛及落叶阔叶林中。《中国植物红皮书》（傅立国和金鉴明，1991）、《中国物种红色名录》（汪松和解焱，2004）、《中国生物多样性红色名录——高等植物卷》（环境保护部和中国科学院，2013）及洪德元等（2017）均将四川牡丹两个亚种濒危等级评估为濒危（EN），我们赞同他们的观点。

图5-6-2 四川牡丹模式亚种

E：花；F：叶片；G：结实植株；H：蓇葖果；I、J：种子；K：根系（拍摄地：四川省马尔康市脚木足乡）

图5-7 四川牡丹圆裂亚种
A：结实植株；B：开花植株；C、D、E：三种颜色的花；F：种子；G：苞片、萼片、雄蕊、花盘及心皮；H：花瓣（拍摄地：陕西省杨凌西北农林科技大学）

第六节　紫牡丹

一、种名沿革

Paeonia delavayi Franch. in Bull. Soc. Bot. France 33: 382. 1886；R. Chen in Trated Manual of Chinese Trees and Shrubs，262. 1937；Fang in Acta Phytotax. Sin. 7（4）：303. 1958；Stern in Stud. Gen. Paeonia 44. 1946；Fl. Reip. Pop. Sin. 27: 47. pl. 5: 1-3. 1979；Li, Zhang & Zhao in Tree Peony of China 20. 2011.

二、植物学特征摘要

落叶灌木，成年植株高约0.5～1.8m，二年生枝表皮脱落，老茎灰褐色，根纺锤状加粗，肉质，兼具种子繁殖和营养繁殖。二回三出羽状复叶，对生，小叶羽状深裂至全裂，裂片披针形至卵披针形，多数全缘，罕有裂，先端急尖或渐尖，羽状网脉；每枝着花2～5朵，生于枝顶和叶腋处，红色至紫红色，花瓣两轮8～15枚，稍皱，顶端偶具缺刻；花盘基部淡黄绿色，肉质，上部齿裂，淡绿色或着红色晕，包裹心皮基部，心皮4～8枚，罕见3和8，无毛，柱头紫红色，雄蕊多数，花丝紫红色，花药表皮紫红色，总苞常宿存；蓇葖果，绿色或带紫红色晕，无毛；种子无毛，黑色。花期5月，果期7～8月。

标本引证：

云南省　丽江市：玉龙雪山云杉坪，云杉原始森林，海拔3200m，1997-05-30，洪德

元，潘开玉，虞泓和戴波H97103（PE）；玉龙山干河玉龙山黑水河左坡，山坡公路边，海拔2960m，1962-05-10，云南省热带生物资源综合考察队100026（PE）；雪松村东边，1939-05-04，赵致光30071（PE）；玉龙雪山蚂蝗坝至乌头地，杂木林下草坡，海拔3400～3800m，1964-10-18，杨增宏和蔡有昌101777（PE）；玉龙山干河坝，云南省松至高山栎林，海拔2985m，1981-06-07，青藏队201（PE）；Below Yulong Snow Range, Ganheba, Limestone, mountain bottom，海拔2940m，1997-05-30，洪德元，潘开玉，虞泓和戴波H97095-9（PE）；Below Yulong Snow Range, Baishui, Sparse Pinus densata forest, limestone，海拔2850m，1997-05-30，洪德元，潘开玉，虞泓和戴波H97102（PE）；Between Shi-koo to Mo-s-chi, hillside，1939-05-26，R. C. Ching 20595（PE）。鹤庆县：海拔3500m，1929-08-29，秦仁昌24192（PE）；白崖沙溪，草坡，海拔3000m，1929-09-06，秦仁昌24365（PE）。香格里拉：Paiti，林缘，海拔3200m，1937-05-25，T.T.Yu 11389（PE）；中甸哈巴山龙万边附近，云杉林边，海拔3200m，1962-08-21，中甸队1634（PE）。永宁县：shi-ze-shan, among thickets，海拔2700m，1937-05-09，T.T.Yu 5336（PE）。

三、发现过程与地理分布

1886年，法国植物学家A. Franchet根据传教士Delavay采自云南省丽江市的标本发表了新种*P. delavayi* Franch.（Franchet, 1886），方文培（1958）称其中文名为野牡丹，也叫德式牡丹或紫牡丹，同时他报道该种还分布于四川省西南部及云南省东北和西北部。我们查看了方文培先生文章中引证的标本，分布地有四川省木里藏族自治县、西藏自治区察阳县察瓦龙乡、云南省宁蒗县永宁乡、丽江、鹤庆、大理、贡山、德钦、中甸，但并未见有产自云南东北部的标本，或许是方文培先生并未在此文章引证采自该区域的标本。后来多本牡

图5-8-1 紫牡丹
A：生境（拍摄地：A-云南省香格里拉市普达措国家公园）

丹专著中有关紫牡丹的产地均引自方文培先生的报道。

2014—2017年间研究人员曾多次在云南进行考察，调查中发现规模最大的紫牡丹居群位于香格里拉市普达措国家公园，居群植株沿干枯的河道及边缘山坡呈带状分布，长约1km，生长于灌丛及针叶疏林下。植株以种子繁殖为主，种群年龄结构合理，除自然死亡外未见人为采挖迹象。据文献（李嘉珏，2005；李嘉珏 等，2011；王莲英，1997）报道西藏自治区东南部扎囊有紫牡丹分布，但是我们在调查中并未见到，同时据曾秀丽研究员（西藏自治区农牧科学院蔬菜研究所，个人交流）和陈德忠老师（个人交流）调查西藏自治区并无紫牡丹分布。我们在西藏自治区林芝地区调查时认识了从事中药材生意的白章洪先生，白先生常年在藏区收购药材，对各种可入药的植物分布较为了解。据白先生讲，他在山南地区错那县勒布沟见过紫牡丹，有待进一步考察。

现存的紫牡丹主要分布在云南省西北部的丽江市和香格里拉市3000～3600m的山地灌木丛及针叶林中，我们认为该种应为近危（NT）物种。

图5-8-2　紫牡丹

B：居群；C、D：实生幼苗（拍摄地：B、C-云南省香格里拉市普达措国家公园；D-云南省丽江市文笔山）

图5-8-3 紫牡丹

E：二年生茎；F：花；G：宿存的总苞；H：蓇葖果；I：种子；J：叶片；K：根系（拍摄地：E、G、J-云南省香格里市拉普达措国家公园；F、H、K-云南省玉龙县大具乡；I-云南省丽江市文笔山）

第七节　狭叶牡丹

一、种名沿革

Paeonia potaninii Komarov in Not. Syst. Herb. Hort. Bot. Petrop. 2: 7. 1921；Fang in Acta Phytotax. Sin. 7（4）: 305. 1958；Li, Zhang & Zhao in Tree Peony of China 21. 2011. —— *P. delavayi* var. angustiloba Rehder et Wilson in Sarg. Pl. Wilson 1: 318. 1913；Fl. Reip. Pop. Sin. 27: 47. 1979.

二、植物学特征摘要

落叶灌木，成年植株高约1.0m，老茎灰褐色，根纺锤状加粗，肉质，兼具种子繁殖和营养繁殖。二回三出羽状复叶，对生，小叶羽状深裂至全裂，裂片线形至披针形，多数全缘，先端急尖或渐尖，羽状网脉；每枝着花1～3朵，生于枝顶和叶腋处，红色至紫红色，花瓣两轮8～10枚，顶端偶具缺刻；花盘淡黄绿色，肉质，上部齿裂，淡绿色着红色至紫红色晕，包裹心皮基部，心皮2～3枚，罕见1，无毛，柱头紫红色，雄蕊多数，花丝紫红色，近顶部淡黄色，花药黄色；蓇葖果，绿色，无毛；种子无毛，黑色。花期5月，果期8月。

标本引证：

四川省　雅江县：60 km Motorway Conserving Station（5 km east of City），N slope half-stable debris along motorway，海拔2650m，1995-08-25，洪德元、罗毅波和何永华 95074（PE）；Niri Township, Bajiaolou Village, limestone or 页岩, foothill of N slope, near the village, sparse thickets, 海拔2900m，1995-08-24，洪德元、罗毅波和何永华 95070（PE）。道孚县：Mazi Township, Bonlong Village（16 km from to Luhvo），limestone, near the village, on the edge of Picea forest, sparse thickets, 海拔3000m，1995-08-23，洪德元、罗毅波和何永华95063（PE）。盐源县：Zuosuo Township, limestone, sparse Pinus densata-Quercus gilliana forest, SW slope, 海拔2900m，1997-06-01，洪德元、潘开玉、虞泓和戴波 H97110（PE）。

云南省　宁蒗县：Hills around Yungning，1941-00-00，George Forrest 12503（PE）。丽江：下坪子，under Pinus forest，海拔2700m，T.T.Yu 5163（PE）；Wen-pe-shan, under woods, 海拔2800m，1937-04-12，T.T.Yu 8107（PE）；玉龙山干海子，林下，海拔3100m，1965-05-01，川滇黔接壤分队0166（PE）。

三、发现过程与地理分布

1913年，Rehder and Wilson（1913）以Wilson采自四川省康定县西部的标本共同发表了 *P. delavayi* 的一个变种 *P. delavayi* var. *angustiloba* Rehder et E. H. Wilson；1921年Komarov（1921）根据Potanin1893年采自四川省雅江县的标本发表了新种 *P. potaninii* Komarov。Stern（1946）查阅了 *P. delavayi* var. *angustiloba* 的模式标本，将该变种作为 *P. potaninii* 的异名，方文培（1958）认同Stern的分类，并且他报道该种还分布于四川省木里县和云南省丽江县。《中国牡丹品种图志》（王莲英，1997）及《中国牡丹》（李嘉珏 等，2011）中记载狭叶牡丹在四川省雅江县、巴塘县、道孚县、康定县以及云南省昆明市及嵩明县、丽江市、中甸一带的山地灌丛中也有分布。我们实地调查中仅在雅江县八角楼乡3000~3200m的山坡灌丛及林下发现有狭叶牡丹分布，杨勇等（2015b）、何丽霞（个人交流）及陈德忠（个人交流）同样只在雅江八角楼乡见过狭叶牡丹，因此我们认为该种应为极危（CR）物种。同时我们在调查中部分狭叶牡丹生境已遭到人为破坏，河道中随处可见被采挖丢弃的狭叶牡丹植株。

现保存于标本馆中的狭叶牡丹基本上都被标注为 *P. delavayi*，由于年代长久，我们只能根据叶形特征识别出部分狭叶牡丹的标本，这些标本不全采自雅江县，可见前人在四川省其他地区和云南省部分地区还是发现有狭叶牡丹分布的。至于为何现在仅报道雅江有狭叶牡丹分布，我们推测主要原因是多数研究人员参考洪德元先生的分类系统，将狭叶牡丹作为滇牡丹处理。紫牡丹与狭叶牡丹叶片差异明显，但不能单纯以叶片形态为判断依据，我们曾在丽江文笔山见过小叶呈狭披针形的紫牡丹植株，除了叶片差异外二者在花器官性状上也有较大差异。紫牡丹叶心皮数2~8（罕见2），花药表皮红色，花丝红色；而狭叶牡丹心皮数2~3（罕见1），花药表皮黄色，花丝由浅红色过渡到黄色。

图5-9-1　狭叶牡丹
A：生境；B：居群（拍摄地：四川省雅江县）

图5-9-2 狭叶牡丹
C：居群；D：实生幼苗；E：花；F：叶片；G：根出条繁殖；H、I：蓇葖果；J：种子（拍摄地：四川省雅江县）

第八节　黄牡丹

一、种名沿革

Paeonia lutea Delavay ex Franch. in Bull. Soc. Bot. France 33: 382. 1886；Fang in Acta Phytotax. Sin. 7（4）: 304. 1958；Li, Zhang & Zhao in Tree Peony of China 20. 2011.——P. delavayi Franch. var. lutea（Delavay ex Franch.）Finet et Gagnep. in Bull. Soc. Bot. Fr. 51: 524. 1904；Fl. Reip. Pop. Sin. 27: 47. 1979.——P. trollioides Stapf ex Stern in J. Roy. Hort. Soc. 56:77. 1931.——P. potaninii var. trollioides Stapf ex Stern in J. Roy. Hort. Soc. 68: 125. 1937；Stud. Gen. Paeonia 50. 1946；Fang in Acta Phytotax. Sin. 7（4）: 306. 1958.——P. delavayi var. alba Bean in Trees Shrubs 3:265. 1933.——P. potaninii f. alba（Bean）Stern in Stud. Gen. Paeonia 49. 1946；Fang in Acta Phytotax. Sin. 7（4）: 306. 1958.

二、植物学特征摘要

落叶灌木，成年植株高约0.5～1.6m，老茎灰褐色，根纺锤状加粗，肉质，兼具种子繁殖和营养繁殖。二回三出羽状复叶，对生，小叶羽状深裂至全裂，裂片披针形至卵披针形，多数全缘，罕有裂，先端急尖或渐尖，羽状网脉；每枝着花1～4花，生于枝顶和叶腋处，有纯白、黄白、黄绿、纯黄类型，花瓣基部无斑或有斑，斑色从淡红色过渡到棕红色，花瓣两轮9～13枚，顶端偶具缺刻；花盘基部淡绿色，肉质，上部齿裂，淡黄色或着红色晕，包裹心皮基部，心皮2～5枚，无毛，柱头淡黄绿色或着紫红色晕，雄蕊多数，花丝白色至紫红色，花药表皮黄色或橘黄色；蓇葖果，绿色或带紫红色晕，无毛；种子无毛，黑色。花期4～5月，果期7～8月。

标本引证：

云南省　德钦县：明永冰川峡谷，林下湿润地，海拔2900m，2004-05-18，周世良0411（PE）；Benzilan, 3km W of Susong Village, N slope, young forest of Pinus，海拔2900～3300m，1997-06-04，洪德元、潘开玉、虞泓和戴波H97119（PE）；云峰区，石砾地，海拔3000m，1960-06-11，姜恕等9194（PE）。昆明市：West Hills, Exposed limestone, in thickets，海拔2000m，1997-05-23，洪德元、潘开玉、虞泓和戴波H97077（PE）；西山，山坡土山，海拔3200m，1957-10-25，邱炳云55307（PE）；东川市因民镇槽子街头顶，高山杂林背阴下，海拔2800～3000m，蓝顺彬392（PE）；三清阁至石头

山，1946-07-15，Tchen-Ngo Liou 20677（PE）；三清阁石头山顶，海拔2260m，1946-05-20，Tchen-Ngo Liou 016149（PE）；龙门以上近顶至顶，海拔2100～2200m，1988-05-17，洪德元PB88007（PE）。澄江县：梁王山，limestone, mountain summit thickets，海拔2780m，1997-05-24，洪德元，潘开玉，虞泓和戴波H97078（PE）。禄劝县：二区鹅毛乡单干山，干燥石山斜坡，海拔2800m，1952-11-01，毛品一01565（PE）；五区新明乡老莺崖，斜坡湿润疏林中，海拔3100m，毛品一 939（PE）。香格里拉：中甸哈巴，云杉林边，海拔3200m，1962-08-21，中甸队 1634（PE）；Zhongdian, 23km from Zhongdian to Deqen, Hala Village, Limestone, sparse thickets，海拔3200-3300m，1997-06-03，洪德元，潘开玉，虞泓和戴波H97112-6A（PE）；中甸，土管村，林下，海拔2800m，1981-06-11，青藏队498（PE）。维西傈僳族自治县：Teng-tze-lan, 1937-05-10，T.T.Yu 8197（PE）；白芒玉山东坡，高山栎林缘，海拔3400～3600m，北京新横断山队3180（PE）。兰坪县：104林场小盐井石山，山坡灌丛，海拔3100m，1981-06-29，北京新横断山队0908（PE）；Chungtien, Chihren, Mt. grassy slope，海拔2500m，1937-05-12，T.T.Yu 11247（PE）。大理市：应乐峰山顶，1962-06-00，王汉臣896（PE）；Mt. Cangshan, Huadianba, Opposite the Medical Farm, W. slope, limestone，海拔2930m，1997-05-26，洪德元，潘开玉，虞泓和戴波 H97087（PE）。景东县：under woods，海拔2400m，1937-05-20，T. T. Yu 8381（PE）；山峰路边，海拔2800m，1937-09-26，T. T. Yu 10470（PE）

四川省 木里藏族自治县：Chai-wu, among thickets，海拔2600m，1937-05-22，T.T.Yu 5560（PE）；Ya-Lien-Tsa沟中，海拔3000m，1937-09-03，T.T.Yu 14147（PE）；

西藏西治区 林芝市：八一镇，Juemu Valley, near Bayi Town, at the mouth of Juemu Valley, near a big peach tree，海拔2950m，1996-05-24，洪德元，罗毅波和张树仁 H96004（PE）；八一镇，Gengzhang Longba Valley, Xituan Village, 40kw W of Bayi Town, on ruins of Xituan Village Temple，海拔3200m，1996-05-23，洪德元，罗毅波和张树仁H96003（PE）；Nyingchi Town, right front of the Veterinary Station, SW slope，海拔2950m，1996-05-25，洪德元，罗毅波和张树仁 H96019（PE）；Between Bayi Town & Nyingchi Town, Zanba Village, among shrubs with sparse trees，海拔3000m，2006-05-17，洪德元，周志钦和徐阿生H060012（PE）。波密县：Guxiang Township, Guxiang Village, N of Parong Zangbo River, near the village, in sparse woods，海拔2600m，1996-05-26，洪德元，罗毅波和张树仁H96024（PE）；Guxiang Township，海拔2600m，2006-05-08，洪德元，周志钦和徐阿生H060015（PE）；Sumzom Township, Tiesuo Bridge Village, SE of Sumzom River, near the village, on slope with sparse shrubs，海拔3100m，1996-05-27，洪德元，罗毅波和张树仁H96028（PE）；Sumzom Township, Sumzom, S of River，海拔3100m，2006-05-19，洪德元，周志钦和徐阿生H060016（PE）；嘎郎村，林中，1952-05-12，钟补求6422（PE）。察隅县：察瓦龙督拉，meadow in ravine，海拔2700m，1935-08-00，王启无65523（PE）；察瓦龙松塔王山，山坡林下，海拔2800～3100m，1982-06-26，青藏队7673（PE）；日东公社西扎至达红，山坡云杉林下，海拔3200m，1982-09-27，青藏队10746（PE）；古井区附近，山坡草丛草地，海拔3100m，1980-08-14，倪志诚，汪永泽，次多和次旦1051（PE）。

三、发现过程与地理分布

P. lutea Delavay ex Franch.同样由A. Franchet根据传教士Delavay采自云南的标本于1886年发表，但其模式标本采自洱源县（Franchet，1886），方文培（1958）称其中文名为黄牡丹。黄牡丹种下类型相当丰富，包括棕斑黄牡丹 *P. lutea* var. *brunnea*、矮黄牡丹 *P. lutea* var. *humilis*、金莲牡丹 *P. lutea* var. *trollioides*、银莲牡丹 *P. lutea* var. *alba* 等多个变种，其花色有纯白、黄白、黄绿、纯黄类型，花瓣基部由无斑到斑几乎和花瓣一样大，斑色从淡红色过渡到棕红色。我们在调查中发现香格里拉哈拉村及汤堆村存在着花色类型复杂的居群，其花色从深红色过渡至纯黄色，我们推测是由于此地同时分布着紫牡丹和黄牡丹，二者不断自然杂交产生了各种过渡花色的类型。

2014年春季我们在禄劝县屏山镇、崇德乡、茂山镇调查，当地山区开垦至山腰以上，自然生境破坏十分严重，并未见有黄牡丹，但据当地人介绍有人在云龙乡云龙湾水库附近山区见过黄牡丹，有待进一步调查。2016年，我们及课题组成员在云南省兰坪县调查时认识了当地黄牡丹花茶企业负责人和建平先生，据他介绍兰坪县雪邦山、龙塘山、黄山、象图山、三山，维西县，德钦县梅里雪山等地均有大量的黄牡丹分布，除了花色纯黄类型外，还有纯白花及黄花具色斑类型（银莲牡丹和棕斑黄牡丹）。在和先生的带领下我们参观了他企业的种植基地，见到了数千株由原生地引种的黄牡丹，甚至还见到了由西藏自治区林芝市引种的大花黄牡丹。和先生介绍说黄牡丹泡茶香味浓郁，色泽靓丽，市场前景很大，但由于种子繁殖较慢，为了跟上市场需求，可能在接下来的几年内会再引种一部分野生植株。关于西藏境内分布的黄牡丹报道较少，根据前人标本上所记载的分布信息，我们仅在察隅县上察隅镇发现了少量黄牡丹植株。或许是标本年代久远，有分布地记载的植株已遭人为破坏，但我们觉得还是我们的调查不够细致，仍有待进一步调查。同样据白章洪先生介绍，他在察隅县下察隅镇与缅甸交界处、墨脱县城边坡地以及错那县麻玛门巴民族乡都见过黄牡丹。

黄牡丹是肉质花盘亚组中分布最广的野生种，据我们实地调查，在云南中部（昆明市、澄江）、西北部（大理市、剑川县、香格里拉、兰坪白族普米族自治县），西藏东南部（察隅）等地2000～3500m的山地灌丛及草甸中均有分布，我们认为该种应为易危（VU）物种。

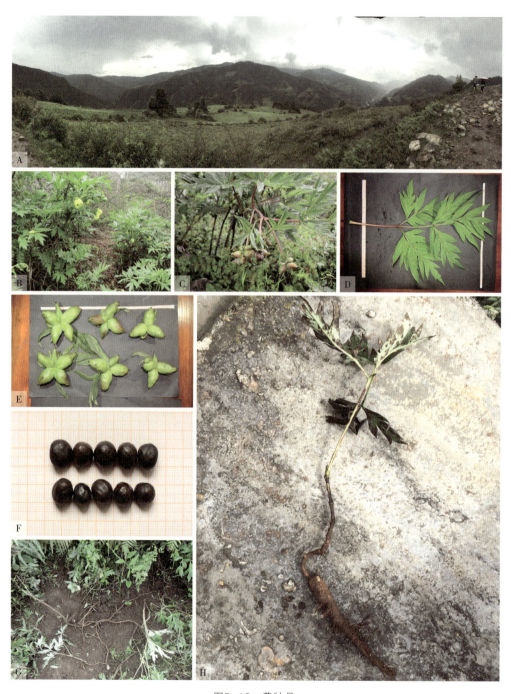

图5-10 黄牡丹

A：生境；B：开花植株；C：单枝上4个蓇葖果；D：叶片；E：蓇葖果；F：种子；G：根出条繁殖；H：实生苗具纺锤状加粗的根（拍摄地：A、C、D、E-云南省兰坪县通甸镇；B、G、F、H-云南省澄江县）

图5-11 黄牡丹不同居群花的变异

(拍摄地:A-云南省香格里拉市尼西乡;B-云南省剑川县;C-西藏自治区察隅县;D-云南省澄江县;E、F-云南省兰坪县石登乡;G-云南省兰坪县碧罗雪山;H、I-云南省兰坪县通甸镇)

第九节 大花黄牡丹

一、种名沿革

Paeonia ludlowii (Stern & Taylor) D. Y. Hong in Novon 7（2）: 157. Fig. 1 & 2. 1997; S. G. Haw in The New Plantsman 8（3）: 168. 2001; Flora of China 6: 130. 2001; D. Y. Hong & P. K. Yu in Acta Phytotax. Sin. 43（2）: 174. 2005; D. Y. Hong in Peonies of the World: Taxonomy and Phytogeography 61. 2010. ——*P. ludlowii* (Stern & Taylor) J. J. Li & D. Z. Chen in Bull. Bot. Res. 18（2）: 154. 1998, stat. nov. ——*P. lutea* Delavay ex Franchet var. *ludlowii* Stern & Taylor in J. Roy. Hort. Soc. 76: 217. 1951. Stern & Taylor in Curtis' Bot. Mag. 169: t. 209. 1953.——*P. lutea* Delavay ex Franchet subsp. *ludlowii* (Stern & Taylor) J. J. Halda in Acta Mus. Richnov. Sect. Nat. 6（3）: 234. 1999.

二、植物学特征摘要

落叶大灌木，成年植株高约1.5～3.5m，老茎灰褐色，片状剥落，根肉质，专性种子繁殖，根基部产生大量萌蘖枝。二回三出羽状复叶，对生，小叶羽状浅裂至深裂，裂片卵披针形至卵形，全缘，先端渐尖，羽状网脉；每枝着花3～4花，生于枝顶和叶腋处，纯黄色，花瓣基部无斑，花瓣两轮9～11枚，顶端具多数缺刻；花盘基部淡黄绿色，肉质，上部齿裂，淡黄色，包裹心皮基部，心皮1枚，罕见2，无毛，柱头淡黄绿色，雄蕊多数，花丝黄色，花药表皮黄色；蓇葖果，无毛；种子无毛，黑色。花期5底至6月初，果期9月。

标本引证：

西藏自治区 隆子县：加玉乡，山坡林下，海拔3450m，1975-07-03，青藏补点750450（PE）。米林县：南光沟，沟谷路边，海拔3050m，1986-04-20，王金亭，武田义明0153（PE）; S of Yarlung Zangbo River, 8km W of Mailing Bridge, at the foot of N slope, granite, second forest after deforestation, 海拔3000m，1996-05-24，洪德元，罗毅波和张树仁H96014（PE）; Nanyi Township, Nanyi Valley, S of Yarlung Zhangbo River, granite, in sparse woods, 海拔2950m，1996-05-29，洪德元，罗毅波和张树仁H96030（PE）; Zhare Township, Caimu Village, N of Yarlung Zhangbo River, at the foot of S slope, 2 kw W of Yarlung Zangbo Bridge, granite, under the forest, 海拔2980m，1996-05-24，洪德元，罗毅波和张树仁H96007（PE）; No.5 Road Preservation Station of Ba-Mi Motorway, 海拔2920m，1996-09-27，洪德元，徐

阿生H96184（PE）；南伊乡Zagangling，海拔3000~3050m，1996-09-16，洪德元，徐阿生H96181（PE）；Between Gangga and Mailing, S of Yalung Zangbo River，海拔3000m，2006-05-17，洪德元，徐阿生H06014（PE）；N of Yarlung Zangbo River, 5km E of the Ganga Bridge, near village, on the sides of a small irrigation canal, in the forest，海拔2900m，1996-05-24，洪德元，罗毅波和张树仁H96005（PE）；Gangga, 4km E of Gangga Bridge，海拔2900m，2006-05-17，洪德元，徐阿生H06013（PE）。

三、发现过程与地理分布

1953年，英国植物学家F. C. Stern和G. Taylor共同发表了牡丹组的一个变种*P. lutea* var. *ludlowii* Stern et Taylor，即大花黄牡丹，其模式标本来自中国西藏自治区米林雅鲁藏布江河谷中采集的种子实生繁殖的植株。1997年，洪德元将大花黄牡丹提升到种的等级，并报道其仅分布于林芝、米林及隆子县疏林灌丛中（Hong，1997b），但据他最近的调查表明该种仅存6个居群，一半在米林县，一半在隆子县（洪德元 等，2017）。近年来，涉及大花黄牡丹分布信息的文献较多，但报道的分布地大多集中在林芝和米林（唐琴，2012；苏建荣 等，2010；邢震 等，2007；杨翔，2010），张蕾（2008）曾报道隆子县准巴乡海拔3250m的坡地田埂处有大花黄牡丹分布，自然生境遭人为破坏严重，曾秀丽等（2015）也报道在山南地区隆子县有大花黄牡丹分布，但遗憾的是她们并未公布详细的分布信息。

2017年，我们及课题组成员赴西藏自治区林芝地区调查，在林芝县（现林芝市巴宜区）及米林县的雅鲁藏布江河谷中发现了多个野生大花黄牡丹居群。我们在调查时正值米林县"黄牡丹文化节"开幕，我们了解到当地人所谓的黄牡丹即是大花黄牡丹。同时据白章洪先生介绍，往年文化节开幕式主会场都设在大花黄牡丹分布密度最大、面积最广的扎贡沟（南伊沟的支沟），但今年米林县政府因景区门票收入分成问题暂时关闭了南伊沟景区，因而将主会场设在了工布庄园希尔顿酒店（米林县米林镇热嘎村）。我们在希尔顿酒店后山坡上见到了大量野生植株以及移栽的成年植株，同时在酒店内绿地中也见到了少量移栽的植株。在米林县扎西绕登乡彩门村（机场对面）我们见到了沿拉林铁路零星分布的大花黄牡丹，其生境破坏很严重，我们推断是由于修建铁路所导致的。在扎西绕登乡多卡村色苏庄园内我们也见到了少量的大花黄牡丹，部分植株是移栽的，但仍有少量野生植株，受保护程度较好。

据我们实地调查，林芝县的大花黄牡丹主要分布在米瑞乡（米娘麦村、曲尼贡嘎村、朗乃村、米瑞村），其中规模最大的居群位于米娘麦村，沿河流、山谷呈带状分布，长度达2公里。据当地药农讲，2000年前大花黄牡丹大量被挖掘用于贩卖丹皮，但近些年由于丹皮价格较低以及政府对大花黄牡丹保护力度加大，当地人已经很少采挖，偶尔采挖至庭院观赏，我们在米瑞村的公路旁也见到了做绿化用的大花黄牡丹。我们在大花黄牡丹分布区调查过程中发现植株5年生左右茎秆大量死亡，经年累月，成年植株往往呈现上部枝繁叶茂，下部枯枝丛生现象,我们推测这可能与大花黄牡丹茎秆生长量较大,营养不能及时供应有一定关系。同时我们在调查中还发现大花黄牡丹仅靠种子繁殖,各居群均有大量实生幼苗,植株不具地下茎或根出条现象,但会从植株枯死茎秆基部萌发新枝。大花黄牡丹花盘具蜜腺,会吸引蚂蚁等昆虫采食,在采食过程中顺带完成授粉过程。

综上,现存的大花黄牡丹主要分布在西藏自治区东南部隆子、米林及林芝地区海拔2900~3500m的山坡灌丛中。《中国物种红色名录》(汪松和解焱,2004)和《中国生物多样性红色名录——高等植物卷》(环境保护部和中国科学院,2013)将大花黄牡丹评估为濒危(EN)物种,但洪德元等(2017)将该种定为易危(VU)物种,我们赞同后者的观点。

图5-12-1　大花黄牡丹
A:生境;B:居群;C:个体自我更新(拍摄地:西藏自治区林芝市米瑞乡)

图5-12-2 大花黄牡丹

D：花；E：花盘及心皮；F：片状脱落的茎皮；G：萌蘖枝；H：叶 片；I：种子；J：实生幼苗（拍摄地：西藏自治区林芝市米瑞乡）

第六章
中国牡丹资源的油用特性评价

依据植物所含化学成分对植物分类是植物分类学一种常用的方法，尤其是基于脂肪酸成分的化学分类一直是研究的热点。种子脂肪酸成分已经被证实可以作为紫草科、蜡烛树科、茜草科、锦葵科、唇形科和无患子科等多种被子植物分类的依据。目前牡丹的化学分类主要是基于酚类物质、花色素和根部的次生代谢物，有关种子脂肪酸成分的化学分类研究几乎没有。

近年来，关于牡丹籽油脂肪酸成分的研究众多，尽量研究数据在含量上有差异，但所有研究均证实牡丹籽油中五种主要脂肪酸分别是α-亚麻酸、亚油酸、油酸、棕榈酸、硬脂酸。此外，绝大多数研究只是基于面积归一化法求得的脂肪酸相对含量，并未对脂肪酸绝对含量进行测定，而且多数研究是以药用栽培品种'凤丹'或观赏栽培品种的种子为实验材料。中国是世界上牡丹组植物唯一的分布中心，牡丹组9个种全部分布于中国境内，但关于这些野生种的脂肪酸成分仍未有系统的研究。

第一节　结实特性的评价

本节对不同野生牡丹和栽培牡丹的结实特性进行了系统评价，统计指标包括千粒重、种子体积、种子仁皮比以及出油率等，相关数据可为油用牡丹育种提供依据。

一、野生牡丹种子特性评价

2014年8月至9月原生地采集野生牡丹9个种共19个居群种子，经西北农林科技大学张延龙教授鉴定，分别为P1、P2、P3太白山紫斑牡丹，P4、P5、P6紫斑牡丹模式亚种，P7、

P8杨山牡丹，P9、P10卵叶牡丹，P11矮牡丹，P12四川牡丹模式亚种，P13圆裂四川牡丹，P14、P15、P16黄牡丹，P17紫牡丹，P18狭叶牡丹及P19大花黄牡丹，各居群地理生态信息见表6-1。

表6-1　9个牡丹种19个居群地理生态因子

分组	居群	种名	采集地点	经纬度	海拔（m）
革质花盘亚组	P1	太白山紫斑牡丹	陕西省铜川市耀州区	108.68/35.11	1534
	P2	太白山紫斑牡丹	陕西省富县	108.77/36.37	1501
	P3	太白山紫斑牡丹	陕西省志丹县	108.94/36.55	1360
	P4	紫斑牡丹模式亚种	陕西省凤县	106.46/33.94	1386
	P5	紫斑牡丹模式亚种	陕西省眉县	107.70/34.08	1528
	P6	紫斑牡丹模式亚种	陕西省留坝县	107.15/33.75	1250
	P7	杨山牡丹	陕西省商南县	110.62/33.48	606
	P8	杨山牡丹	河南省卢氏县	111.11/34.02	828
	P9	卵叶牡丹	湖北省保康县	111.18/31.74	1143
	P10	卵叶牡丹	陕西省旬阳县	109.32/32.98	1558
	P11	矮牡丹	陕西省宜川县	110.38/35.83	1226
	P12	四川牡丹模式亚种	四川省马尔康市	102.02/32.00	2504
	P13	四川牡丹圆裂亚种	四川省茂县	103.54/31.79	2206
肉质花盘亚组	P14	黄牡丹	云南省香格里拉市	99.58/27.97	3345
	P15	黄牡丹	云南省澄江县	102.90/24.76	2760
	P16	黄牡丹	西藏自治区察隅县	96.79/28.72	2980
	P17	紫牡丹	云南省玉龙县	100.17/26.80	3015
	P18	狭叶牡丹	四川省雅江县	101.15/30.07	3127
	P19	大花黄牡丹	西藏自治区林芝市	94.63/29.48	2958

本研究测定了种子千粒重、体积、仁皮比及出油率四个性状，这些性状直接反映了种子的质量、尺寸及饱满程度，也是种子直接用于油用生产的决定性状。由表6-2可知，4个性状在19个居群种子间均存在显著性（$P<0.05$）差异。P5（紫斑牡丹模式亚种，眉县）的种子千粒重最小，为244.01g，P19（大花黄牡丹）的种子千粒重最大（1772.91g），是P5的7倍之多。P19（大花黄牡丹）的种子体积为1000.79mm³，是所有居群中种子体积最大的，

是P13（圆裂四川牡丹）种子体积（81.31mm^3）的12倍之多。P4、P5、P6（紫斑牡丹模式亚种）种子千粒重虽然比P9（卵叶牡丹，保康）、P13（圆裂四川牡丹）的小，但是种子体积却比P9和P13的大，这说明不同种的成熟种子密度不同。仁皮比的变化是种子成熟度的一种标志，同时也是一个重要的油用指标，因为种仁是直接用于榨油的部分，该值越高，种子中可用于榨油的部分就越多。P19（大花黄牡丹）的种子仁皮比最大，为3.62，而P13（圆裂四川牡丹）的仁皮比仅为1.29。

  目前常见的牡丹籽油提取方法有机械压榨法、溶剂提取法、超声波辅助提取法、超临界二氧化碳萃取法等。机械压榨法出油率（18.56%）及不饱和脂肪酸含量（73.51%）较低，且外观性状和稳定性较差，溶剂提取法和超声波辅助提取法在提取过程中使用的溶剂通常都是对人体有害的石油醚，且溶剂提取时间也较长（6～8h），与以上三种方法相比，超临界二氧化碳萃取法时间短（1～2h），出油率高（24.22%～30.70%），且整个过程中无有毒试剂的使用。利用超临界二氧化碳萃取法测定19个居群种子的出油率，最高的是P12（四川牡丹模式亚种），为34.90%，最低的居群为P18（狭叶牡丹），出油率仅为20.32%，但其依然高于其他常见的油料作物，由此可见野生牡丹种子潜在油用价值巨大。

表6-2 9个牡丹种19个居群种子表型性状

居群*	千粒重（g）	种子体积（mm^3）	种子仁皮比	出油率（%干重）
P1	332.08 ± 6.52hij	137.52 ± 5.26l	1.82 ± 0.21j	22.89 ± 1.30l
P2	304.85 ± 4.21jk	114.68 ± 2.36r	1.84 ± 0.23i	31.70 ± 1.62cd
P3	350.24 ± 5.62gh	164.04 ± 4.68i	1.72 ± 0.18n	32.84 ± 0.84b
P4	299.18 ± 3.25kl	101.98 ± 2.98p	1.61 ± 0.26o	30.71 ± 1.63f
P5	244.01 ± 3.84m	143.59 ± 6.01k	2.09 ± 0.15g	31.31 ± 1.50e
P6	273.27 ± 6.10lm	104.63 ± 3.87o	2.51 ± 0.21c	23.73 ± 0.63j
P7	308.45 ± 4.68ijk	112.56 ± 2.54n	1.53 ± 0.24p	31.23 ± 2.03e
P8	470.33 ± 8.51e	169.96 ± 4.61h	2.40 ± 0.32d	29.27 ± 1.46g
P9	305.80 ± 5.67jk	81.84 ± 0.97q	2.12 ± 0.14f	23.80 ± 0.99j
P10	359.20 ± 6.21fgh	125.99 ± 4.19m	1.76 ± 0.16k	31.95 ± 1.00c
P11	380.52 ± 3.54fg	172.56 ± 6.18g	1.75 ± 0.25l	26.12 ± 1.37h
P12	384.58 ± 5.51f	153.2 ± 5.21j	2.03 ± 0.30h	34.90 ± 1.51a
P13	337.41 ± 2.65hi	81.31 ± 3.41qr	1.29 ± 0.33r	31.34 ± 1.05de
P14	818.88 ± 12.54b	266.78 ± 8.12c	1.34 ± 0.28q	23.31 ± 0.85k
P15	667.58 ± 10.87c	202.55 ± 7.19f	2.18 ± 0.34e	23.44 ± 0.67jk
P16	582.42 ± 14.61d	444.69 ± 10.54b	2.58 ± 0.38b	25.41 ± 1.26i
P17	483.61 ± 7.98e	214.37 ± 10.91e	1.73 ± 0.21m	21.43 ± 1.54m

（续）

居群*	千粒重（g）	种子体积（mm³）	种子仁皮比	出油率（% 干重）
P18	578.67 ± 6.85d	232.69 ± 11.54d	1.84 ± 0.30i	20.32 ± 1.29n
P19	1772.91 ± 18.61a	1000.79 ± 15.69a	3.62 ± 0.22a	26.17 ± 1.09h

*：居群编号见表6-1。不同字母（a～r）表示显著差异（$P<0.05$）。

二、栽培牡丹结实特性评价

通过图6-1，我们可以看出，不同牡丹品种的单株种子产量存在很大差异。其中，'如花似玉''层中笑''长茎紫''冰凌子''胭红金波''鸦片紫''天香紫'7个牡丹品种的单株种子产量较高，均在100 g/株以上；'金星雪浪''玉面桃花''蓝蝴蝶''紫乔''日暮''飞花迎夏'6个牡丹品种的单株种子产量很低，均在50 g/株以下。

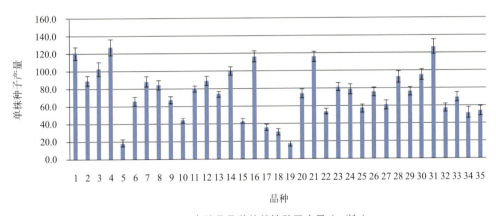

图6-1　35个牡丹品种的单株种子产量（g/株）

1：'长茎紫'；2：'墨池金辉'；3：'鸦片紫'；4：'如花似玉'；5：'金星雪浪'；6：'春红娇艳'；7：'天鹅湖'；8：'蝴蝶报春'；9：'粉丽'；10：'玉面桃花'；11：'罗春刺'；12：'紫蝶飞舞'；13：'擎天粉'；14：'天香紫'；15：'蓝蝴蝶'；16：'冰凌子'；17：'紫乔'；18：'日暮'；19：'飞花迎夏'；20：'翡翠荷花'；21：'胭红金波'；22：'红霞映日'；23：'映山红'；24：'白鹤红羽'；25：'粉兰盘'；26：'叠云'；27：'天香锦'；28：'紫菊'；29：'出水芙蓉'；30：'满园春光'；31：'层中笑'；32：'锦袍红'；33：'玻璃冠珠'；34：'紫燕凌空'；35：'大红宝珠'

第二节　脂肪酸成分的评价

本节对不同野生牡丹的脂肪酸成分进行了系统评价，统计指标包括棕榈酸、硬脂酸、油酸、亚油酸和α-亚麻酸等。还对不同牡丹品种籽油的脂肪酸组成、饱和脂肪酸和不饱和脂肪酸含量、出油率及油用潜力进行了系统分析。

一、中国野生牡丹种子脂肪酸成分评价

1. 五种主要脂肪酸含量

采用内标法结合GC-MS对牡丹组9个种19个居群种子的5种主要脂肪酸成分进行定量分析（表6–3），结果表明5种主要脂肪酸成分在19个居群间存在显著性的差异（$P<0.05$）。19个居群中P4（紫斑牡丹模式亚种，凤县）种子的5种脂肪酸总含量最高，为87.07g/100g粗提油，P16（黄牡丹，察隅县）种子中5种脂肪酸总含量最低，为61.81g/100g粗提油。

5种主要脂肪酸中棕榈酸和硬脂酸为饱和脂肪酸，二者在19个居群种子中含量都较低，分别为2.97~7.64g/100g粗提油和0.23~1.20g/100g粗提油。通常研究认为饱和脂肪酸会导致人体内胆固醇含量的增加，因而要减少饱和脂肪酸的摄入量，但研究表明导致血清中胆固醇含量增加的主要是月桂酸和肉豆蔻酸，相反棕榈酸则能降低血清中胆固醇的含量（Sundram et al., 1994）。同时研究发现，硬脂酸可以通过降低胆固醇的溶解来减少大鼠对胆固醇的吸收，同时硬脂酸还可以调节胆酸的生成（Cowles et al., 2002）。油酸、亚油酸、α-亚麻酸为不饱和脂肪酸，三者含量范围分别为15.07（P11矮牡丹）~35.31（P17紫牡丹）g/100g粗提油、7.33（P16黄牡丹，察隅）~19.66（P4紫斑牡丹模式亚种，凤县）g/100g粗提油、14.84（P17紫牡丹）~42.54（P3太白山紫斑牡丹，志丹）g/100g粗提油。油酸属于ω-9系列单不饱和脂肪酸，是自然界中最重要的单不饱和脂肪酸，具有抗细胞凋亡和抗炎症的功效（Kim et al., 2015），同时油酸也是常见植物油脂中的主要成分，例如菜籽油（72.8%）、花生油（71.1%）、橄榄油（68.2%）及杏仁油（67.9%）（Jana et al., 2015）。亚油酸和α-亚麻酸分别属于ω-6和ω-3系列多不饱和脂肪酸，同时也都是人体必需的但又不能自身合成的必需脂肪酸，具有抗肿瘤、抗炎症、调节血脂、提高免疫力、预防心血管疾病等功能（Cleland et al., 2003；Lefevre et al., 2004；Shahidi and Miraliakbari, 2005）。因此，鉴于牡丹种子中含有大量的人体必需脂肪酸，野生牡丹种子应该被作为油用资源有效开发。

表6–3 9个牡丹种19个居群籽油脂肪酸含量（g/100g粗提油）

居群*	脂肪酸						n-6/n-3	不饱和脂肪酸/饱和脂肪酸
	棕榈酸	硬脂酸	油酸	亚油酸	α-亚麻酸	总量		
P1	4.95 ± 0.04d	0.56 ± 0.03de	22.79 ± 0.78f	18.75 ± 0.55bc	39.76 ± 0.93b	86.82 ± 0.64a	0.47	14.75
P2	3.25 ± 0.10jk	0.74 ± 0.14b	20.51 ± 0.72g	15.73 ± 0.58e	41.92 ± 2.26ab	82.14 ± 1.04c	0.38	19.59
P3	2.97 ± 0.10k	0.32 ± 0.01ijk	24.22 ± 0.52ef	15.49 ± 0.48ef	42.54 ± 2.26a	85.54 ± 1.16ab	0.36	25.00
P4	5.60 ± 0.07c	0.62 ± 0.02cd	20.42 ± 0.47g	19.66 ± 0.65a	40.76 ± 2.04ab	87.07 ± 1.70a	0.48	13.00
P5	4.60 ± 0.24de	0.35 ± 0.03hij	23.35 ± 0.53f	15.81 ± 0.66e	41.54 ± 0.63ab	85.65 ± 0.72ab	0.38	16.30

（续）

居群*	脂肪酸						n-6/n-3	不饱和脂肪酸/饱和脂肪酸
	棕榈酸	硬脂酸	油酸	亚油酸	α-亚麻酸	总量		
P6	4.65 ± 0.16de	0.47 ± 0.04efg	20.76 ± 0.61g	13.78 ± 0.67gh	39.89 ± 0.40b	79.54 ± 1.25d	0.35	14.54
P7	3.54 ± 0.14ij	0.56 ± 0.02de	15.52 ± 0.22i	14.74 ± 0.35efg	28.13 ± 0.28ef	62.48 ± 0.69g	0.52	14.24
P8	4.07 ± 0.05fgh	0.52 ± 0.06ef	18.80 ± 1.15h	13.87 ± 0.57gh	26.32 ± 1.02fg	63.58 ± 0.38g	0.53	12.85
P9	4.61 ± 0.50de	0.45 ± 0.03fg	17.73 ± 0.84h	17.14 ± 1.41d	30.78 ± 1.27d	70.71 ± 1.10f	0.56	12.97
P10	3.74 ± 0.13ghi	0.48 ± 0.03efg	15.37 ± 0.47i	18.17 ± 0.50cd	24.44 ± 0.12gh	62.20 ± 1.25g	0.74	13.74
P11	3.64 ± 0.11hij	0.23 ± 0.03k	15.07 ± 0.36i	10.67 ± 0.40i	33.40 ± 0.56c	63.01 ± 1.43g	0.32	15.28
P12	4.43 ± 0.14ef	0.51 ± 0.02ef	22.85 ± 0.82f	14.22 ± 0.62fg	35.24 ± 1.00c	77.26 ± 0.60e	0.40	14.64
P13	4.16 ± 0.14fg	1.20 ± 0.15a	26.90 ± 0.92d	18.01 ± 0.83cd	33.38 ± 0.52c	83.65 ± 1.22bc	0.54	14.61
P14	4.07 ± 0.23fgh	0.71 ± 0.03bc	28.01 ± 1.22d	10.36 ± 1.27i	21.10 ± 0.91i	64.24 ± 1.83g	0.49	12.44
P15	6.62 ± 0.28b	0.43 ± 0.02fgh	29.75 ± 1.53c	14.22 ± 0.92fg	19.15 ± 0.18i	70.17 ± 2.02f	0.74	8.95
P16	5.52 ± 0.34c	0.65 ± 0.04bcd	25.10 ± 1.28f	7.33 ± 0.36j	23.21 ± 0.35h	61.81 ± 1.65g	0.32	9.02
P17	7.64 ± 0.59a	0.29 ± 0.02jk	35.31 ± 0.90a	12.63 ± 0.69h	14.84 ± 0.64j	70.71 ± 1.90f	0.85	7.92
P18	5.37 ± 0.25c	0.27 ± 0.02jk	32.33 ± 2.19b	8.08 ± 0.50j	25.25 ± 0.61gh	71.30 ± 2.57f	0.32	11.64
P19	7.30 ± 0.22a	0.46 ± 0.03efg	32.22 ± 1.14b	13.58 ± 1.34gh	25.21 ± 1.41gh	78.77 ± 1.73de	0.54	9.15

*：居群编号见表6-1。不同字母（a～k）表示显著差异（$P<0.05$）。

2. 聚类分析

基于籽油中5种主要脂肪酸含量对19个居群进行聚类分析（图6-2），在遗传距离为15时，9个种19个居群可分为两大类。紫斑牡丹、四川牡丹、杨山牡丹、卵叶牡丹及矮牡丹因籽油中较高的α-亚麻酸含量而聚为第一类，黄牡丹、紫牡丹、狭叶牡丹及大花黄牡丹因籽油中较高的油酸含量而聚为第二类。牡丹组9个种根据形态又可分为革质花盘亚组和肉质花盘亚组，革质花盘亚组包括紫斑牡丹、四川牡丹、杨山牡丹、卵叶牡丹及矮牡丹，而肉质花盘亚组包括黄牡丹、紫牡丹、狭叶牡丹及大花黄牡丹，这与基于籽油主要脂肪酸含量的聚类结果一致。同时，基于籽油主要脂肪酸含量的聚类结果显示卵叶牡丹、矮牡丹及杨山牡丹三者关系较近，而紫斑牡丹和四川牡丹的关系较近，这与前人的研究结果一致（袁涛和王莲英，1999；邹喻苹 等，1999；Zhou et al.，2014）。综上，由于牡丹组植物种子中脂肪酸的辨别性，脂肪酸成分可以作为牡丹组植物的化学分类依据。

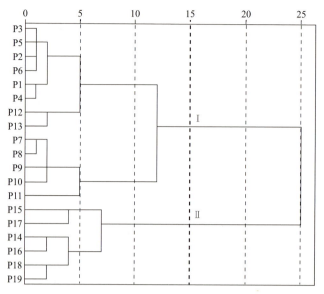

图6-2　牡丹组9个种19个居群基于种子中5种脂肪酸含量的聚类图

3. 不同亚组种子性状及籽油中脂肪酸含量的对比

革质花盘亚组及肉质花盘亚组4个种子性状及籽油脂肪酸含量平均值见表6-4。对比两组种子性状平均值可知，肉质花盘亚组的千粒重（817.35g）、种子体积（393.65mm³）及仁皮比（2.22）显著高于革质花盘亚组（334.61 g、125.26mm³、1.88），因此从表型性状来看，肉质花盘亚组的种子更适合用于油用生产；但革质花盘亚组种子的平均出油率（29.37%）高于肉质花盘亚组（23.35%），说明革质花盘亚组种子中的油脂含量高于革质花盘亚组。因此，在将来油用牡丹的育种工作中要充分考虑革质花盘亚组与肉质花盘亚组种子的性状特点。

表6-4　牡丹组两个亚组种子性状及籽油脂肪酸含量

指标	平均值	
	革质花盘亚组	肉质花盘亚组
千粒重（g）	334.61	817.35
种子体积（mm³）	125.26	393.65
仁皮比	1.88	2.22
出油率（% 干重）	29.37	23.35
棕榈酸（g/100g粗提油）	4.17	6.09
硬脂酸（g/100g粗提油）	0.54	0.47

（续）

指标	平均值	
	革质花盘亚组	肉质花盘亚组
油酸（g/100g粗提油）	20.33	30.45
亚油酸（g/100g粗提油）	15.85	11.04
α-亚麻酸（g/100g粗提油）	35.24	21.46
总量（g/100g粗提油）	76.13	69.50

　　革质花盘亚组籽油中，5种主要脂肪酸含量由高到低依次为α-亚麻酸、油酸、亚油酸、棕榈酸及硬脂酸，与前人的研究结果一致（邓瑞雪 等，2010；韩雪源 等，2014；戚军超 等，2005；史国安 等，2013；王昌涛 等，2009；易军鹏 等，2009a；易军鹏 等，2009b；周海梅 等，2009），但是肉质花盘亚组籽油中5种主要脂肪酸含量由高到低依次为油酸、α-亚麻酸、亚油酸、棕榈酸及硬脂酸。张延龙等（2015）对引种至兰州市的8种野生牡丹籽油主要脂肪酸含量进行测定，结果显示肉质花盘亚组籽油中5种主要脂肪酸含量由高到低依次为α-亚麻酸、油酸、亚油酸、棕榈酸及硬脂酸，这种含量差异可能是由于环境条件的差异引起的。

　　本研究所选居群的采集地点生态因子见表6-1，革质花盘亚组5个种分布于东经102.02°~111.18°、北纬31.74°~36.55°范围内，其海拔分布为606~2504m，而肉质花盘亚组4个种分布于东经94.63°~102.90°、北纬24.76°~30.07°范围内，其海拔分布为2958~3345m。从水平分布上来看，二者并未有明显的分布交集，革质花盘亚组主要分布于中国中西部地区，如陕西省、河南省及湖北省，而肉质花盘亚组则主要分布于中国西南部，如云南省、四川省及西藏自治区。从垂直分布上来看，二者差异显著，肉质花盘亚组的分布海拔明显高于革质花盘亚组。两个亚组分布的区域不同，因此生长环境的温度、光照、水分、土壤等条件均不相同，尽管遗传基因决定了二者各性状及脂肪酸含量之间的差异，但我们推测不同的地理生态因子也对这些指标产生了较大的影响。

二、观赏栽培牡丹油用特性的评价

　　目前我国大面积栽培的油用牡丹品种主要是'凤丹白'（*P. ostii* 'Fengdanbai'）这一单一的牡丹品种。'凤丹白'虽然具有良好的结实能力，但无法满足油用牡丹产业发展对品种多样化的需求。事实上，我国牡丹资源丰富，有着大量的栽培牡丹品种，然而对这些资源丰富的栽培牡丹品种进行油用特性研究的报道很少。本研究的目的就是对35个具有结实能力的观赏栽培牡丹品种油用特性进行评价研究，以期为油用牡丹新品种或油用兼观赏牡丹新品种的筛选和培育提供参考。

1. 不同牡丹品种籽油的脂肪酸组成

35个观赏栽培牡丹品种籽油中的脂肪酸主要为α-亚麻酸、油酸和亚油酸3种不饱和脂肪酸，并含有少量饱和脂肪酸（棕榈酸、硬脂酸），其中不饱和脂肪酸含量269.65~728.77mg/g，平均484.24mg/g（89.69%），α-亚麻酸含量64.94~336.83mg/g，平均177.64mg/g（32.03%），这一结果进一步说明牡丹籽油具有较好的营养和保健价值，同时也说明不同牡丹品种的籽油品质存在较大差异。

2. 不同牡丹品种籽油不饱和脂肪酸含量

气相色谱-质谱分析表明，牡丹籽油中不饱和脂肪酸主要为α-亚麻酸，其次为油酸和亚油酸（表6-5）。35个牡丹品种籽油（粗提油，下同）不饱和脂肪酸的平均含量为484.24mg/g。其中，'擎天粉''如花似玉''琉璃冠珠''满园春光''蝴蝶报春''金星雪浪''鸦片紫'籽油的不饱和脂肪酸含量均超过了600mg/g，而'胭红金波''红霞映日''紫菊''紫乔''紫蝶飞舞''天鹅湖''飞花迎夏''春红娇艳''日暮'籽油的不饱和脂肪酸含量较低（400mg/g以下）（图6-3）。

不同牡丹品种籽油α-亚麻酸含量：α-亚麻酸含量在不同牡丹品种之间存在很大差异（图6-4），其中，'琉璃冠珠''如花似玉''擎天粉'满园春光'4个牡丹品种籽油中α-亚麻酸含量较高，均在300mg/g以上，而'飞花迎夏''天鹅湖''紫蝶飞舞''红霞映日''日

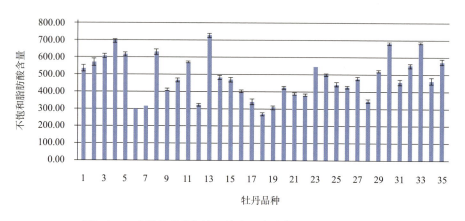

图6-3　35个牡丹品种籽油不饱和脂肪酸含量（mg/g粗提油）

1：'长茎紫'；2：'墨池金辉'；3：'鸦片紫'；4：'如花似玉'；5：'金星雪浪'；6：'春红娇艳'；7：'天鹅湖'；8：'蝴蝶报春'；9：'粉丽'；10：'玉面桃花'；11：'罗春刺'；12：'紫蝶飞舞'；13：'擎天粉'；14：'天香紫'；15：'蓝蝴蝶'；16：'冰凌子'；17：'紫乔'；18：'日暮'；19：'飞花迎夏'；20：'翡翠荷花'；21：'胭红金波'；22：'红霞映日'；23：'映山红'；24：'白鹤红羽'；25：'粉兰盘'；26：'叠云'；27：'天香锦'；28：'紫菊'；29：'出水芙蓉'；30：'满园春光'；31：'层中笑'；32：'锦袍红'；33：'玻璃冠珠'；34：'紫燕凌空'；35：'大红宝珠'

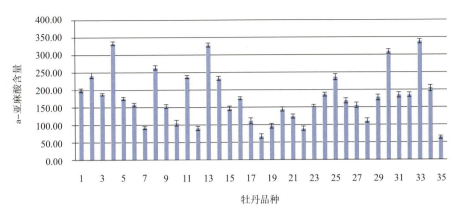

图6-4 35个牡丹品种籽油α-亚麻酸含量（mg/g粗提油）

1：'长茎紫'；2：'墨池金辉'；3：'鸦片紫'；4：'如花似玉'；5：'金星雪浪'；6：'春红娇艳'；7：'天鹅湖'；8：'蝴蝶报春'；9：'粉丽'；10：'玉面桃花'；11：'罗春刺'；12：'紫蝶飞舞'；13：'擎天粉'；14：'天香紫'；15：'蓝蝴蝶'；16：'冰凌子'；17：'紫乔'；18：'日暮'；19：'飞花迎夏'；20：'翡翠荷花'；21：'胭红金波'；22：'红霞映日'；23：'映山红'；24：'白鹤红羽'；25：'粉兰盘'；26：'叠云'；27：'天香锦'；28：'紫菊'；29：'出水芙蓉'；30：'满园春光'；31：'层中笑'；32：'锦袍红'；33：'玻璃冠珠'；34：'紫燕凌空'；35：'大红宝珠'

暮''大红宝珠'籽油中α-亚麻酸含量较低，均在100mg/g以下。

不同牡丹品种籽油亚油酸含量：35个牡丹品种籽油中亚油酸的平均含量为158.61mg/g。其中，'大红宝珠''鸦片紫''擎天粉''金星雪浪''锦袍红'籽油中亚油酸的含量较高，均在200mg/g以上，而'粉兰盘''琉璃冠珠''春红娇艳'3个品种籽油的亚油酸含量较低（100mg/g以下）。

不同牡丹品种籽油油酸含量：35个牡丹品种籽油中油酸的平均含量为145.45mg/g。其中，'玉面桃花''金星雪浪''映山红'籽油中油酸的含量较高，均在200mg/g以上，而'冰凌子''日暮''春红娇艳''飞花迎夏'籽油中油酸的含量较低，在100mg/g以下。

3. 不同牡丹品种籽油饱和脂肪酸含量

牡丹籽油中除了含量丰富的不饱和脂肪酸（α-亚麻酸、油酸、亚油酸）外，还含有少量饱和脂肪酸，主要为棕榈酸和硬脂酸，二者在所测定的牡丹品种籽油中的平均含量分别为28.27mg/g和2.47mg/g。

4. 不同牡丹品种出油率的评价

不同牡丹品种种仁平均出油率为29.34%，其中，'冰凌子''鸦片紫''红霞映日''如花似玉''长茎紫''层中笑''天香锦''擎天粉''紫蝶飞舞''锦袍红'10个牡丹品种种仁的出油率均在30%以上，而'日暮''紫燕凌空''玉面桃花''粉兰盘''春红娇艳'的出油率较低（28%以下），其他品种的出油率则在28%～30%之间（表6-5）。

三、不同牡丹品种油用潜力的综合评价

为了综合评价这些观赏牡丹品种的油用潜力,我们以单株种子产量、种仁出油率和籽油α-亚麻酸含量为指标,对35个观赏牡丹品种进行了系统聚类。经过聚类分析,这些牡丹品种被分为4个大类,方差分析显示这4个大类间的单株种子产量和α-亚麻酸含量差异显著,说明这4个大类的划分是合理的。

第一大类包括'如花似玉''擎天粉''琉璃冠珠''满园春光',该类牡丹品种的突出特点是籽油中α-亚麻酸含量非常高,均在300mg/g以上,此类品种可以作为培育高α-亚麻酸含量油用牡丹品种的重要亲本。

第二大类包括'长茎紫''鸦片紫''墨池金辉''蝴蝶报春''罗春刺''天香紫''冰凌子''胭红金波''层中笑',这类牡丹品种在单株种子产量、出油率和α-亚麻酸含量三个指标中有两个指标表现良好,可以作为油用兼观赏的牡丹品种。

第三大类包括'金星雪浪''春红娇艳''天鹅湖''粉丽''紫蝶飞舞''翡翠荷花''映山红''白鹤红羽''粉兰盘''叠云''天香锦''紫菊''出水芙蓉''锦袍红''紫燕凌空',该类牡丹品种在单株种子产量、种仁出油率和α-亚麻酸含量三个指标上均表现一般,不宜作为油用牡丹品种。

第四大类包括'玉面桃花''蓝蝴蝶''紫乔''日暮''飞花迎夏''红霞映日''大红宝珠',这类牡丹品种在单株种子产量、种仁出油率和籽油α-亚麻酸含量三个指标上均表现很差,无法作为油用牡丹品种。

表6-5 35个牡丹品种籽油的脂肪酸含量(mg/g)

序号	品种	棕榈酸	硬脂酸	油酸	亚油酸	α-亚麻酸	不饱和脂肪酸	出油率(%)	单株产量
1	'长茎紫'	28.00 ± 3.08	1.69 ± 0.27	155.76 ± 8.90	181.44 ± 3.75	198.74 ± 5.11	535.95 ± 17.56	31.77	120.5
2	'墨池金辉'	18.56 ± 3.26	1.95 ± 0.26	184.97 ± 6.96	145.05 ± 5.96	241.20 ± 6.93	571.23 ± 19.7	29.50	89.3
3	'鸦片紫'	33.79 ± 2.42	2.30 ± 0.3	194.34 ± 2.82	224.74 ± 5.10	188.11 ± 2.98	607.20 ± 9.21	32.63	102.5
4	'如花似玉'	22.63 ± 2.27	1.03 ± 0.12	191.21 ± 2.92	173.18 ± 3.12	331.84 ± 4.12	696.23 ± 6.64	30.65	127.1
5	'金星雪浪'	31.81 ± 2.45	1.64 ± 0.33	219.58 ± 1.83	221.77 ± 5.65	175.66 ± 4.53	617.01 ± 10.77	28.08	17.8
6	'春红娇艳'	15.16 ± 1.82	1.60 ± 0.08	89.14 ± 1.92	61.20 ± 0.73	157.53 ± 4.45	307.87 ± 5.49	27.30	65.6
7	'天鹅湖'	29.03 ± 1.66	2.52 ± 0.32	114.84 ± 2.99	110.27 ± 4.31	92.43 ± 4.48	317.54 ± 8.57	28.60	88.0
8	'蝴蝶报春'	46.28 ± 3.85	4.66 ± 0.27	191.53 ± 5.86	177.71 ± 6.58	262.55 ± 5.46	631.79 ± 14.45	28.87	84.4
9	'粉丽'	21.78 ± 3.79	2.39 ± 0.21	115.98 ± 4.21	143.43 ± 2.40	153.63 ± 4.74	413.04 ± 4.02	28.54	67.0
10	'玉面桃花'	31.81 ± 1.13	2.28 ± 0.26	231.11 ± 6.65	130.03 ± 5.99	105.19 ± 6.36	466.34 ± 8.84	27.84	43.7

（续）

序号	品种	棕榈酸	硬脂酸	油酸	亚油酸	α-亚麻酸	不饱和脂肪酸	出油率（%）	单株产量
11	'罗春刺'	33.81 ± 2.92	2.61 ± 0.25	146.50 ± 5.05	191.33 ± 3.98	236.14 ± 4.03	573.96 ± 2.69	29.71	79.8
12	'紫蝶飞舞'	32.28 ± 1.59	3.06 ± 0.33	121.44 ± 2.64	111.47 ± 4.20	90.55 ± 4.88	323.45 ± 7.43	30.73	88.8
13	'擎天粉'	35.11 ± 1.58	4.26 ± 0.32	177.16 ± 3.44	224.64 ± 5.97	326.97 ± 4.47	728.77 ± 11.86	30.86	73.6
14	'天香紫'	29.14 ± 3.33	2.95 ± 0.34	135.61 ± 3.77	115.56 ± 4.8	232.83 ± 4.78	483.99 ± 9.46	29.81	100.3
15	'蓝蝴蝶'	32.55 ± 2.62	4.07 ± 0.20	124.71 ± 5.70	199.81 ± 3.08	145.69 ± 5.36	470.20 ± 13.24	28.49	42.7
16	'冰凌子'	27.36 ± 1.28	2.01 ± 0.06	97.64 ± 2.13	130.61 ± 3.47	175.30 ± 4.18	403.55 ± 7.27	32.79	116.4
17	'紫乔'	20.62 ± 2.03	1.34 ± 0.16	100.02 ± 5.50	131.31 ± 7.23	110.85 ± 7.38	342.17 ± 14.54	29.50	35.3
18	'日暮'	19.20 ± 2.25	1.24 ± 0.14	90.36 ± 4.30	111.67 ± 2.57	67.61 ± 5.93	269.65 ± 7.93	25.57	30.5
19	'飞花迎夏'	15.51 ± 0.72	4.08 ± 0.34	88.24 ± 4.54	125.07 ± 6.53	96.40 ± 6.05	309.71 ± 8.21	28.38	17.2
20	'翡翠荷花'	30.07 ± 2.27	4.16 ± 0.12	118.65 ± 2.57	163.44 ± 2.47	144.25 ± 5.93	426.33 ± 6.08	28.21	74.2
21	'胭红金波'	19.16 ± 3.52	1.35 ± 0.15	114.02 ± 3.71	151.67 ± 4.11	123.31 ± 4.51	389.00 ± 2.92	31.13	116.0
22	'红霞映日'	38.45 ± 3.33	1.71 ± 0.35	157.56 ± 4.01	135.51 ± 2.81	89.14 ± 5.33	382.21 ± 5.67	28.50	53.5
23	'映山红'	33.77 ± 1.34	1.49 ± 0.24	201.90 ± 4.39	191.14 ± 3.63	153.80 ± 2.50	546.84 ± 0.36	28.04	81.4
24	'白鹤红羽'	32.91 ± 2.24	3.35 ± 0.46	135.25 ± 4.39	178.11 ± 5.06	186.04 ± 4.70	499.40 ± 5.46	28.16	78.6
25	'粉兰盘'	17.91 ± 1.14	2.48 ± 0.19	122.35 ± 4.08	84.63 ± 2.95	235.89 ± 7.61	442.86 ± 11.71	27.59	57.0
26	'叠云'	28.52 ± 0.45	4.14 ± 0.37	123.78 ± 1.98	135.25 ± 4.99	168.21 ± 7.31	427.24 ± 9.28	29.48	75.8
27	'天香锦'	28.63 ± 0.83	3.31 ± 0.23	143.02 ± 2.26	179.63 ± 2.03	155.40 ± 6.18	478.06 ± 8.68	30.88	61.2
28	'紫菊'	22.77 ± 0.59	1.11 ± 0.13	101.24 ± 5.72	134.30 ± 5.46	111.41 ± 5.28	346.95 ± 8.10	28.22	92.8
29	'出水芙蓉'	32.73 ± 1.10	2.56 ± 0.35	165.15 ± 7.40	181.18 ± 7.11	177.45 ± 7.42	523.78 ± 2.00	28.55	76.1
30	'满园春光'	31.87 ± 2.75	3.73 ± 0.42	176.66 ± 1.16	197.94 ± 2.45	307.98 ± 6.12	682.59 ± 7.09	31.36	95.0
31	'层中笑'	31.81 ± 2.07	1.84 ± 0.35	118.99 ± 5.50	152.12 ± 3.73	184.91 ± 6.29	456.01 ± 14.06	30.69	127.0
32	'锦袍红'	25.20 ± 1.52	1.64 ± 0.17	146.44 ± 5.77	221.11 ± 1.13	184.48 ± 5.29	552.03 ± 11.27	30.68	57.2
33	'琉璃冠珠'	36.55 ± 2.43	2.11 ± 0.33	186.15 ± 2.85	74.94 ± 3.38	336.83 ± 4.98	686.90 ± 3.19	28.69	69.5
34	'紫燕凌空'	29.11 ± 2.24	1.66 ± 0.07	126.58 ± 6.10	133.99 ± 4.99	204.28 ± 8.72	464.85 ± 17.99	27.85	51.8
35	'大红宝珠'	25.44 ± 2.14	2.11 ± 0.32	182.74 ± 6.19	325.97 ± 4.86	64.94 ± 3.62	573.65 ± 14.65	29.31	53.9

第三节　油用牡丹授粉结实特性评价

2011年，卫生部批准牡丹籽油作为新的植物资源食品，牡丹籽油备受人们的关注，牡丹的栽培种植面积持续增长，据统计我国牡丹的种植面积已超过20267hm^2。因此，牡丹的结实情况备受关注，而授粉是影响其果实产量和品质的重要因素。

一、牡丹的授粉特性

罗毅波等（1998）对山西省南部矮牡丹三个居群连续两年的野外观察发现，共有5种蜂和4种甲虫参与矮牡丹的传粉。通过电镜观察和人工控制昆虫传粉试验证明，蜂类，特别是地蜂类是矮牡丹的主要传粉者，而甲虫类只是一种不稳定的传粉者。虽然矮牡丹很可能是雄蕊先熟的，但从蜂类的活动规律来看，异花授粉在自然状态下是完全可能实现的。矮牡丹不存在无融合生殖，也没有自花结实现象，但具有微弱的自交性。矮牡丹的结实率低，平均只有近1/4的胚珠发育成种子。研究表明，矮牡丹自交不亲和，自花授粉后在柱头上可观察到大量的花粉管，但胚珠中观察到的花粉管数量极少，自交不亲和反应发生在花粉管进入胚珠之后（表6-6）。

表6-6　不同授粉方式对矮牡丹结实特性的影响

	授粉方式	坐果率（%）	结实率（粒/果）
矮牡丹	自然状态	83.3	13.25
	异株异花	100.0	15.00
	同株异花	60.0	3.99
	自花授粉	0.0	0.00
	无花粉	0.0	0.00

据统计'凤丹'牡丹平均每朵花5个心皮，胚珠数为66个。通过异株异花的授粉方式，坐果率最高91.65%，平均结实率为55粒种子每果，且种子饱满，大小均匀，基本无瘪粒。同株异花和自花授粉的结实率显著下降，均低于自然条件下的结实率，表明'凤丹'虽然以异花授粉为主，但自交仍具有一定的亲和性，只是育性偏低。无花粉处理大部分果实不能采收到种子，有微弱的结实率，是否存在无融合生殖需重复试验并加以鉴定。自花及无花粉处理后产生的种子数量少，一个果荚内仅一粒，比一般种子偏大，多干瘪（表6-7）。

表6-7 不同授粉方式对'凤丹'牡丹结实特性的影响

	授粉方式	坐果率（%）	结实率（粒/果）
'凤丹'牡丹	自然状态	86.00	48.95
	异株异花	91.65	55.45
	同株异花	72.00	35.25
	自花授粉	29.50	31.66
	无花粉	10.00	2.12

紫斑牡丹异株异花的授粉方式虽然结实率没有'凤丹'的高，但是依然是所有授粉方式中，结实率最高的，坐果率达到了100%，即每个果都能采收到种子。以上结果表明，紫斑牡丹以异花授粉为主，虽自交亲和，但是育性已大大减弱（表6-8）。

表6-8 不同授粉方式对紫斑牡丹结实特性的影响

	授粉方式	坐果率（%）	结实率（粒/果）
紫斑牡丹	自然状态	87.25	28.02
	异株异花	100.00	45.26
	同株异花	80.02	25.31
	自花授粉	50.13	15.22
	无花粉	0.00	0.00

二、不同花粉源对牡丹结实的影响

不同品种授粉后，花粉当年内能直接影响其受精形成的果实或种子发生变异的现象称为花粉直感。花粉直感现象的研究对作物、果树等经济作物有着重要的现实意义，可为生产上授粉树品种的配置、提高作物产量、改善外在品质、提高内在成分含量和经济效益等提供理论依据。由上节可知，目前主要推广的油用牡丹品种紫斑和'凤丹'均以异株异花授粉为主。本节主要探讨，不同花粉源对我国目前主推牡丹品种的结实特性以及油用特性的影响。

根据授粉品种的选配原则如：花期一致，花粉萌发率高，花粉量大等，本实验针对'凤丹'紫斑两个目前主推的油用牡丹品种，分别选取了15个花粉源进行授粉实验，通过连续两年的实验，对果实和种子的表型和油用性状进行了测量和统计，结果如下（表6-9；表6-10）：

表6-9　不同花粉源对'凤丹'牡丹果实表型性状的影响

花粉源	坐果率（%）	结实率（粒/果）	果实直径（mm）	百粒重（g）	出油率（%）
'冰凌子'	57.50 ± 3.61	42.61 ± 2.34	92.80 ± 7.31	24.38 ± 0.59	30.71 ± 2.49
'白雪塔'	65.00 ± 1.15	42.20 ± 0.05	83.34 ± 2.76	23.86 ± 0.30	31.00 ± 0.76
'曹州红'	61.67 ± 3.13	38.39 ± 1.15	81.44 ± 1.58	19.94 ± 0.79	31.60 ± 2.52
'丛中笑'	85.00 ± 3.00	42.30 ± 1.80	82.44 ± 3.43	27.90 ± 0.10	28.90 ± 2.16
'大红宝珠'	83.00 ± 5.11	45.50 ± 0.78	109.28 ± 8.70	28.10 ± 1.00	31.55 ± 1.38
'岛锦'	64.33 ± 3.15	36.64 ± 0.02	72.87 ± 3.63	18.69 ± 0.84	27.18 ± 0.27
'葛巾紫'	55.83 ± 2.69	37.32 ± 1.79	69.53 ± 0.47	25.95 ± 0.15	26.00 ± 0.39
'红宝石'	63.33 ± 4.04	38.29 ± 2.85	83.18 ± 4.89	25.41 ± 0.29	28.39 ± 2.41
'红霞映月'	75.00 ± 1.67	45.10 ± 3.14	90.59 ± 6.98	23.64 ± 1.58	29.50 ± 1.86
'墨池金辉'	71.67 ± 6.75	50.86 ± 1.79	92.50 ± 8.60	27.87 ± 2.46	26.75 ± 1.52
'墨润绝伦'	44.33 ± 2.31	40.00 ± 2.26	93.80 ± 0.52	21.65 ± 1.14	26.77 ± 1.28
'赛皇后'	63.33 ± 6.08	36.25 ± 2.34	68.14 ± 6.72	23.29 ± 1.31	26.38 ± 1.24
'香玉'	72.32 ± 2.82	42.80 ± 0.97	90.36 ± 4.43	25.82 ± 0.85	29.32 ± 0.49
'银红巧对'	87.50 ± 8.24	37.20 ± 1.32	71.35 ± 3.82	24.26 ± 1.56	28.85 ± 2.39
'紫菊'	86.00 ± 5.20	38.16 ± 2.75	83.28 ± 4.37	28.03 ± 0.31	27.88 ± 2.77

表6-10　不同花粉源对'紫斑'牡丹果实表型性状的影响

花粉源	坐果率（%）	结实率（粒/果）	果实直径（mm）	百粒重（g）	出油率（%）
'冰心紫'	95.20 ± 2.35	37.26 ± 1.40	96.83 ± 2.97	39.09 ± 3.75	30.91 ± 2.69
'大红宝珠'	97.38 ± 9.27	24.91 ± 0.81	85.69 ± 0.80	46.17 ± 0.60	25.09 ± 0.72
'翡翠荷花'	86.67 ± 3.49	23.73 ± 1.13	72.34 ± 2.62	44.97 ± 1.47	30.46 ± 1.42
'粉玉生辉'	73.33 ± 4.45	23.29 ± 0.40	91.59 ± 6.41	51.69 ± 1.22	26.34 ± 0.41
'海黄'	90.00 ± 3.29	10.78 ± 0.37	61.44 ± 4.04	41.46 ± 2.99	28.11 ± 0.39
'红海风云'	53.33 ± 2.89	20.04 ± 1.36	91.38 ± 0.44	49.69 ± 3.73	32.15 ± 1.18
'花王'	97.52 ± 5.29	25.24 ± 2.12	95.27 ± 7.34	52.68 ± 4.93	32.04 ± 0.18
'金玉满山'	86.67 ± 3.94	39.47 ± 0.32	89.96 ± 8.85	26.07 ± 0.56	28.11 ± 2.76
'蓝鹤齐鸣'	93.33 ± 0.25	25.64 ± 0.9	73.98 ± 2.76	42.83 ± 3.33	27.63 ± 1.05
'麦积烟云'	80.00 ± 7.71	25.20 ± 0.82	72.37 ± 2.82	43.30 ± 2.46	22.47 ± 0.73

（续）

花粉源	坐果率（%）	结实率（粒/果）	果实直径（mm）	百粒重（g）	出油率（%）
'日月锦'	80.00 ± 2.56	27.11 ± 0.37	80.79 ± 1.81	40.39 ± 2.87	30.64 ± 0.76
'日月同辉'	93.33 ± 2.85	21.16 ± 0.28	74.65 ± 6.54	37.66 ± 2.45	24.11 ± 0.59
'赛皇后'	86.67 ± 6.73	20.82 ± 0.52	66.12 ± 0.80	39.29 ± 3.38	29.64 ± 0.43
'玉旋风'	80.00 ± 6.08	25.56 ± 1.08	76.84 ± 4.81	35.46 ± 1.43	28.61 ± 0.89
'紫蝶迎风'	94.35 ± 8.28	24.79 ± 0.63	76.56 ± 2.19	36.39 ± 2.56	29.61 ± 1.74

根据实验结果，不同花粉源对'凤丹'和紫斑牡丹的坐果率和结实率均产生了显著的差异，坐果率最低分别为44%和53%，最高分别为87%和97%。'凤丹'的结实率普遍比紫斑的结实率高，这与'凤丹'本身结实率高有关。果实直径和百粒重也都产生了明显的变化，表明不同的授粉品种对'凤丹'牡丹和紫斑牡丹的产量会有显著的影响。此外，出油率方面也表现出一定变化，虽然差异并不是十分显著（表6-11；6-12）。

表6-11　不同花粉源对'凤丹'牡丹籽油主要成分的影响（g/100g粗提油）

花粉源	棕榈酸	硬脂酸	油酸	亚油酸	α-亚麻酸	总脂肪酸
'白雪塔'	3.71 ± 0.19	1.13 ± 0.05	20.21 ± 1.62	18.13 ± 0.53	34.11 ± 2.43	77.29 ± 2.00
'冰凌子'	3.69 ± 0.32	1.30 ± 0.09	19.39 ± 1.65	18.97 ± 1.26	37.13 ± 1.11	80.48 ± 1.30
'曹州红'	3.54 ± 0.05	1.10 ± 0.05	18.43 ± 0.53	17.28 ± 0.56	30.44 ± 3.03	70.79 ± 0.15
'丛中笑'	3.37 ± 0.09	1.04 ± 0.03	18.42 ± 1.00	17.80 ± 0.75	28.21 ± 0.86	68.85 ± 2.81
'大红宝珠'	4.18 ± 0.22	1.38 ± 0.09	19.69 ± 1.60	19.22 ± 0.73	32.99 ± 1.88	77.45 ± 6.04
'岛锦'	3.82 ± 0.07	1.35 ± 0.07	24.79 ± 1.65	17.44 ± 0.42	38.64 ± 1.37	86.04 ± 0.19
'葛巾紫'	4.07 ± 0.2	1.50 ± 0.08	22.35 ± 2.10	22.61 ± 0.14	35.4 ± 0.31	85.92 ± 3.67
'红宝石'	3.72 ± 0.36	1.34 ± 0.11	18.19 ± 1.42	18.40 ± 1.58	31.95 ± 0.70	73.60 ± 5.60
'红霞映月'	3.77 ± 0.18	1.08 ± 0.03	18.00 ± 1.04	19.38 ± 0.43	31.61 ± 1.69	73.84 ± 7.31
'墨池金辉'	3.53 ± 0.21	1.16 ± 0.10	19.25 ± 0.4	17.98 ± 0.12	33.34 ± 0.66	75.26 ± 6.79
'墨润绝伦'	3.69 ± 0.07	1.28 ± 0.13	22.39 ± 1.76	21.84 ± 1.92	37.01 ± 0.32	86.20 ± 7.18
'赛皇后'	2.90 ± 0.05	0.86 ± 0.07	15.31 ± 1.10	12.09 ± 0.15	25.57 ± 2.19	56.74 ± 2.80
'香玉'	2.50 ± 0.15	1.12 ± 0.08	13.82 ± 1.35	12.12 ± 0.78	23.50 ± 1.63	53.07 ± 2.68
'银红巧对'	3.75 ± 0.01	1.09 ± 0.04	19.38 ± 0.27	19.03 ± 0.89	31.61 ± 1.45	74.85 ± 5.45
'紫菊'	3.60 ± 0.09	1.20 ± 0.09	22.01 ± 0.02	19.89 ± 0.36	33.13 ± 0.44	79.83 ± 2.33

表6-12 不同花粉源对紫斑牡丹籽油主要成分的影响（g/100g粗提油）

花粉源	棕榈酸	硬脂酸	油酸	亚油酸	α-亚麻酸	总脂肪酸
'冰心紫'	4.01 ± 0.18	1.06 ± 0.08	19.79 ± 0.99	21.45 ± 1.9	34.89 ± 2.53	81.2 ± 5.24
'大红宝珠'	2.83 ± 0.27	0.80 ± 0.07	14.87 ± 1.35	16.76 ± 1.61	27.20 ± 0.53	62.45 ± 2.76
'翡翠荷花'	3.07 ± 0.01	0.65 ± 0.01	14.45 ± 0.27	14.84 ± 0.56	26.98 ± 1.88	59.98 ± 3.36
'粉玉生辉'	3.79 ± 0.10	0.85 ± 0.01	18.49 ± 1.13	18.25 ± 0.02	34.06 ± 1.83	75.44 ± 0.76
'海黄'	3.55 ± 0.21	0.90 ± 0.02	17.42 ± 1.16	18.51 ± 0.29	29.22 ± 0.69	69.59 ± 2.85
'红海风云'	2.94 ± 0.20	0.66 ± 0.01	16.76 ± 1.24	16.59 ± 1.40	31.14 ± 0.61	68.09 ± 5.68
'花王'	3.42 ± 0.11	0.72 ± 0.06	15.86 ± 0.25	18.96 ± 0.92	32.17 ± 1.22	71.12 ± 2.71
'金玉满山'	3.31 ± 0.25	0.79 ± 0.01	18.74 ± 0.29	17.53 ± 0.14	30.42 ± 2.11	70.79 ± 3.31
'蓝鹤齐鸣'	3.56 ± 0.11	0.82 ± 0.04	17.39 ± 1.39	20.15 ± 1.13	31.61 ± 2.79	73.52 ± 0.50
'麦积烟云'	3.07 ± 0.29	0.73 ± 0.01	16.12 ± 0.13	17.34 ± 1.72	29.82 ± 1.92	67.08 ± 5.74
'日月锦'	3.43 ± 0.21	0.78 ± 0.02	17.33 ± 1.42	16.53 ± 1.55	32.47 ± 0.55	70.55 ± 1.26
'日月同辉'	3.43 ± 0.08	0.86 ± 0.09	17.9 ± 1.62	15.52 ± 0.47	30.70 ± 1.81	68.4 ± 5.36
'赛皇后'	3.61 ± 0.19	0.81 ± 0.01	17.42 ± 0.21	17.65 ± 0.30	30.66 ± 0.79	69.98 ± 6.53
'玉旋风'	3.73 ± 0.14	0.94 ± 0.01	19.17 ± 0.69	18.21 ± 1.39	33.32 ± 2.36	75.37 ± 5.67
'紫蝶迎风'	4.08 ± 0.35	1.01 ± 0.08	20.68 ± 1.61	18.47 ± 1.80	42.59 ± 1.85	86.84 ± 5.19

本研究还统计测定了用不同花粉源授粉后，种子萃取出的籽油的主要脂肪酸成分的含量。通过气质联用仪的分析，五种主要的脂肪酸（棕榈树、硬脂酸、油酸、亚油酸、α-亚麻酸）被鉴定，其中α-亚麻酸含量最高，硬脂酸含量最低。分析表明，不同花粉源对油酸、亚油酸、α-亚麻酸等的含量均产生了比较显著的影响，其中α-亚麻酸含量的范围分别为23~38g/100g粗提油（'凤丹'）和26~42g/100g粗提油（紫斑牡丹）。以上结果说明不同的花粉源对牡丹籽油的品质也是有显著影响的。

总之，不同花粉源对'凤丹'牡丹和'紫斑'牡丹的果实和种子的表型以及籽油的成分均可以产生明显的影响，因此选择合适的授粉品种对于提高油用牡丹的产籽量，产油量以及油用品质是有积极意义的。

第七章
中国牡丹资源的活性营养物质的评价

　　高等植物除了含有糖、蛋白质、脂类和核酸等初生代谢产物外，还含有丰富的小分子有机化合物，这些化合物由初生代谢派生而来，被称为次生代谢产物，又称天然产物（natural products），其产生和分布通常有种属、器官、组织和生长发育期的特异性。次生代谢是植物在长期进化过程中对生态环境适应的结果，不同的植物总是合成不同的次生物质。当植物中出现某一种特定的次生物质，而这种产物又使得此种植物在其环境中处于有利地位时，这种植物便增加了存活和繁衍的机会。

　　次生代谢是植物在长期演化过程中产生的，决定植物的颜色、气味和味道，广泛参与植物的生长、发育、防御等生理过程，在植物生命活动过程中发挥着重要作用。次生代谢产物不仅有利于植物自身的生存，还与植物产品的品质密切相关，同时也是人类天然药物和工业原料的重要来源。次生代谢产物不但在植物的生长发育、抗逆中发挥着重要作用，对人类的生存和健康也起着重要作用。

　　植物次生代谢产物种类繁多，结构迥异，包括酚类、黄酮类、香豆素、木质素、生物碱、糖苷、萜类、甾类、皂苷、多炔类和有机酸等。总的来说，一般可分为酚类化合物、萜类化合物、含氮有机碱三大类。

第一节　中国牡丹资源酚类物质的评价

　　广义的酚类化合物分为黄酮类、简单酚类和醌类。黄酮类是一大类以苯色酮环为基础，具有C6、C3、CH6结构的酚类化合物，其生物合成的前体是苯丙氨酸和丙二酰辅酶A（malonyl CoA）。根据B环上的连接位置不同可分为2-苯基衍生物（黄酮、黄酮醇类）、3-苯基衍生物（异黄酮）和4-苯基衍生物（新黄酮）。黄酮类物质中还含有一大类与花色呈色相关的物质：花色苷，是花色素和糖基以糖苷键形式连接而成的化合物。

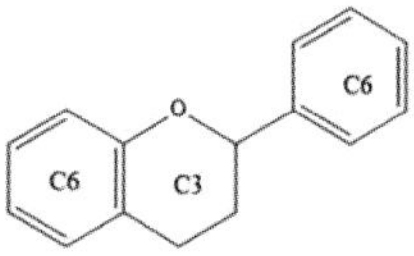

黄烷 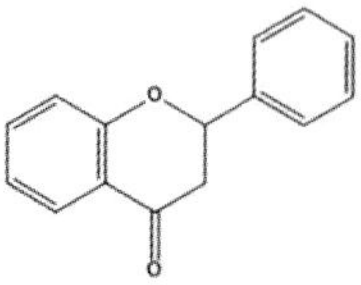　　　　　黄烷酮 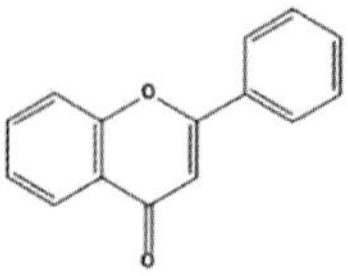　　　　　黄酮 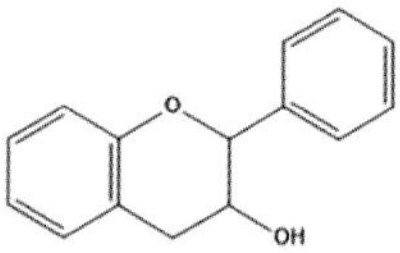　　　　　黄烷醇（儿茶素）

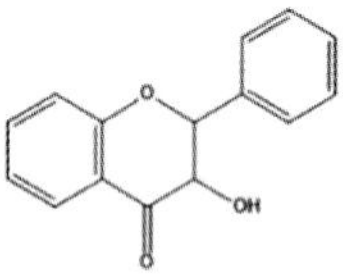

黄烷酮醇 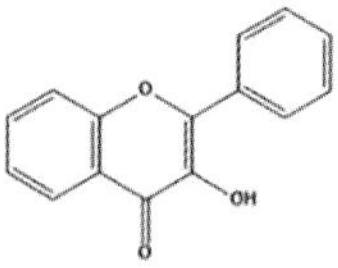　　　黄酮醇 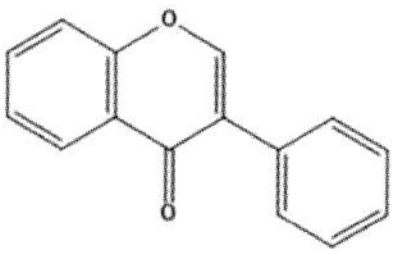　　　　　异黄酮 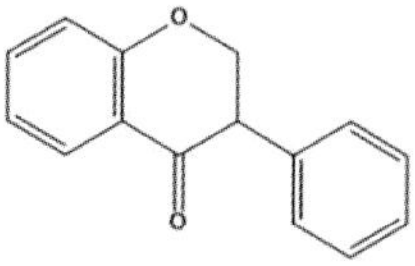　　　　异黄烷酮

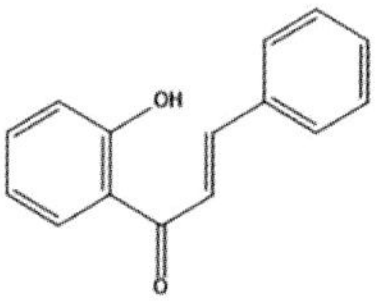

查尔酮 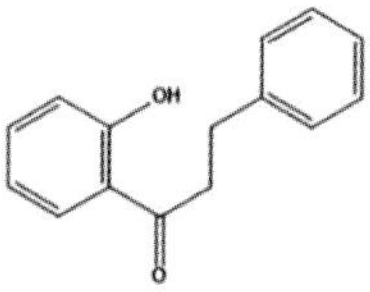　　　　二氢查尔酮 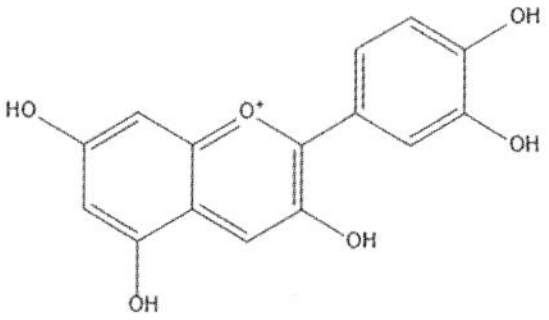　　　花青素

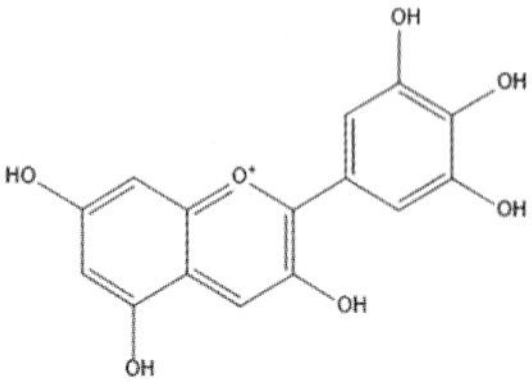

飞燕草素 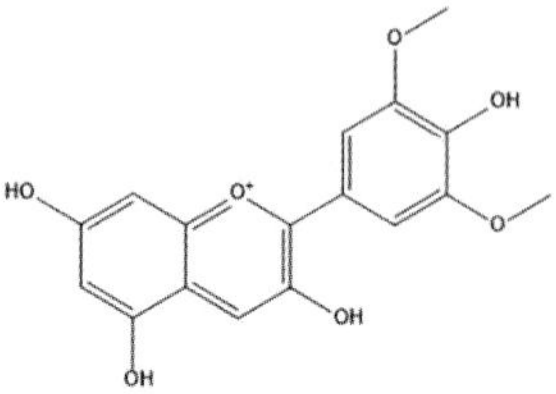　　　锦葵花素 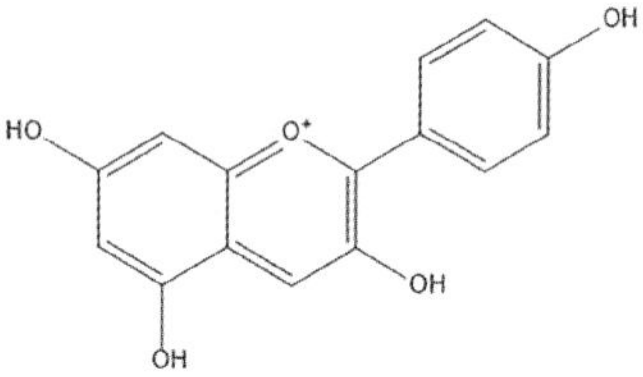　　　　天竺葵色素

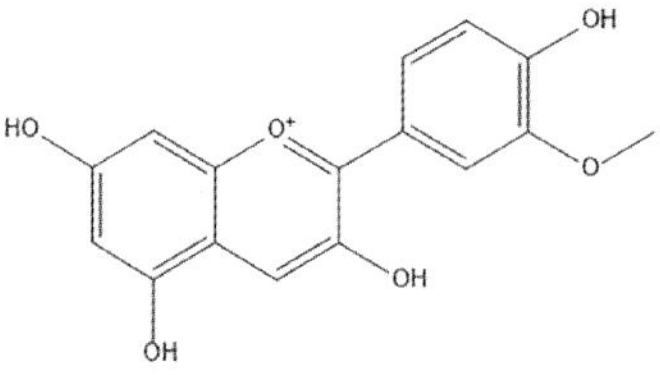

芍药色素 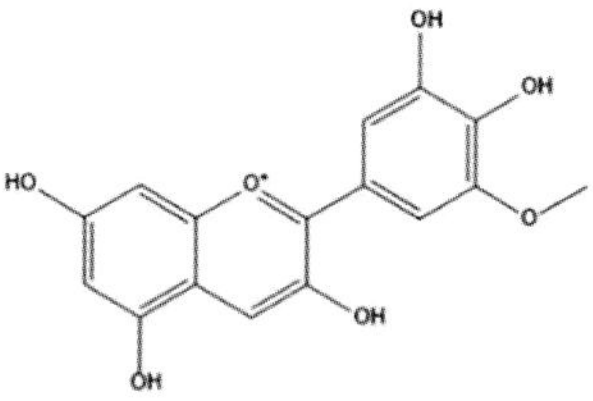　　　牵牛花色素

简单酚类是含有一个被羟基取代苯环的化合物，某些成分有调节植物生长的作用，有些是植保素的重要成分；相应的，多酚则是指具有多元酚结构。

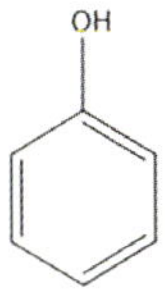

苯酚 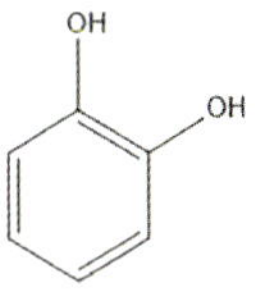　　邻苯二酚 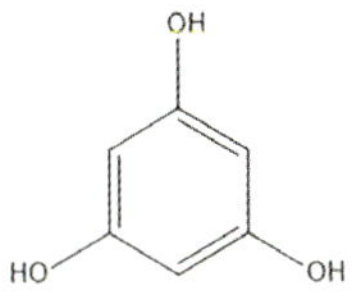　　间苯三酚 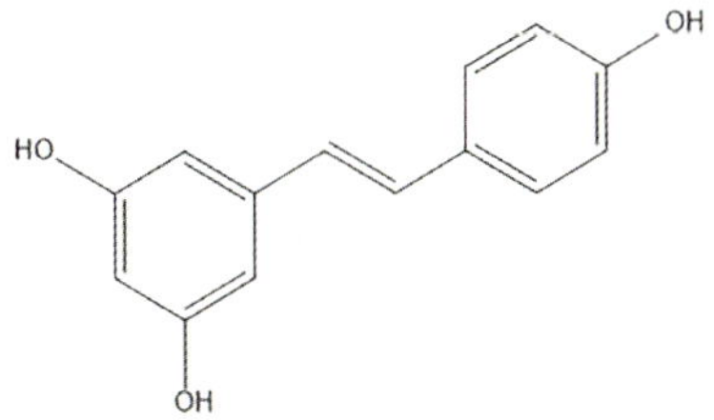　　白藜芦醇

醌类化合物是有苯式多环烃碳氢化合物（如萘、蒽等）的芳香二氧化物。

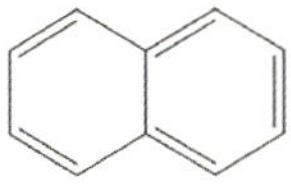

萘 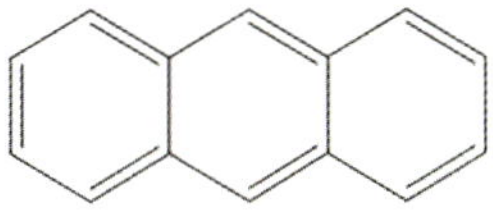　　蒽

一、中国野生牡丹资源酚类物质的评价

牡丹作为一种有着长久药用历史的药材，牡丹的根皮部位即丹皮中含有为人们所熟知的丹皮酚，其实除了丹皮，牡丹浑身上下都含有酚类物质。牡丹的种籽，根中除了丹皮酚外还含有黄酮类化合物，牡丹的花瓣中含有多种黄酮类化合物和使牡丹花呈现出五颜六色的花色苷，甚至叶片中也含有黄酮类化合物。众多对牡丹感兴趣的科研人员们对这些酚类物质都进行过了测定。本人所在课题组也对九大野生牡丹资源的种质资源进行了详细地调查，并且在前期的调查基础上，对九大野生牡丹，包括不同居群的资源的种籽中酚类物质的含量进行了较为详尽的测定，它们酚类物质的种类和含量也有一定的区别。下文将从不同部位对野生牡丹中酚类物质的种类和含量进行细致的介绍。

1. 种子

研究主要选取了野生牡丹9个种共19个居群种子，并对其种籽种总酚和单体酚的种类和含量进行了研究。分别为P1、P2、P3太白山紫斑牡丹，P4、P5、P6紫斑牡丹模式亚种，P7、P8杨山牡丹，P9、P10卵叶牡丹，P11矮牡丹，P12四川牡丹模式亚种，P13圆裂四川牡丹，P14、P15、P16黄牡丹，P17紫牡丹，P18狭叶牡丹及P19大花黄牡丹，各居群地理生态信息见表7-1。

表7-1　9个牡丹种19个居群地理生态因子

分组	居群	种名	采集地点	经纬度	海拔（m）
革质花盘亚组	P1	太白山紫斑牡丹	陕西省铜川市耀州区	108.68/35.11	1534
	P2	太白山紫斑牡丹	陕西省富县	108.77/36.37	1501
	P3	太白山紫斑牡丹	陕西省志丹县	108.94/36.55	1360
	P4	紫斑牡丹模式亚种	陕西省凤县	106.46/33.94	1386
	P5	紫斑牡丹模式亚种	陕西省眉县	107.70/34.08	1528
	P6	紫斑牡丹模式亚种	陕西省留坝县	107.15/33.75	1250
	P7	杨山牡丹	陕西省商南县	110.62/33.48	606
	P8	杨山牡丹	河南省卢氏县	111.11/34.02	828
	P9	卵叶牡丹	湖北省保康县	111.18/31.74	1143
	P10	卵叶牡丹	陕西省旬阳县	109.32/32.98	1558
	P11	矮牡丹	陕西省宜川县	110.38/35.83	1226
	P12	四川牡丹模式亚种	四川省马尔康市	102.02/32.00	2504
	P13	四川牡丹圆裂亚种	四川省茂县	103.54/31.79	2206
肉质花盘亚组	P14	黄牡丹	云南省香格里拉市	99.58/27.97	3345
	P15	黄牡丹	云南省澄江县	102.90/24.76	2760
	P16	黄牡丹	西藏察隅县	96.79/28.72	2980
	P17	紫牡丹	云南省玉龙县	100.17/26.80	3015
	P18	狭叶牡丹	四川省雅江县	101.15/30.07	3127
	P19	大花黄牡丹	西藏林芝市	94.63/29.48	2958

在紫斑牡丹模式亚种、太白山紫斑牡丹、杨山牡丹、卵叶牡丹、矮牡丹、四川牡丹模式亚种、四川牡丹圆裂亚种、黄牡丹（云南省澄江县）、黄牡丹（西藏自治区察隅县）、紫牡丹、狭叶牡丹、大花黄牡丹12种野生牡丹中总酚含量具有较大差异，其含量变化范围为717.64～1754.14mg GAE/100 g dw，其中四川牡丹圆裂亚种的总酚含量最高，黄牡丹（西藏自治区察隅县）的总酚含量最低。12个样品中，总黄酮含量最低的是黄牡丹（云南省澄江县），为794.02mg RE/100g dw，含量最高的是太白山紫斑牡丹，为1879.10mg RE/100g dw。12个样品中总黄烷醇含量变化范围为518.81mg CE/100g dw～1736.27mg CE/100g dw，与总酚含量相似，黄牡丹（西藏自治区察隅

县)的总黄烷醇含量在所有样品中最低,而四川牡丹圆裂亚种的总黄烷醇含量在所有样品中最高。

表7-2 9种野生牡丹种子提取物总酚、总黄酮及总黄烷醇含量

居群	总酚(mg GAE/100 g dw)	总黄酮(mg RE/100 g dw)	总黄烷醇(mg CE/100 g dw)
P1	1614.60 ± 34.03b	1371.98 ± 47.11c	926.63 ± 25.48d
P2	1416.42 ± 54.21cd	1879.10 ± 91.79a	1300.33 ± 30.93b
P3	1194.00 ± 45.26e	1429.56 ± 14.66bc	776.41 ± 21.83ef
P4	1501.91 ± 12.33c	1374.42 ± 57.73c	668.63 ± 3.42f
P5	1464.66 ± 20.72c	1207.81 ± 18.02d	1332.11 ± 32.26b
P6	1550.96 ± 18.82c	1229.58 ± 22.61d	1054.70 ± 10.18cd
P7	1754.14 ± 8.91a	1521.69 ± 48.59b	1736.27 ± 79.05a
P8	1225.06 ± 27.59e	794.02 ± 18.05f	878.20 ± 9.23de
P9	717.64 ± 14.92f	945.81 ± 18.79e	518.81 ± 5.63g
P10	1216.44 ± 59.70e	1043.79 ± 22.58e	956.60 ± 18.44d
P11	1351.84 ± 26.10d	1178.42 ± 15.92d	1151.07 ± 9.30c
P12	750.78 ± 28.20f	799.89 ± 28.77f	1255.69 ± 41.82bc

注:同列不同字母(a~f)表示在$P<0.05$水平上呈显著性差异。

在紫斑牡丹模式亚种、太白山紫斑牡丹、杨山牡丹、卵叶牡丹、矮牡丹、四川牡丹模式亚种、四川牡丹圆裂亚种、黄牡丹(云南省澄江县)、黄牡丹(西藏自治区察隅县)、紫牡丹、狭叶牡丹、大花黄牡丹12种野生牡丹中2种羟基苯甲酸类物质(没食子酸和苯甲酸)、3种羟基肉桂酸类物质(对香豆酸、咖啡酸及绿原酸)、4种黄酮醇类物质(芸香糖苷、芦丁、槲皮素及山柰酚)、2种黄烷-3-醇类物质(儿茶素和表儿茶素)、2种黄酮类物质(木犀草素和芹菜素)、1种芪类物质(反式白藜芦醇)、1种二氢黄酮醇类物质(二氢槲皮素)和1种酚酮类物质(丹皮酚)被定性和定量测定。这些物质是重要的次生代谢物,有些已经被报道大量存在于牡丹种子中,但仍有9个酚类物质是首次被报道存在于牡丹种子中,包括没食子酸、芸香糖苷、槲皮素、儿茶素、表儿茶素、绿原酸、对香豆酸、二氢槲皮素和丹皮酚。野生种12个居群样品中16个单体酚含量见表7-3,各单体酚含量在12个样品间具有显著($P<0.05$)的差异。

野生种12个居群样品中含量最多的单体酚物质是一个黄烷-3-醇类物质儿茶素,其含量范围为29.75~141.56mg/100g dw,另一个黄烷-3-醇类物质表儿茶素,其含量范围为

2.12~28.48mg/100g dw。四川牡丹模式亚种样品中的儿茶素含量最高，狭叶牡丹样品中的表儿茶素含量最高。12个居群样品中儿茶素和表儿茶素含量之和占到所有单体酚含量的21.70%~58.87%（平均38.90%），这说明黄烷-3-醇是野生牡丹种子中主要的单体酚物质。

芦丁和山柰酚是12个居群样品中最主要的黄酮醇类物质，其含量分别为3.86~64.21mg/100g dw和10.97~36.34mg/100g dw。所有样品中芸香糖苷含量较低，仅为2.15~4.78mg/100g dw。12个居群样品中仅有7个样品中检测到较少的槲皮素，其含量为0.74~3.02mg/100g dw，其中含量最高的样品是黄牡丹（察隅县）。12个居群样品中黄酮醇类物质平均占到所有单体酚含量的比例为25.77%（9.78%~41.19%），与黄烷-3-醇相比，此类物质是野生牡丹种子中第二多的单体酚物质。

在这里值得一提的是，提取时所用到的不同的有机溶剂会导致所得的产物的差别，以上的数据都是牡丹种子中使用甲醇提取得到的结果。

此外，杨山牡丹、紫斑牡丹、卵叶牡丹、紫牡丹及大花黄牡丹种子中含有1种酚苷类物质对羟基苯甲酰葡萄糖（1-O-β-D-（4-hydroxybenzoyl）glucose）和7种单萜苷类物质（pyridylpaeoniflorin、（8R）-piperitone-4-en-9-O-β-D-glucopyranoside、oxypaeoniflorin、6'-O-β-glucopyranosylbiflorin、β-gentiobiosylpaeoniflorin、albiflorin、和paeoniflorin）。

表7-3　9种野生牡丹种子提取物中单体酚成分（mg/100g dw）

单体酚	P1	P2	P3	P4	P5	P6	P7	P8	P9	P10	P11	P12
没食子酸	0.99 ± 0.03de	1.63 ± 0.03c	1.04 ± 0.04de	1.05 ± 0.05de	0.99 ± 0.05de	0.38 ± 0.07f	0.21 ± 0.01f	1.4 ± 0.06cd	1.29 ± 0.02cd	2.32 ± 0.09b	5.12 ± 0.10a	0.77 ± 0.01e
苯甲酸	15.31 ± 0.73d	9.44 ± 0.17e	15.98 ± 0.33d	15.43 ± 0.15d	7.99 ± 0.09e	51.89 ± 0.21b	22.08 ± 0.95c	24.33 ± 0.35c	9.15 ± 0.10e	50.18 ± 0.98b	64.58 ± 3.00a	52.23 ± 2.31b
羟基苯甲酸总量	6.91	5.60	13.11	7.89	5.62	20.68	8.23	15.19	7.83	19.67	26.03	27.87
芸香糖苷	3.29 ± 0.05b	4.78 ± 0.10a	3.46 ± 0.12b	3.12 ± 0.05b	3.23 ± 0.13b	2.35 ± 0.09c	3.72 ± 0.03b	3.42 ± 0.03b	3.02 ± 0.08b	3.77 ± 0.05b	3.52 ± 0.06b	2.15 ± 0.08c
芦丁	33.65 ± 0.49c	26.20 ± 0.70cd	3.86 ± 0.15f	24.75 ± 0.42cd	28.93 ± 0.17ef	9.59 ± 0.14ef	31.02 ± 0.76c	44.81 ± 0.88b	14.12 ± 0.40e	64.21 ± 0.85a	57.51 ± 0.54a	21.48 ± 0.96de
槲皮素	1.27 ± 0.02b	ND	0.74 ± 0.01c	1.02 ± 0.04bc	ND	1.07 ± 0.02bc	ND	1.01 ± 0.01bc	3.02 ± 0.07a	ND	ND	0.76 ± 0.02c
山柰酚	15.44 ± 0.45cd	15.36 ± 0.41cd	18.27 ± 0.29bc	20.08 ± 0.80b	10.97 ± 0.09e	11.72 ± 0.34e	20.12 ± 1.00b	20.54 ± 0.51b	15.13 ± 0.51cd	33.88 ± 0.95cd	36.34 ± 1.61a	13.84 ± 0.59de
黄酮醇总量	22.76	23.43	20.28	23.46	27.00	9.78	20.27	41.19	26.48	38.15	36.36	20.10
儿茶素	102.53 ± 2.37b	94.62 ± 4.15bc	42.78 ± 1.83ef	85.04 ± 0.49c	66.57 ± 2.39d	141.56 ± 2.31a	116.68 ± 1.32a	47.53 ± 0.56e	33.73 ± 0.87fg	61.56 ± 0.33d	37.88 ± 0.57efg	29.75 ± 0.51g

（续）

单体酚	P1	P2	P3	P4	P5	P6	P7	P8	P9	P10	P11	P12
表儿茶素	8.18±0.05e	5.73±0.13f	2.12±0.01g	5.53±0.24f	2.23±0.05g	7.21±0.09f	13.39±0.32b	6.56±0.29f	14.22±0.53b	9.76±0.46d	28.48±0.71a	11.52±0.48c
黄烷-3-醇总量	46.96	50.75	34.59	43.38	43.08	58.87	48.05	31.93	35.98	26.71	24.78	21.70
绿原酸	32.91±0.58b	11.47±0.47e	18.66±0.24d	33.47±1.21b	21.51±0.86cd	10.44±0.24e	37.6±1.78ab	8.58±0.34ef	25.24±0.95c	13.17±0.66e	5.88±0.18f	38.70±0.34a
咖啡酸	7.09±0.33e	9.58±0.28c	5.44±0.22f	5.72±0.26f	5.36±0.14f	3.29±0.11g	8.08±0.24d	7.74±0.19de	9.04±0.21c	13.95±0.64b	0.38±0.02g	15.35±0.54a
对香豆酸	0.45±0.02d	0.11±0.00e	0.11±0.00e	0.18±0.01e	0.17±0.01e	ND	ND	ND	2.32±0.08b	0.34±0.01d	6.24±0.30a	0.66±0.02c
羟基肉桂酸总量	17.16	10.70	18.65	18.86	16.93	5.43	16.87	9.63	27.46	10.29	4.67	28.77
二氢槲皮素	0.33±0.00a	ND	0.16±0.01c	ND	0.12±0.01d	ND	ND	0.26±0.01b	0.04±0.00e	0.33±0.01a	0.18±0.01c	0.10±0.00d
二氢黄酮醇总量	0.14	0.00	0.12	0.00	0.08	0.00	0.00	0.15	0.03	0.12	0.07	0.05
反式白藜芦醇	0.22±0.01de	ND	4.33±0.05a	0.22±0.01de	0.14±0.00de	0.21±0.01de	0.32±0.00d	0.18±0.00de	ND	0.64±0.01c	3.63±0.03b	0.03±0.00e
芪类总量	0.09	0.00	3.34	0.11	0.09	0.08	0.12	0.11	0.00	0.24	1.36	0.02
木犀草素	9.76±0.39c	14.14±0.57a	8.86±0.22d	9.18±0.13cd	8.74±0.27d	9.69±0.15cd	12.91±0.63b	ND	ND	9.12±0.27cd	14.33±0.25a	ND
芹菜素	2.11±0.11ab	2.10±0.09ab	2.42±0.02a	2.19±0.07ab	1.15±0.02c	1.47±0.04c	2.30±0.10a	1.35±0.06c	1.47±0.03c	1.88±0.02b	1.85±0.01b	1.23±0.01c
黄酮类总量	5.04	8.21	8.69	5.45	6.19	4.42	5.62	0.80	1.10	4.12	6.04	0.65
丹皮酚	2.21±0.03b	2.58±0.11a	1.59±0.01cd	1.79±0.07cd	1.62±0.03cd	1.85±0.02c	2.28±0.11ab	1.70±0.05cd	1.49±0.07d	1.86±0.09c	1.84±0.02c	1.61±0.04cd
酚酮总量	0.94	1.30	1.22	0.86	1.01	0.73	0.84	1.00	1.12	0.70	0.69	0.85
单体酚总量	235.74	197.74	129.82	208.77	159.72	252.71	270.71	169.41	133.28	266.97	267.76	190.18

注：同列不同字母（a~g）表示在$P<0.05$水平上呈显著性差异。ND：未检测到。RT：保留时间。*首次报道存在于牡丹种子中。

2. 籽饼粕

除了牡丹种籽，牡丹种籽提油之后的得到的副产品——籽饼粕中的酚类化合物也被广泛地研究了，其中研究材料较多是油用牡丹。从经济效益以及实用性角度来讲，油用牡丹的籽饼的研究价值也更大一些，所以籽饼粕的研究主要集中在紫斑牡丹和'凤丹'牡丹中。值得一提的是，使用不同的溶剂提取次生代谢化合物时，溶剂的影响是比较大的，由于相似相溶原理，不同的溶剂只对与其极性相同的一类化合物的提取效果好，因此，不同的溶剂提取得到的结果也是不相同的。本文中把不同溶剂所得的结果分别进行了介绍。

紫斑牡丹籽饼粕丙酮提取物中含有10个低聚芪类化合物：gnetin H、cis-ε-viniferin、suffruticosol A、suffruticosol B、suffruticosol C、hopeafuran、trans-ε-viniferin、vitisinol C、（+）-ampelopsin B和pauciflorol E，这10个化合物均为首次从油用紫斑牡丹籽饼粕中分离得到，化合物7~10为首次从芍药科中分离得到。紫斑牡丹籽饼粕的乙醇提取物中分离得到羟基苯甲醛、齐墩果酸、白桦脂酸、长春藤皂苷元、β-胡萝卜苷、rockiol A、rockiol B、rockiol C、4-O-methylpaeoniflorin、paeonidanin和4, 9-二羟基-8-10-去氢百里香酚-1-O-β-D-葡萄糖苷。其中化合物rockiol A、rockiol B、rockiol C，4, 9-二羟基-8-10-去氢百里香酚-1-O-β-D-葡萄糖苷为新化合物。其他 17 种化合物均为从该植物中首次分里得到。紫斑牡丹籽饼粕的乙醇提取物进行分离，共得到8个单萜苷类化学物：白芍苷、白芍苷R1、牡丹酮-1-O-β-D-吡喃葡萄糖苷、氧化白芍苷、8-O-去苯甲酰白芍苷、β-gentiobiosyl-paeoniflorin、paeonifanin和牡丹皮苷F，上述8个化合物均为首次从紫斑牡丹榨油后的牡丹籽饼粕中分离得到。

3. 花

牡丹花瓣中含有6种花色苷，矢车菊素双葡萄糖苷、芍药素双葡萄糖苷、矢车菊素单葡萄糖苷和芍药素单葡萄糖苷、天竺葵素双葡萄糖苷、天竺葵素单葡萄糖苷；黄酮苷类主要以金圣草黄素单糖苷、金圣草黄素二糖苷、木犀草素单糖苷、木犀草素二糖苷、芹黄素单糖苷和芹黄素二糖苷的形式存在。

滇牡丹是牡丹野生种之一，具有非常丰富的颜色，有白色、黄色、黄绿色、橙色、红色（深红色、紫红色）、紫色和紫黑色等颜色。在用1∶10（m∶v）70%甲醇溶液提取的滇牡丹花瓣中鉴定出11种化合物，包括4种花青素和7种黄酮。从滇牡丹粉色系花瓣中分析鉴定出4种花青素，分别为矢车菊素双葡萄糖苷、芍药素双葡萄糖苷、矢车菊素单葡萄糖苷和芍药素单葡萄糖苷。与文献报道的其他品种牡丹中的花青素相比，滇牡丹的花青素中没有天竺葵色素。

滇牡丹中鉴定出的7种黄酮，分别是异鼠李素二糖苷、杞柳苷、槲皮素、木犀草素单葡萄糖苷、芹菜素葡萄糖苷、异杞柳苷、芹菜素。

滇牡丹6种不同花色花瓣中黄酮的组成基本相同，仅含量各不相同。除了黄色花花瓣外，其余5种花色的花瓣中所含的花青素种类相同，相对百分含量差异明显。

云南野生黄牡丹花色素的组成包括叶绿素和类黄酮两大类，黄色花瓣部分不含花青苷，叶绿素的存在表明该居群黄牡丹花瓣中黄绿色的来源，类黄酮类色素主要为2′,4′,6′,4-四羟基查耳酮（2′,4′,6′,4-tetrapydroxychalcone，THC）的2′-葡萄糖苷即异杞柳苷（isosalipurp08ide，IsP）及山柰酚、槲皮素、异鼠李素、金圣草黄素、芹菜素葡糖苷等查耳酮和黄酮、黄酮醇的混合物，包括新发现的查耳酮2′-葡糖苷IsP，以及在其他野生种如紫牡丹中检测到的3种黄酮醇和3种黄酮中的2种。黄牡丹花瓣总黄酮含量为5600～12260mgRE/100g dw。

大花黄牡丹花瓣总黄酮含量也被检测过，含量极低，仅为0.01mgRE/100g dw。

卢宗元对紫斑牡丹通过溶剂提取、两相溶剂萃取、薄层硅胶色谱、硅胶柱色谱、凝胶色谱等多种分离手段，从牡丹花中分离得到6个化合物，通过波谱分析手段，这6个化合物分别为：5-羟基异香草酸、二氢山柰酚、芹菜素7-O-β-D-葡萄糖苷、芹菜素-7-O-新橙皮糖苷、山柰酚-3-O-β-D-葡萄吡喃糖、山柰酚-7-O-β-D-葡萄糖苷。这6种化合物均为首次从该植物中分离得到。

紫斑牡丹花粉中总黄酮含量为9.44～15.96mg/g，紫斑牡丹花粉中异鼠李素含量为3.21～8.91mg/g，紫斑牡丹花粉的样品不同，其总黄酮及异鼠李素含量存在较大差异。

二、中国栽培牡丹资源酚类物质的评价

1. 种子

Kim et al.（1998）从牡丹种子的甲醇提取物中分离鉴定4种酚类物质，其中luteolin和5,6,4′-trihydroxy-7,3′-dimethoxyflavone具有较强的抗氧化和抗炎效果。

Sarker et al.（1999）首次从牡丹（P. suffruticosa）种子的甲醇提取物中分离鉴定出suffruticosol A、suffruticosol B、suffruticosol C、cis-resveratrol和paeoniflorin，活性实验表明前四个物质对黑腹果蝇蜕皮激素的产生起到显著抑制作用。

易军鹏等（2009d）从采自河南洛阳的牡丹（P. suffruticosa）种子的甲醇提取物中分离得到13个化合物，分别为豆甾醇、齐墩果酸、山柰酚、12,13-dehydromicromeric acid、常春藤皂贰元、trans-ε-viniferin、木犀草素、apigenin、cis-ε-viniferin、柯伊利素、trans-resveratrol、β-谷甾醇和β-胡萝卜苷。

何春年等（2010a；2010b；He et al., 2010a；2012）从采自安徽铜陵的牡丹（P. suffruticosa）种子的乙醇提取物中分离得到12种芪类物质（resveratrol（E）-form、resveratrol（Z）-form、trans-ε-viniferin、cis-ε-viniferin、suffruticosol A、suffruticosol B、suffruticosol C、gnetin H、cis-gnetin H、cis-ampelopsin E、trans-suffruticosol D及cis-suffruticosol

D）；11个单萜苷类物质（6′-O-β-D-葡萄糖芍药内酯苷、8-debenzoylpaeonidanin、（8R）-piperitone-4-en-9-O-β-D-glucopyranoside、氧化芍药苷、β-gentiobiosylpaeoniflorin、芍药苷、8-debenzoylpaeoniflorin、debenzoyl albiflorin、pyridylpaeoniflorin、芍药内酯苷及1-O-β-D-glucopyranosylpaeonisuffrone）；4个黄酮类物质（芹菜素、木犀草素、山柰酚及槲皮素）和5个其他类物质（1-O-β-D-对羟基苯甲酰葡萄糖苷、对羟基苯甲醛、1-O-β-D-乙基甘露糖苷、苯甲酸及蔗糖）。体外细胞活性实验表明单萜苷类化合物，特别是pyridylpaeoniflorin和albiflorin，对60Co-γ射线照射引起的细胞损伤和细胞凋亡具有显著的抑制作用，而10种芪类物质在对DPPH自由基清除及诱导Keap1-Nrf2-ARE信号通路上具有一定的活性。

祖元刚等（2012）、李育材等（2013）、张文娟和赵孝庆（2013）均报道牡丹种子中含有大量的多糖，有较高的抗氧化、抑菌和保湿等功效。何春年等（2016）报道牡丹中的低聚芪类物质主要分布于种皮部位，种仁中含量很少。活性实验表明suffruticosol B和trans-resveratrol具有较强的DPPH自由基清除能力。

孟庆焕（2013）研究表明凤丹牡丹种皮中总黄酮具有较好的体内和体外抗氧化能力，并且体外抗氧化能力与木犀草素含量显著相关，同时种皮中的总黄酮还具有良好的抗疲劳作用。

吴静义（2014）从采自山东菏泽的凤丹种子中分离鉴定出14个化合物：6′-O-β-D-葡萄糖芍药内酯苷、芍药苷、芍药内酯苷、氧化芍药苷、白芍苷R1、对羟基苯甲酸、齐墩果酸、咖啡酸、反式白藜芦醇、苯甲酸、β-谷甾醇、β-胡萝卜苷、反式葡根素和蔗糖。

张红玉等人报道安徽铜陵的凤丹籽壳中含有芦丁、丹皮酚、白藜芦醇、儿茶素、肉桂酸、槲皮素等多酚类物质，这些多酚类物质具有较强Fe^{3+}还原能力和DPPH自由基清除能力，同时对肺炎克雷伯氏球菌、产气肠杆菌、表皮葡萄球菌、金黄色葡萄球菌及大肠杆菌均具有一定抑制作用。

2. 籽饼粕

李亮（2013）和刘普等（2013；2014a）从凤丹牡丹籽饼粕的正丁醇提取物中分离出10个单萜类化学物：白芍苷、白芍苷R1、氧化芍药苷、芍药苷、4′-羟基白芍苷、6′-O-β-D-葡萄糖白芍苷、β-gentiobiosyl-paeoniflorin、4,9-二羟基-8-10-去氢百里香酚-1-O-β-D-葡萄糖苷、牡丹酮-1-O-β-D-吡喃葡萄糖苷和paeonidanin；4个芪类化合物：suffruticosol A、suffruticosol B、suffruticosol C和虎杖苷；3个其他类化学物：蔗糖和对羟基苯甲酸-β-D-葡萄糖-(1-6)-β-D-葡萄糖酯、木犀草-7-O-β-D-葡萄糖苷和蔗糖。抑菌实验表明suffruticosol A、suffruticosol B、suffruticosol C对耐甲氧西林金黄色葡萄球菌和枯草芽孢杆菌具有明显的抑制作用。

秦爱霞等人从采自山东菏泽的牡丹籽粕的乙醇提取物中分离得到了4种单萜苷类物质：

6′-O-β-D-葡萄糖芍药内酯苷、β-gentiobiosylpaeoniflorin、芍药苷及芍药内酯苷。

3. 花

Hosoki等（1991）和Sakata等（1998）调查日本品种群芍药的花青苷组成，发现粉色或白色品种含有微量花青苷或者不含有花青苷

Wangiao等人首次从中原牡丹中使用高效逆流色谱技术分离出四种黄酮：芹菜素-7-O-新橙皮糖甙，木犀草素-7-O-葡萄糖苷，芹菜素-7-O-葡萄糖苷和山柰酚-7-O-葡萄糖苷。

张晶晶（2007）使用高效液相比较了35个西北牡丹栽培品种中花青素的含量，一共检测到了6种花青素，他们分别是矢车菊素双葡萄糖苷、芍药素双葡萄糖苷、矢车菊素单葡萄糖苷和芍药素单葡萄糖苷、天竺葵素双葡萄糖苷、天竺葵素单葡萄糖苷。其中，不含斑点的牡丹花瓣中不含或者仅含有一种花青素，这些品种包括'Feng Zi Xiu Se''Ou Duan Si Lian'和'XiWang'，它们的花瓣中只含有芍药素双葡萄糖苷；'Bing Shan Cang Yu'和'Jin BoDang Yang'他们的花瓣中只有矢车菊素单葡萄糖苷；在'Bing Shan Xue Lian'中没有检测到花青素的存在。而有斑点的牡丹花瓣中在花瓣基部斑点处富集了大量基于矢车菊素的糖苷。除此之外还有许多栽培品种像'Ni Hong Huan Cai'和'Ju Yuan Shao Nv'中含有大量的基于天竺葵素的糖苷，这些栽培品种可以作为优良的新花色的育种材料。

付磊（2015）不同生长期'凤丹'牡丹花瓣总多酚含量差异，露色期、初绽期、半开期、盛开期、始衰期五个生长时期的'凤丹'花瓣类黄酮提取液中总酚含量的质量分数分别为339.46mg/g、231.55mg/g、220.76mg/g、197.63mg/g、169.88mg/g，表现为露色期'凤丹'花瓣中总酚含量最高达到339.46mg/g，之后依次递减，始衰期'凤丹'花瓣中总酚含量达到最低169.88mg/g。

不同生长期'凤丹'花瓣总黄酮含量差异：露色期、初绽期、半开期、盛开期、始衰期五个生长时期的'凤丹'花瓣甲醇萃取液中总黄酮的质量分数分别为75.84mg/g、32.18mg/g、18.46mg/g、19.71mg/g、23.45mg/g，表现为露色期'凤丹'花瓣中总黄酮含量最高达到75.84mg/g，之后降低，半开期'凤丹'花瓣中总黄酮含量达到最低为18.46mg/g，盛开期、始衰期又开始升高。

'凤丹'花瓣中芦丁、槲皮素、芹菜素的含量较高，在所以测得的单体酚中芦丁的含量最高，同时，表儿茶素、根皮苷、木犀草素、山柰酚的含量较低。随着生长的进行，各单体酚含量发生不同的变化。表儿茶素在露色期含量最高498.2mg/kg，初绽期含量急剧下降。芦丁、槲皮素、根皮苷、芹菜素的含量从露色期到始衰期呈下降的趋势，根皮苷的含量的下降变化幅度较小。杨梅素含量从露色期到盛开期呈下降趋势，到始衰期含量又有所上升。木犀草素、山柰酚的含量变化不明显，基本没有大的变化。

表7-4 '凤丹'牡丹花瓣中单体酚含量

编号	单体酚	质量分数（mg/kg）				
		露色期	初绽期	半开期	盛开期	始衰期
1	表儿茶素	498.20 ± 1.48	5.64 ± 0.06	21.95 ± 0.42		40.86 ± 0.78
2	芦丁	9230.30 ± 20.64	7673.90 ± 17.27	7251.50 ± 16.89	4166.22 ± 13.1	2515.40 ± 5.65
3	对香豆酸	1752.11 ± 3.66	1036.59 ± 2.71	457.25 ± 1.01	480.90 ± 1.32	433.39 ± 0.97
4	根皮苷	228.68 ± 0.77	183.15 ± 0.64	174.88 ± 0.59	157.36 ± 0.42	150.38 ± 0.39
5	杨梅素	2888.76 ± 6.90	1956.94 ± 4.40	1435.39 ± 3.78	1196.36 ± 3.02	1477.60 ± 3.81
6	木犀草素	472.335 ± 0.57	402.57 ± 0.49	415.38 ± 0.51	435.68 ± 0.53	455.76 ± 0.56
7	槲皮素	4914.52 ± 11.50	4653.40 ± 10.56	4432.18 ± 9.90	3910.64 ± 7.81	3614.51 ± 6.63
8	芹菜素	2368.291 ± 5.43	2638.37 ± 7.11	2447.82 ± 6.02	1986.64 ± 3.56	1441.75 ± 2.48
9	山奈酚	230.52 ± 0.81	195.88 ± 0.67	157.64 ± 0.43	160.27 ± 0.48	188.72 ± 0.61

张宝智以对江南牡丹品种群"凤尾""凤丹白""西施""粉莲""昌红""呼红"和"云芳"7个江南牡丹品种的花瓣检测到15种类黄酮组分，其中花色苷4种：矢车菊素-3,5-二葡萄糖苷、矢车菊素-3-葡萄糖苷、芍药花素-3,5-二葡萄糖苷、芍药花素-3-葡萄糖苷；黄酮7种：木犀草素单糖苷（六碳糖）、木犀草素二糖苷（甲基五碳糖＋六碳糖）、芹黄素单糖苷（六碳糖）、芹黄素二糖苷（五碳糖＋六碳糖）、芹黄素二糖苷（甲基五碳糖＋六碳糖）、金圣草黄素单糖苷（六碳糖）、金圣草黄素二糖苷（六碳糖＋甲基五碳糖）；黄酮醇4种：槲皮素单糖苷（六碳糖）、槲皮素二糖苷（六碳糖＋六碳糖）、山奈酚二糖苷（六碳糖＋六碳糖）、异鼠李素二糖苷（六碳糖＋六碳糖）；江南牡丹花瓣中主要的花色苷为芍药花素-3,5-二葡萄糖苷和矢车菊素-3,5-二葡萄糖苷，主要的黄酮为芹黄素糖苷，即芹黄素单糖苷（六碳糖）、芹黄素二糖苷（五碳糖＋六碳糖）、芹黄素二糖苷（甲基五碳糖＋六碳糖），黄酮醇为山奈酚糖苷，即山奈酚二糖苷（六碳糖＋六碳糖）。

袁亚光等人从牡丹中分离出7个黄酮类化合物：山奈酚二糖苷（六碳糖+六碳糖）、木犀草素二糖苷（六碳糖+五碳糖）、木犀草素苹果酰葡萄糖苷、芹黄素二糖苷（六碳糖+五碳糖）、木犀草素单糖苷（六碳糖）、山奈酚单糖苷（六碳糖）、芹黄素单糖苷（六碳糖）。

程源兵等人对中原牡丹花"大棕紫"花色素粗提物和经大孔吸附树脂纯化的牡丹花黄酮在不同试验体系中的抗氧化活性。试验结果表明，相同浓度条件下，牡丹花黄酮的还原力略低于抗坏血酸而显著高于芦丁，但粗提物的还原力比抗坏血酸和芦丁都要低；牡丹花黄酮对DPPH·和HO·具有较强的清除能力，且在一定浓度范围内呈良好的量效关系，牡丹花黄酮、粗提物、Vc和芦丁对DPPH·的半清除浓度（EC50）分别为80.72μg/mL、287.74μg/mL、81.52μg/mL和141.45μg/mL，其中牡丹花黄酮与HO·反应的速率常数为$8.521×10^7$L/g/s。在脂质体氧化体系中，牡丹花黄酮可通过清除水溶性过氧自由基及脂过氧化自由基作用抑制小鼠肝匀浆和AAPH诱导的卵磷脂脂质体氧化。

采用高效液相色谱与二极管阵列检测器和电喷雾电离质谱联用技术（HPLC-DAD-ESI-MS）分析了"洛阳红"花瓣中黄酮化合物，初步确定了中原牡丹花中8个黄酮化合物的基本结构，分别为：槲皮素-二糖苷（六碳糖+六碳糖）、山奈酚二糖苷（六碳糖+六碳糖）、异鼠李素二糖苷（六碳糖+六碳糖）、木犀草素二糖苷（甲基五碳糖+六碳糖）、木犀草素单糖苷（六碳糖）、芹黄素二糖苷（甲基五碳糖+六碳糖）、芹黄素二糖苷（六碳糖醛酸+六碳糖）和金圣草素单糖苷（六碳糖）。其中槲皮素-二糖苷（六碳糖+六碳糖）、异鼠李素二糖苷（六碳糖+六碳糖）、木犀草素二糖苷（甲基五碳糖+六碳糖）、芹黄素二糖苷（六碳糖醛酸+六碳糖）和金圣草素单糖苷（六碳糖）。

4. 叶

单方方等人对牡丹叶中的总酸、总酚、总糖、蛋白质进行了含量测定，得出它们它们在牡丹叶中的比重分别为1.623%、3.653%、24.569%和16%，最后利用微波提取在牡丹叶中提取到的牡丹叶总黄酮含量为1.97%。

第二节　中国牡丹资源芳香物质的评价

植物次生代谢的第二大类物质为萜类化合物，萜类化合物是概括所有异戊二烯的聚合物以及它们衍生物的总称，通式（C5H8）n。它们除以萜烃的形式存在外，还以各种含氧衍生物的形式存在，包括醇、醛、酮、羧酸、酯类以及甙等形式。其次还以含氮的衍生物、少数含硫的衍生物的形式存在。萜类化合物种类丰富，具多样结构与功能，在植物的逆境胁迫、病虫害、信号传递等方面发挥着重要作用。

许多萜类化合物是植物香味的重要成分，如单萜成分芳樟醇等与果实的香味密切相关，对于吸引昆虫传粉具有重要意义，或参与植物的间接防御反应，当植物受到侵害时吸引害虫的天敌前来捕食，它是构成某些植物的香精、树脂等重要组成成分，香料成分广藿香醇和香紫苏醇等均为萜类化合物。萜类化合物在药物、食品、化妆品以及生物能源等领域均具有重要的价值。

萜类化合物的分类方式有很多，常见的以异戊二烯分子数目将萜类物质划分为单萜类、倍半萜类、二萜类、三萜类、四萜类及多萜类。其中单萜和倍半萜是植物产生的挥发性物质的重要成分，单萜类化合物指含有C=10个碳原子，由两个异戊二烯基本单元聚合而成，分为链状单萜和环状单萜类化合物，属于低萜类化合物，存在于菊科、松科、杉科、樟科、木兰科等，主要呈现14种香气：薄荷香气、玫瑰香、樟脑香、花香、柠檬香、木香、果香、芳香、甜香、印度墨水臭、胡椒香、清香、留兰香、青草香。

萜类化合物可从植物的花、果、叶、茎、根中提取得之，具有一定的生理活性，具有祛痰止咳、祛风镇痛等功效。天然精油原料中的萜类化合物，可用精馏法、直接蒸汽蒸馏法、冻结法、萃取法分离法、微波萃取法、超声提取法等得之。研究结果表明：超声提取、回流提取、微波提取的效率较高，主要表现在操作简单、不需要高温条件、能耗低，提取率高。提取溶剂主要有甲醇、乙醇、乙酸乙酯等，其中以甲醇做溶剂提取的效率高。

植物的芳香成分除了萜类化合物外，还有苯丙烷、苯环类化合物以及挥发性脂肪酸，这三者以不同的配比共同发挥作用，使得植物呈现出特有的气味。有人说是香气是植物的灵魂，有人称之为植物的荷尔蒙。不管说法如何，都是强调植物香气的重要，表明它在人们生活中已占有了一席之地，植物芳香成分是从具有香气成分的植物中提取的精华部分，不同植物香精来自植物的不同部位，如花、叶、茎、籽、皮和果等部分。而各种植物所能提取出的芳香成分的含量也不相同。大约是0.01%~10%不等。再加上提取方式的难易程度不同，价格也会有所不同。植物芳香成分在市场上出售通常满足人们三个方面的需求：心理方面、身体保健和美容保养。从心理方面看，最常见的例如薄荷精油有助于清醒头脑、振奋精神，檀香木有助于放松、平静心情，伊兰香气成分有助于抗沮丧、重振信。在身体保健方面，如桉树香气成分可防蚊虫叮咬，佛手柑香气成分可去腥除臭，薰衣草香气成分有益于睡眠等等。

牡丹除了具有丰富多彩的颜色，也具有华贵典雅的香气，古人有诗赞美牡丹花香时写道"闺中莫妒新妆妇，陌上须惭傅粉郎。昨夜月明浑似水，入门唯觉一庭香。""落尽残红始吐芳，佳名唤作百花王。竟夸天下无双艳，独占人间第一香"。都是说明了人们早就发现了牡丹花香馥郁。其实，牡丹的花香或浓烈，或淡雅，或似药草，或香甜，花香丰富，丰富的牡丹资源给牡丹花香带来了多样性与可能性。与牡丹花香直接相关联的主要物质即为萜类化合物和苯丙烷类化合物，这些物质使得牡丹可以呈现出香味，吸引昆虫吸食花蜜的同时也帮助其传粉，也使得牡丹可以抵御其他物种的伤害。牡丹丰富的花香也使牡丹作为香料植物生产香精成为可能，已经有一部分科研工作者对牡丹中的香精物质进行了分析测定。

一、牡丹花中芳香物质的评价

课题组选取了3个野生种牡丹和包括欧美牡丹品种，江南牡丹品种群，中原牡丹品种群，西北牡丹品种群，西南牡丹品种群，传统名贵牡丹品种共14种材料，使用超临界CO_2萃取技术对其花瓣中的精油进行了提取，并且详细分析了这14种材料中精油总的含量以及每一种材料中精油的成分（表7-5）。

表7-5 14个牡丹花瓣样本

	欧美品种	'海黄'（1）
	江南品种群	'凤丹'（2）
观赏品种	中原品种群	'景玉'（3），'大棕紫'（10）
	西北品种群	'硬把杨妃'（7），'观音面'（11），'粉银辉'（12）
	西南品种群	'银红巧对'（6）
	传统名贵品种	'白雪塔'（4），'二乔'（8），'豆绿'（9）
野生种		紫牡丹（13），黄牡丹（14），紫斑牡丹（5）

结果表明不同牡丹种和品种的精油提取率存在显著差异。平均提取率为0.94%，提取率最高的是紫斑牡丹（1.25%），最低的是紫牡丹（0.63%）。'凤丹'、'白雪塔'、紫斑牡丹、'硬把杨妃'、'二乔'、'观音面'和'粉银辉'提取率均高于均值。

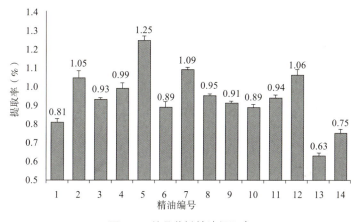

图7-1 牡丹花瓣精油提取率

精油成分进行分析，共鉴定出163种化学成分，总相对含量从96.17%~99.85%（表7-6）。化合物中相对含量超过10%的有：芳樟醇氧化物（0~15.27%）、(Z)-3-十七碳烯（0.60%~11.90%）、Z-5-dodecen-1-yl acetate（0.51%~35.87%）、棕榈酸（0~10.53%）、十九烷（2.13%~21.42%）、Z-5-十九碳烯（0.75%~19.86%）、棕榈酸乙酯（0~10.66%）、二十一烷（0.47%~35.26%）、植醇（0~21.17%）、α-亚麻酸甲酯（0~11.57%）、亚油酸乙酯（0~25.10%）和α-亚麻酸乙酯（0~11.08%）。

将精油组分分类统计得，大多数精油各类化合物含量的高低顺序为：碳氢化合物及其衍生物>高级脂肪酸及其衍生物>单萜类化合物>二萜类化合物>倍半萜类化合物>苯环类化合物>其他。值得一提的是野生种紫牡丹（*P. delavayi*）、黄牡丹（*P. lutea*）和栽培品种'海黄'花瓣精油较其他花瓣精油含有较多的萜类化合物，含有较少的碳氢化合物及其衍生物和高级脂肪酸类化合物。

表7-6　3个野生种和11个观赏品种牡丹花瓣精油成分

编号	化合物	化学式	保留指数	相对含量													
				1	2	3	4	5	6	7	8	9	10	11	12	13	14
1	庚醛	$C_7H_{14}O$	899	—	—	0.05	—	—	—	—	0.03	—	—	—	—	—	—
2	6-甲基-5-庚烯-2-酮	$C_8H_{14}O$	985	—	—	—	—	—	0.09	—	—	—	—	—	—	—	—
3	反式-2,4-庚二烯醛	$C_7H_{10}O$	997	—	0.87	—	—	—	—	—	—	—	—	—	—	—	—
4	辛醛	$C_8H_{16}O$	1002	—	—	—	—	0.01	—	0.04	—	—	—	—	—	—	—
5	E-4-庚醛	$C_7H_{12}O$	1080	—	0.03	—	—	—	—	—	—	—	—	—	—	—	—
6	2-壬酮	$C_9H_{18}O$	1094	—	—	—	—	—	—	0.04	0.04	0.12	—	0.05	0.17	—	—
7	壬醛	$C_9H_{18}O$	1102	0.03	4.77	2.61	0.34	0.20	1.18	0.11	0.61	0.42	0.48	—	—	—	—
8	芳樟醇	$C_{10}H_{18}O$	1103	—	—	—	—	—	—	—	—	—	—	—	—	—	0.20
9	苯乙醇	$C_8H_{10}O$	1117	—	—	—	—	—	—	0.78	—	—	—	0.94	3.46	—	0.08
10	环氧芳樟醇	$C_{10}H_{18}O_2$	1177	—	—	—	—	—	—	—	—	—	—	—	—	—	0.07
11	苯甲酸	$C_7H_6O_2$	1192	0.50	2.44	8.25	4.62	2.32	0.93	0.19	7.17	1.09	2.66	0.08	0.59	7.82	0.77
12	反-4-癸烯醛	$C_{10}H_{18}O$	1194	—	—	—	—	—	—	0.07	—	—	—	—	—	—	—
13	(3E)-2,6-二甲基-3,7-辛二烯-2,6-二醇	$C_{10}H_{18}O_2$	1195	—	—	—	—	—	—	—	—	—	—	—	—	—	0.78
14	十二烷	$C_{12}H_{26}$	1198	0.11	0.15	—	—	—	0.46	—	—	0.24	0.16	0.05	0.14	—	—
15	癸醛	$C_{10}H_{20}O$	1204	—	0.19	—	—	0.07	0.37	0.04	—	0.19	0.15	0.02	0.04	—	—
16	1,7-庚二醇	$C_7H_{16}O_2$	1217	—	—	—	0.16	—	—	—	—	—	—	—	—	—	—
17	橙花醇	$C_{10}H_{18}O$	1228	—	0.07	—	—	—	—	—	—	—	—	0.10	0.06	—	—
18	香茅醇	$C_{10}H_{20}O$	1229	—	—	0.09	0.72	—	0.37	—	0.05	—	0.28	—	—	—	—
19	苯丙醇	$C_9H_{12}O$	1233	—	0.05	0.03	—	—	—	—	—	—	—	—	—	—	—
20	Z-橙花醛（柠檬醛）	$C_{10}H_{16}O$	1242	—	—	—	—	—	—	—	—	—	—	0.01	—	—	—
21	香叶醇（牻牛儿醇）	$C_{10}H_{18}O$	1255	0.25	0.11	—	0.37	0.18	1.36	1.39	0.04	0.02	—	1.26	1.34	0.16	0.16
22	E-橙花醛	$C_{10}H_{16}O$	1271	—	—	—	—	—	—	—	—	—	—	0.02	0.01	—	—
23	十二醛	$C_{12}H_{24}O$	1276	—	—	0.06	—	—	—	—	—	—	—	—	—	—	—

（续）

编号	化合物	化学式	保留指数	相对含量													
				1	2	3	4	5	6	7	8	9	10	11	12	13	14
24	2,6-二甲基-1,7-辛二烯-3,6-二醇	$C_{10}H_{18}O_2$	1279	—	—	—	—	—	—	—	—	—	—	—	—	—	0.42
25	壬酸	$C_9H_{18}O_2$	1282	0.24	0.99	0.26	0.07	0.05	—	—	0.14	—	0.12	0.06	0.14	0.11	0.22
26	反式-2,4-癸二烯醛	$C_{10}H_{16}O$	1292	0.08	0.30	—	—	—	—	—	0.34	—	—	0.23	—	—	0.19
27	2-十一酮	$C_{11}H_{22}O$	1293	—	—	—	—	—	—	—	—	—	0.07	—	—	—	—
28	4-乙基环己醇	$C_8H_{16}O$	1295	—	—	0.09	0.06	0.04	—	0.17	—	0.27	—	—	—	0.04	—
29	十三烷	$C_{13}H_{28}$	1298	—	—	0.08	—	—	—	—	—	—	—	0.12	—	—	—
30	十三醛	$C_{13}H_{26}O$	1305	—	—	0.09	0.02	—	—	—	—	—	—	—	—	—	—
31	肉桂醇	$C_9H_{10}O$	1309	1.18	0.29	0.58	—	—	—	—	—	—	—	—	—	5.48	—
32	4-甲氧基-α-甲基苯甲醇	$C_9H_{12}O_2$	1314	—	—	—	0.06	—	—	—	—	—	—	—	—	—	—
33	(E,E)-2,4-十二碳二烯醛	$C_{12}H_{20}O$	1316	0.34	—	0.19	0.07	0.07	0.28	0.23	0.58	0.33	0.48	0.11	0.15	0.02	—
34	3,5,5-三甲基-1-己醇	$C_9H_{20}O$	1318	—	—	—	0.08	—	—	—	—	—	—	—	—	—	—
35	2,4-二乙基庚烷-1-醇	$C_{11}H_{24}O$	1321	—	—	0.05	—	—	—	—	—	—	—	—	—	—	—
36	4,6-二甲基十二烷	$C_{14}H_{30}$	1324	0.04	0.15	0.07	0.04	0.02	—	0.06	0.10	0.21	—	0.02	0.03	0.02	—
37	5,9-二甲基-1-癸醇	$C_{12}H_{26}O$	1334	—	0.19	0.17	—	—	—	—	—	—	—	—	—	—	—
38	香芹薄荷醇	$C_{10}H_{20}O$	1335	—	—	—	0.12	—	—	—	—	—	—	—	—	—	—
39	4-甲基-6-庚烯-3-醇	$C_8H_{16}O$	1338	—	0.06	2.73	—	—	0.30	—	—	—	0.67	—	—	—	—
40	艾醇	$C_{10}H_{18}$	1338	—	—	—	0.25	—	—	—	—	—	—	—	—	—	—
41	二氢月桂烯醇	$C_{10}H_{20}O$	1340	—	—	—	—	—	—	0.04	—	—	—	—	—	—	—
42	异植物醇	$C_{20}H_{40}O$	1344	0.35	—	—	—	—	—	—	—	—	—	—	—	—	0.14
43	紫丁香醇B	$C_{10}H_{18}O_2$	1345	—	0.29	—	—	—	—	—	—	—	—	—	—	—	—
44	香茅醇乙酸酯	$C_{12}H_{22}O_2$	1352	—	—	0.03	—	—	—	—	—	—	—	—	—	—	—

（续）

编号	化合物	化学式	保留指数	1	2	3	4	5	6	7	8	9	10	11	12	13	14
45	丁香油酚	$C_{10}H_{12}O_2$	1362	—	—	—	—	—	—	—	—	—	—	—	—	0.01	—
46	L-(-)-薄荷醇	$C_{10}H_{20}O$	1364	—	—	0.04	—	—	—	—	—	—	—	—	—	—	—
47	香叶酸	$C_{10}H_{16}O_2$	1365	—	—	—	0.24	—	—	—	—	—	—	—	—	—	—
48	8-羟基芳樟醇	$C_{10}H_{18}O_2$	1367	3.30	—	—	—	—	—	—	—	—	0.11	—	—	—	1.76
49	对甲氧基苯乙醇	$C_9H_{12}O_2$	1369	—	—	—	—	0.11	—	0.19	—	—	—	1.88	1.97	—	—
50	香叶酸	$C_{12}H_{20}O_2$	1383	—	—	—	—	—	—	0.03	—	—	—	0.02	0.02	—	—
51	癸酸	$C_{10}H_{20}O_2$	1385	0.03	—	—	—	—	—	—	—	—	—	—	—	0.03	0.05
52	蒿醇	$C_{10}H_{18}O$	1392	—	—	—	0.14	—	—	—	—	—	—	—	—	—	—
53	氧化芳樟醇	$C_{10}H_{18}O_2$	1396	8.41	3.93	—	—	—	—	—	—	—	—	—	—	6.28	15.2
54	十四烷	$C_{14}H_{30}$	1398	—	0.07	0.08	—	0.09	0.24	0.19	0.09	0.13	0.10	0.04	0.15	0.02	—
55	喇叭茶醇	$C_{15}H_{26}O$	1404	—	—	—	—	0.01	—	—	—	—	—	—	—	—	—
56	丁香酚甲醚	$C_{11}H_{14}O_2$	1405	—	—	0.03	—	—	—	—	—	—	—	—	—	—	—
57	1,3,5-三甲氧基苯	$C_9H_{12}O_3$	1408	—	0.29	0.79	0.08	—	—	—	—	—	—	—	—	—	—
58	橙花醚	$C_{10}H_{16}O$	1417	—	0.03	—	—	—	—	—	—	—	—	—	—	—	—
59	石竹烯（丁香烯）	$C_{15}H_{24}$	1418	—	—	—	—	—	0.91	—	0.06	0.02	—	—	—	—	0.45
60	齿小蘖二烯醇	$C_{10}H_{16}O$	1424	0.13	0.09	—	—	0.02	0.02	0.34	0.16	—	—	—	—	—	—
61	杜松烯	$C_{15}H_{24}$	1432	—	—	—	—	—	—	—	—	—	—	—	—	—	0.04
62	(2Z,6Z)-2,6-二甲基-2,6-辛二烯-1,8-醇	$C_{10}H_{18}O_2$	1440	0.05	—	—	—	—	—	0.07	—	—	—	0.04	0.04	—	—
63	四氢月桂烯醇	$C_{10}H_{22}O$	1447	—	—	—	0.20	—	0.64	—	—	—	—	—	—	—	—
64	1,5-十二碳烯	$C_{12}H_{22}$	1452	—	—	—	—	1.29	1.58	2.50	—	—	—	—	—	—	—
65	香叶基丙酮	$C_{13}H_{22}O$	1453	0.07	—	—	—	—	—	—	—	—	—	—	—	—	—
66	异胡薄荷醇乙酸酯	$C_{12}H_{20}O_2$	1456	—	—	—	—	—	—	—	—	—	—	—	—	—	1.27
67	姥鲛烷	$C_{19}H_{40}$	1460	—	0.71	0.78	0.76	0.34	2.43	0.35	3.09	1.80	1.00	—	—	0.58	—
68	异胡薄荷醇	$C_{10}H_{18}O$	1476	0.01	—	1.49	—	—	—	—	—	2.45	—	—	—	—	—

（续）

编号	化合物	化学式	保留指数	相对含量													
				1	2	3	4	5	6	7	8	9	10	11	12	13	14
69	大牛儿烯D	$C_{15}H_{24}$	1479	—	0.13	—	0.09	0.46	0.86	—	—	—	—	—	—	0.17	0.75
70	α-荜澄茄油萜	$C_{15}H_{24}$	1482	—	—	—	—	—	—	—	0.28	—	—	—	—	—	—
71	3,5-二甲氧基苯酚	$C_8H_{10}O_3$	1483	—	0.76	—	0.19	—	—	—	—	—	—	—	—	—	—
72	β-紫罗兰酮	$C_{13}H_{20}O$	1489	—	—	—	—	—	—	—	—	—	—	—	—	0.10	—
73	1-十三碳烯	$C_{13}H_{26}$	1490	—	0.10	0.09	—	—	—	—	—	—	—	0.02	—	—	—
74	十五烷	$C_{15}H_{32}$	1498	0.31	0.67	0.87	1.11	8.42	1.14	5.93	0.31	0.27	3.03	0.02	2.81	0.74	0.23
75	α-法尼烯	$C_{15}H_{24}$	1506	—	0.07	0.14	0.10	—	0.31	—	0.17	—	—	—	—	—	—
76	(-)-兰桉醇	$C_{15}H_{26}O$	1513	—	—	—	—	—	—	—	—	—	—	—	—	—	1.36
77	3,5-二叔丁基苯酚	$C_{14}H_{22}O$	1515	0.11	0.29	0.35	0.12	0.04	0.39	0.06	0.29	0.19	0.17	0.01	0.03	—	—
78	（2E,6E）-2,6-二甲基-2,6-辛二烯-1,8-二醇	$C_{10}H_{18}O_2$	1520	0.84	—	—	—	—	—	—	—	—	—	0.51	1.83	—	—
79	雪松醇	$C_{15}H_{26}O$	1527	—	—	—	—	—	—	—	—	—	—	—	—	—	2.06
80	羟基香茅醛	$C_{10}H_{20}O_2$	1529	—	—	1.02	2.96	—	—	—	—	—	3.53	—	—	—	—
81	8-甲基十七烷	$C_{18}H_{38}$	1550	—	—	0.05	—	—	—	0.06	—	—	0.33	—	—	—	—
82	新异薄荷醇	$C_{10}H_{20}O$	1551	—	—	0.07	—	—	—	—	—	—	0.31	—	—	—	—
83	α-榄香醇	$C_{15}H_{26}O$	1554	—	—	—	—	—	—	—	—	—	—	—	—	—	3.85
84	橙花叔醇	$C_{15}H_{26}O$	1564	0.84	—	—	—	—	—	—	—	—	—	—	—	—	0.41
85	月桂酸	$C_{12}H_{24}O_2$	1570	1.10	0.28	—	0.21	—	0.45	—	0.13	0.15	—	—	—	0.77	0.59
86	7-十四炔	$C_{14}H_{26}$	1574	—	—	—	—	0.09	—	—	—	—	—	—	—	—	—
87	匙叶桉油烯醇	$C_{15}H_{24}O$	1578	—	—	0.08	—	—	—	—	—	—	—	—	—	—	—
88	石竹烯氧化物	$C_{15}H_{24}O$	1582	—	—	—	—	—	0.04	—	—	—	—	—	—	—	—
89	异松蒎醇	$C_{10}H_{18}O$	1589	—	—	—	—	—	—	—	—	—	—	—	—	0.19	—
90	月桂酸乙酯	$C_{14}H_{28}O_2$	1594	—	—	—	—	0.17	—	—	—	0.24	—	—	—	—	—
91	十六烷	$C_{16}H_{34}$	1597	0.20	0.30	0.34	0.27	0.58	0.41	0.60	0.35	0.27	—	0.28	0.46	0.38	0.11
92	丙酸橙花酯	$C_{13}H_{22}O_2$	1604	—	—	—	—	—	—	—	—	—	0.12	—	—	—	—
93	芳樟异戊酸	$C_{15}H_{26}O_2$	1609	—	—	—	—	—	—	—	—	—	0.10	0.03	—	—	—

（续）

编号	化合物	化学式	保留指数	相对含量													
				1	2	3	4	5	6	7	8	9	10	11	12	13	14
94	十四醛	$C_{14}H_{28}O$	1610	0.31	0.10	0.21	0.06	0.02	0.34	0.08	0.20	1.72	0.09	0.11	0.21	0.60	0.32
95	愈创醇	$C_{15}H_{26}O$	1635	—	—	—	—	—	—	—	—	—	—	—	—	0.04	0.04
96	7E-2-二甲基-十六烯	$C_{17}H_{34}$	1639	—	—	—	—	0.13	—	—	—	—	—	0.19	0.07	—	—
97	α-杜松醇	$C_{15}H_{26}O$	1641	0.10	—	—	—	—	—	—	—	—	—	—	—	0.60	0.13
98	亚麻酸	$C_{18}H_{30}O_2$	1673	—	—	—	0.04	3.64	—	1.39	0.12	—	0.41	—	—	—	—
99	3-十七烯	$C_{17}H_{34}$	1675	0.52	1.50	2.09	1.00	11.9	1.08	11.4	1.07	0.74	5.42	8.37	7.26	1.39	0.60
100	乙酸(Z)-5-十二烯醇酯	$C_{14}H_{26}O_2$	1676	0.51	0.53	0.78	0.92	34.1	0.97	23.5	1.80	1.20	7.21	35.8	26.4	4.29	1.67
101	2,4-二羟基-3,5,6-三甲基-苯甲酸甲酯	$C_{11}H_{14}O_4$	1687	—	—	0.27	—	—	—	—	1.29	—	—	—	—	—	—
102	8-十七烷烯	$C_{17}H_{34}$	1688	—	—	—	—	—	—	—	—	—	—	0.03	0.07	—	—
103	十七烷	$C_{17}H_{36}$	1698	3.84	7.41	9.09	6.62	6.99	2.69	7.62	5.97	2.96	9.10	4.16	7.62	1.53	2.44
104	植烷	$C_{20}H_{42}$	1704	—	0.15	0.12	—	—	0.35	—	—	0.21	0.21	—	—	—	—
105	布卢门醇C	$C_{13}H_{22}O_2$	1705	—	—	—	—	0.16	—	—	—	—	—	—	—	—	—
106	十五醛	$C_{15}H_{30}O$	1712	0.11	0.04	0.10	0.02	0.03	0.13	0.04	0.12	0.41	0.07	0.05	0.10	0.43	0.22
107	乙二醇十二烷基醚	$C_{14}H_{30}O_2$	1715	—	—	0.07	—	—	—	—	—	—	—	—	—	—	—
108	金合欢醇（法尼醇）	$C_{15}H_{26}O$	1721	9.41	0.10	0.06	—	—	0.84	0.06	0.07	0.05	—	0.11	0.08	0.28	2.42
109	3,7,11-三甲基-1-十二醇	$C_{15}H_{32}O$	1728	—	0.18	0.06	—	—	—	—	—	—	—	—	—	—	—
110	六氢法尼醇	$C_{15}H_{32}O$	1731	—	—	—	—	—	0.08	0.45	0.12	—	0.11	—	—	1.31	0.41
111	油醇	$C_{18}H_{36}O$	1734	—	0.03	—	0.19	—	0.19	—	—	—	0.46	—	—	—	—
112	法尼醛	$C_{15}H_{24}O$	1740	0.82	—	—	—	—	—	—	—	—	—	—	—	—	—
113	(2E)-3,7,11,15-四甲基-2-十六烯	$C_{20}H_{40}$	1744	—	0.08	0.13	0.03	0.22	—	—	—	—	0.15	0.46	0.30	—	—
114	桃金娘醇	$C_{10}H_{18}O$	1745	—	—	—	—	—	—	0.12	—	—	—	—	—	—	—
115	十五醇	$C_{15}H_{32}O$	1774	—	—	—	—	0.09	—	0.26	—	—	—	—	—	—	—

（续）

编号	化合物	化学式	保留指数	相对含量													
				1	2	3	4	5	6	7	8	9	10	11	12	13	14
116	肉豆蔻酸	$C_{14}H_{28}O_2$	1775	—	—	—	—	—	—	—	—	—	—	—	—	1.90	2.92
117	鲸蜡醇（十六醇）	$C_{16}H_{34}O$	1790	—	0.02	—	—	—	—	—	—	—	—	—	—	—	—
118	肉豆蔻酸乙酯	$C_{16}H_{32}O_2$	1793	—	—	—	0.69	—	—	0.13	0.46	0.67	—	—	0.24	—	—
119	十八烷	$C_{18}H_{38}$	1797	—	—	0.66	0.65	0.34	0.98	0.97	0.66	—	1.23	0.80	0.75	—	0.32
120	2-十六酮	$C_{16}H_{32}O$	1804	—	—	—	—	—	—	—	—	—	—	0.40	—	—	—
121	十六醛（棕榈醛）	$C_{16}H_{32}O$	1813	2.41	0.34	0.75	0.07	0.07	1.01	0.08	0.13	0.19	0.12	0.06	—	—	—
122	β-桉叶醇	$C_{15}H_{26}O$	1822	—	—	—	—	—	—	—	—	—	—	—	—	0.33	3.69
123	肉豆蔻酸异丙酯	$C_{17}H_{34}O_2$	1826	—	—	—	—	—	—	—	—	0.04	—	—	—	—	—
124	9-二十烷炔	$C_{20}H_{38}$	1837	5.86	1.23	1.09	0.56	0.43	3.51	1.81	1.65	2.95	1.86	—	—	1.48	1.91
125	六氢法呢基丙酮	$C_{18}H_{36}O$	1845	4.50	1.35	1.02	0.90	0.46	3.58	0.90	2.67	2.88	1.35	0.84	—	6.04	2.70
126	二氢植醇	$C_{20}H_{42}O$	1848	1.74	0.07	0.11	0.10	—	1.55	—	—	—	—	1.66	—	—	—
127	Z-5-十九碳烯	$C_{19}H_{38}$	1873	4.40	19.8	14.5	2.16	1.31	2.07	3.40	1.48	0.75	3.94	2.84	3.24	1.98	4.10
128	1-十九碳烯	$C_{19}H_{38}$	1876	—	0.04	—	0.11	0.24	—	0.42	0.16	—	0.24	0.28	—	—	—
129	(Z)-9-二十三碳烯	$C_{23}H_{46}$	1890	—	0.72	—	—	—	—	—	—	—	—	—	—	—	1.46
130	十五烷酸乙酯	$C_{17}H_{34}O_2$	1894	—	—	—	0.23	—	—	0.39	0.44	1.04	—	—	—	—	—
131	DL-α-生育酚	$C_{29}H_{50}O_2$	1898	1.86	—	—	—	—	—	—	—	—	—	—	—	2.90	2.86
132	十九烷	$C_{19}H_{40}$	1899	12.9	16.5	14.3	15.0	4.89	13.4	16.5	13.1	9.78	21.4	13.1	13.0	2.13	5.27
133	乙基芳樟醇	$C_{12}H_{22}O$	1904	—	0.57	0.76	—	0.56	—	—	—	0.41	—	—	—	—	—
134	(E,E)-7,11,15-三甲基-3-亚甲基-十六烷-1,6,10,14-四烯	$C_{17}H_{28}O_2$	1916	—	0.68	—	0.14	0.15	1.05	0.22	0.35	0.35	0.51	0.15	0.23	0.81	0.83
135	棕榈酸甲酯	$C_{17}H_{34}O_2$	1924	—	0.09	0.30	0.14	0.04	0.42	0.17	0.16	0.12	0.17	—	—	—	0.19
136	辛酸乙烯酯	$C_{10}H_{18}O_2$	1932	—	—	—	—	—	—	—	—	—	0.04	0.10	—	—	—
137	反式-2-蒎烷醇	$C_{10}H_{18}O$	1946	—	0.10	0.09	—	0.14	—	0.66	—	—	0.31	0.19	—	—	—
138	α-姜黄烯	$C_{15}H_{22}$	1953	—	0.13	—	—	—	—	—	—	—	—	—	—	—	—

（续）

编号	化合物	化学式	保留指数	相对含量													
				1	2	3	4	5	6	7	8	9	10	11	12	13	14
139	亚油酸	$C_{18}H_{32}O_2$	1972	—	0.74	—	—	—	—	—	—	—	—	—	—	—	—
140	棕榈酸	$C_{16}H_{32}O_2$	1977	3.83	—	0.59	—	0.06	—	—	—	—	—	—	3.85	8.42	10.5
141	9,17-十八二烯醛	$C_{18}H_{32}O$	1987	—	—	—	0.05	—	—	—	—	—	0.11	—	—	—	—
142	棕榈酸乙酯	$C_{18}H_{36}O_2$	1992	—	0.55	0.19	—	0.64	0.80	3.08	10.6	10.3	0.40	0.17	—	—	—
143	角鲨烷	$C_{30}H_{62}$	2004	0.32	—	—	—	—	—	0.17	—	—	—	—	—	—	—
144	油酸	$C_{18}H_{34}O_2$	2009	—	—	—	0.62	—	—	—	—	—	—	—	—	—	—
145	硬脂醛（十八醛）	$C_{18}H_{36}O$	2018	6.25	6.44	5.42	2.92	0.19	0.92	0.08	0.32	0.78	0.79	0.04	0.15	0.52	0.76
146	棕榈酸异丙酯	$C_{19}H_{38}O_2$	2022	—	0.13	0.23	0.85	—	—	—	0.09	0.31	0.29	—	—	—	—
147	亚麻醇	$C_{18}H_{34}O$	2052	—	—	—	—	0.53	—	—	—	—	—	—	—	—	—
148	二十烷	$C_{20}H_{42}$	2060	—	0.99	0.31	—	—	—	—	—	—	—	2.10	2.78	—	3.17
149	13,16-顺-二十二碳二烯酸	$C_{22}H_{40}O_2$	2064	—	0.70	0.30	—	0.26	0.15	—	—	—	0.70	5.93	0.00	—	—
150	山嵛醇（二十二烷醇）	$C_{22}H_{46}O$	2070	0.07	5.62	—	—	0.28	—	—	—	—	—	0.07	—	—	0.22
151	二十四烷醇	$C_{24}H_{50}O$	2082	—	0.75	0.37	2.32	0.40	0.58	0.13	0.29	0.14	0.51	—	—	—	0.14
152	二十七烷醇	$C_{27}H_{56}O$	2091	—	0.93	—	—	—	—	—	—	—	—	—	—	—	—
153	亚油酸甲酯	$C_{19}H_{34}O_2$	2092	—	—	0.36	2.12	0.80	0.54	0.15	—	—	0.70	—	—	—	—
154	2-十九烷酮	$C_{19}H_{38}O$	2104	—	—	—	0.41	0.58	—	0.27	—	—	—	—	—	—	—
155	二十一烷	$C_{21}H_{44}$	2106	7.18	8.69	17.0	5.77	3.16	35.2	10.2	11.4	13.6	10.3	8.01	6.27	0.47	2.52
156	植醇(叶绿醇)	$C_{20}H_{40}O$	2111	4.12	1.34	2.76	3.77	1.30	3.44	0.97	2.33	2.94	2.28	0.90	—	21.1	15.9
157	硬脂酸甲酯	$C_{19}H_{38}O_2$	2123	—	0.08	0.39	—	—	—	0.08	—	—	—	—	—	—	—
158	丁酸香叶酯	$C_{14}H_{24}O_2$	2129	—	—	0.90	—	—	—	—	—	—	—	—	—	—	—
159	油酸乙酯	$C_{20}H_{38}O_2$	2130	—	—	—	1.67	—	—	—	0.28	0.26	—	—	—	—	—
160	α-亚麻酸甲酯	$C_{19}H_{32}O_2$	2147	8.41	—	—	—	—	—	—	—	—	—	7.52	11.5	9.95	—
161	反式芥子酸	$C_{22}H_{42}O_2$	2151	—	0.51	—	—	—	—	—	—	—	—	—	—	—	—
162	亚油酸乙酯	$C_{20}H_{36}O_2$	2165	—	1.72	1.18	24.2	6.72	2.80	—	20.5	25.1	9.67	—	0.30	1.40	—
163	α-亚麻酸乙酯	$C_{20}H_{34}O_2$	2170	—	—	10.8	2.13	3.20	3.07	6.96	11.0	3.78	—	—	0.98	—	—
	单萜类化合物			11.9	4.68	4.37	4.78	0.74	2.37	1.50	0.09	0.43	6.68	1.41	1.44	6.54	18.7

(续)

编号	化合物	化学式	保留指数	相对含量													
				1	2	3	4	5	6	7	8	9	10	11	12	13	14
	倍半萜类化合物			11.1	0.30	0.20	0.10	0.92	1.15	0.11	0.54	0.05	0.00	0.11	0.08	1.25	14.4
	二萜类化合物			4.47	1.34	2.76	3.77	1.30	3.44	0.97	2.33	2.94	2.28	0.90	0.00	21.1	16.1
	碳氢化合物及其衍生物			54.5	85.3	77.2	45.0	78.4	80.4	86.5	48.8	44.0	72.0	85.6	74.7	27.7	31.6
	高级脂肪酸及其衍生物			12.2	3.31	3.24	40.6	4.07	7.76	8.09	39.2	47.8	15.4	7.69	15.7	22.8	13.6
	苯环类化合物			1.80	4.44	10.3	5.01	2.52	1.32	1.22	8.75	1.28	2.83	2.91	6.04	13.3	0.85
	其他			1.86	0.23	0.26	0.15	0.80	0.86	0.95	0.00	0.27	0.31	0.19	0.00	3.30	3.61
	总和			98.1	99.6	98.3	99.5	98.7	97.3	99.2	99.6	96.8	99.5	98.8	98.0	96.1	99.0

为了揭示不同牡丹花瓣精油之间的联系与关系，HCA、PCA和CA的综合分析经常被用于精油成分的研究，结合三种分析方法能更加准确的锁定不同牡丹花瓣精油的关键成分，将牡丹花瓣精油合理分类，为日后产业化发展提供理论基础。通过SPSS19.0对3个野生种和11个观赏品种牡丹花瓣精油成分做聚类分析、主成分分析和对应分析（图7-2），进一步综合比对分析结果，将供试牡丹精油分类，相同类别内精油成分相对稳定。

如图7-2A所示，对3个野生种和11个观赏品种牡丹花瓣精油的163种化学成分进行聚类分析（HCA），聚类分析树状图在20单元的距离时，将14种牡丹花瓣精油分成3组，在15单元的距离时，分成4组，组一：'白雪塔'（4）、紫斑牡丹P. rockii（5）、'银红巧对'（6）、'二乔'（8）、'豆绿'（9）、'大棕紫'（10）；组二：'硬把杨妃'（7）、'观音面'（11）、'粉银辉'（12）；组三：'凤丹'（2）、'景玉'（3）；组四：'海黄'（1）、紫牡丹P. delavayi（13）、黄牡丹P. lutea（14）。

由图7-2C可以明显看出，根据不同精油在图中的位置远近，将3个野生种和11个观赏品种牡丹精油分为四组，分别是组一：'白雪塔'（4）、'银红巧对'（6）、'二乔'（8）、'豆绿'（9）、'大棕紫'（10）；组二：紫斑牡丹P. rockii（5）、'硬把杨妃'（7）、'观音面'（11）、'粉银辉'（12）；组三：'凤丹' P. ostii（2）、'景玉'（3）；组四：'海黄'（1）、紫牡丹P. delavayi（13）、黄牡丹P. lutea（14）。

综合主成分分析，对应分析，聚类分析结果将牡丹花瓣精油分成4组，分别是组一：'白雪塔'（4）、'银红巧对'（6）、'二乔'（8）、'豆绿'（9）、'大棕紫'（10）；组二：紫斑牡丹P. rockii（5）、'硬把杨妃'（7）、'观音面'（11）、'粉银辉'（12）；组三：'凤丹'（2）、'景玉'（3）；组四：'海黄'（1）、紫牡丹P. delavayi（13）、黄牡丹P. lutea（14）。组一普遍含有较多的肉豆蔻酸乙酯、亚油酸乙酯和α-亚麻酸乙酯，有研究表明茉莉油中的含量较多的高级

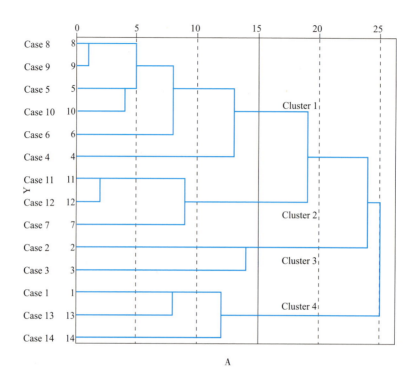

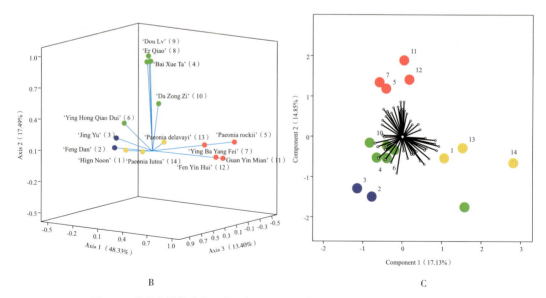

图7-2 牡丹花瓣精油的聚类分析（A）、主成分分析（B）和对应分析（C）

脂肪酸及其衍生物具有定香的作用，可以将香味维持更久；组二主要含有较多的壬醛、硬脂醛、7E-2-二甲基-十六烯，这些大多是没有香味的成分，因组二还含有少量具有玫瑰香味的香叶醇，所以将其划分为玫瑰淡香一组；组三含有较多浓度的硬脂醛和壬醛，因为壬醛散发柑橘香气，所以将组三归为具有香甜香气类；组四对应了第一主成分（PC1）和第八主成分（PC8），含有较多氧化芳樟醇、异植醇、法尼醇、DL-α-生育酚、棕榈酸和植醇，因为植醇和氧化芳樟醇释放药草清香，所以将这组命名为具有清新药草香的精油。其中组三具有香甜香气，组四具有清新药草香，该两组牡丹花瓣精油有作为香精香料的潜力。

对牡丹花瓣精油组分中功能成分进行分析，发现牡丹花瓣精油含有较丰富的营养成分，主要包括：植醇、氧化芳樟醇、法尼醇、β-桉叶醇和DL-α-生育酚等，这些成分具有抗癌、抗炎、抗氧化等药用价值。

不同种和品种的牡丹花瓣精油都具有一定的抗氧化活性。抗氧化能力相对较强的是：黄牡丹、紫牡丹和'大棕紫'，具有成为天然抗氧化物质的潜力，其中黄牡丹对DPPH和ABTS清除能力均为最强，约为所有检测牡丹花瓣精油自由基清除能力平均值的2倍，尤其具有开发价值。

牡丹花瓣精油含有丰富的营养成分和芳香成分，具有较强的抗氧化性，并且在功能成分的含量方面，种和品种间存在显著差异性。牡丹花瓣精油有作为天然抗氧化剂和香精香料应用于制药和日化产品的潜力。

二、牡丹根中芳香物质的评价

目前关于牡丹根中精油的研究相对较为缺少，仅有为数不多的几人对牡丹根皮中的精油的提取工艺进行了探索，提取并测定了根中总的精油含量和精油的成分。

陈悦娇采用水蒸气蒸馏法提取丹皮中的挥发油，并用GC-MS方法对挥发油化学成分进行分析，用归一化法测定其相对含量。共分离出19种化学组分，经计算机检索和人工推测识谱结合的方法鉴定出6种化合物，占挥发油总量的83.55%。

武子敬等人采用同时蒸馏萃取法提取牡丹皮中的挥发油，通过GC-MS对其化学成分进行分析。结果显示挥发油中含有20个化合物，挥发油中芍药醇含量最多，其次是油酸和棕榈酸。结果显示挥发油中含有20个化合物，鉴定出20个。挥发油中芍药醇含量最多，其次是油酸和棕榈酸。

蒋丽丽等人分析了西藏大花黄牡丹根皮部挥发油成分。通过回流法对其挥发油组分进行提取，进行单因素影响实验摸索最适的提取条件，通过GC-MS对其化学成分进行分析，采取面积归一法对成分相对含量进行分析。结果表明，大花黄牡丹根皮部挥发油最适提取为4倍水量，浸泡4h，提取4h，提取率为1.36%。通过GC-MS共检测出来22个化合物，其中最主要成分为丹皮酚。

作为牡丹的主产国，中国拥有丰富的牡丹资源，为研究牡丹的次生代谢产物提供了天然有利的条件。牡丹的花香丰富，素有国色天香之称，除了可以提供观赏外，也为日化行业提供了很好的原料，很值得投入更多的科研力量。就目前研究来看，牡丹精油研究在生产方面需要解决的问题就是提升精油的产量，无论是从种植条件还是从提取加工的工艺方面都需要提升。而在牡丹花香的研究中，需要值得注意的是，花香与植物的传粉和生物防御是密切相关的，牡丹作为花香丰富的香花植物，在这方面的研究会有更多的探索发现。

课题组选取'凤丹'牡丹，使用水蒸馏技术对其根部的纯露及精油进行了提取，并且详细分析了牡丹根部纯露的挥发性成分。

通过对'丹凤'牡丹根部纯露的挥发性成分进行分析，共鉴定出119种化学成分，总相对含量为98.57%（表7-7）。化合物中相对含量超过5%的有：丹皮酚（32.09%）、正壬醛（13.28%）、桃金娘烯醛（7.99%）、水杨酸甲酯（6.99%）、香叶醇（5.60%）、甲羟丙二酸（5.94%）。

将纯露组分分类统计得，各类化合物含量的高低顺序为：碳氢化合物及其衍生物＞单萜类化合物＞苯环类化合物＞倍半萜类化合物＞其他＞半萜类化合物＞二萜类化合物。

表7-7 '凤丹'牡丹根部纯露成分

编号	保留指数	化合物	化学式	相对含量（%）
1	781	4-戊烯-2-醇	$C_5H_{10}O$	0.06
2	922	桉叶油醇	$C_{10}H_{18}O$	0.13
3	836	á-罗勒烯	$C_{10}H_{16}$	0.25
4	857	2-呋喃甲醇,5-乙烯基四氢-à,à,5-三甲基-,顺式	$C_{10}H_{18}O_2$	0.71
5	822	反式芳樟醇氧化物	$C_{10}H_{18}O_2$	0.14
6	927	（2S，4R）-4-甲基-2-（1-甲基丙-1-烯-1-基）四氢-2H-吡喃	$C_{10}H_{18}O$	0.35
7	818	顺式-对-薄荷-1（7），8-二烯-2-醇	$C_{10}H_{16}O$	0.42
8	804	2H-吡喃,3,6-二氢-4-甲基-2-（2-甲基-1-丙烯基）-	$C_{10}H_{16}O$	0.81
9	689	4-（1-甲基乙基）-1-环己烯-1-甲醛	$C_{10}H_{16}O$	0.16
10	879	2,6,6-三甲基-2-环己烯-1-甲醇	$C_{10}H_{18}O$	0.86
11	939	桃金娘烯醛	$C_{10}H_{16}O$	7.99
12	908	正葵醛	$C_{10}H_{20}O$	0.50
13	946	香叶醇	$C_{10}H_{18}O$	5.60
14	607	顺式-3,7-二甲基-3,6-辛二烯-1-醇	$C_{10}H_{18}O$	0.07
15	880	顺式-柠檬醛	$C_{10}H_{16}O$	0.51
16	839	对-薄荷-1（7），8（10）-二烯-9-醇	$C_{10}H_{16}O$	0.55
17	894	左旋-顺式肉豆蔻醇	$C_{10}H_{18}O$	0.48
18	786	柠檬醛	$C_{10}H_{16}O$	0.78
19	665	α-甲基-肉桂醛	$C_{10}H_{10}O$	0.02

（续）

编号	保留指数	化合物	化学式	相对含量（%）
20	823	对-薄荷-1,8-二烯-7-醇	$C_{10}H_{16}O$	0.34
21	829	反式-2,4-癸二烯醛	$C_{10}H_{16}O$	0.05
22	894	丁香酚	$C_{10}H_{12}O_2$	0.10
23	690	反式-7-表-水合倍半香桧烯	$C_{15}H_{26}O$	0.01
24	437	顺式-2,5-戊二醛-1-醇	$C_{15}H_{28}O$	0.02
25	768	顺式-7-表-水合倍半香桧烯	$C_{15}H_{26}O$	0.03
26	760	á-菖蒲烯醇	$C_{15}H_{26}O$	0.03
27	833	橙花叔醇	$C_{15}H_{26}O$	1.16
28	749	左旋-芦丁烯醇	$C_{15}H_{24}O$	0.07
29	807	石竹烯-4（12）,8（13）-二-5 à-醇	$C_{15}H_{24}O$	0.02
30	791	反式-2-[（8R,8aS）-8,8a-二甲基-3,4,6,7,8,8a-六氢萘-2（1H）-亚烷基]丙醛	$C_{15}H_{22}O$	0.02
31	757	反式-金合欢醇	$C_{15}H_{26}O$	0.01
32	730	顺式5,8,11,14,17-二十碳五烯酸	$C_{20}H_{30}O_2$	0.01
33	513	反式-8-醋酸十八烷-1-醇乙酸酯	$C_{20}H_{38}O_2$	0.01
34	945	2-丁醇	$C_4H_{10}O$	4.45
35	924	甲羟丙二酸	$C_4H_6O_5$	5.94
36	490	2,2,4,4-四甲基-1,3-环丁二醇	$C_8H_{16}O_2$	0.24
37	649	[1,1'-双环丙基]-2-辛酸，2'-己基-甲酯	$C_{21}H_{38}O_2$	0.03
38	785	2,3-二甲基-5-己烯-3-醇	$C_8H_{16}O$	0.69
39	726	3,4-二甲基-4-庚醇	$C_9H_{20}O$	0.36
40	722	2,3-二甲基-3-庚醇	$C_9H_{20}O$	0.31
41	732	顺式-3-癸烯,2-甲基-	$C_{11}H_{22}$	0.08
42	936	庚醛	$C_7H_{14}O$	0.32
43	697	2-辛基甲酯-环丙烷十二烷酸	$C_{24}H_{46}O_2$	0.01
44	877	6-甲基-5-庚-2-酮	$C_8H_{14}O$	0.87
45	828	2-甲基-3-亚甲基-环戊烷甲醛	$C_8H_{12}O$	0.04
46	779	2,4,4-三甲基-2-环己烯-1-醇	$C_9H_{16}O$	0.25
47	526	2-壬酮	$C_9H_{18}O$	0.03
48	844	吡嗪2-甲氧基-3-（1-甲基乙基）-	$C_8H_{12}N_2O$	0.15
49	899	正壬醛	$C_9H_{18}O$	13.28
50	741	（1,3-二甲基-2-亚甲基-环戊基）-甲醇	$C_9H_{16}O$	0.07
51	953	双环[3.1.1]庚-2-2-，(1R)-6,6-二甲基-	$C_9H_{14}O$	0.72

（续）

编号	保留指数	化合物	化学式	相对含量（%）
52	912	水杨酸甲酯	$C_8H_8O_3$	6.99
53	713	十二烷	$C_{12}H_{26}$	0.12
54	768	顺式-4-6-十三碳烯	$C_{13}H_{22}$	0.51
55	743	顺式9,10-环氧十八烷-1-醇	$C_{18}H_{36}O_2$	0.07
56	566	5,8-二乙基-十二烷	$C_{16}H_{34}$	0.03
57	657	9-十六碳二烯酸	$C_{16}H_{30}O_2$	0.02
58	936	十一醛	$C_{11}H_{22}O$	0.21
59	862	反式-草酸甲酯	$C_{11}H_{18}O_2$	0.01
60	804	十六烷	$C_{16}H_{34}$	0.01
61	738	6-甲基-5-(1-甲基乙基)-5-庚-3-炔-2-醇	$C_{11}H_{18}O$	0.03
62	498	Z,Z,顺式-1,4,6,9-十八烷基	$C_{19}H_{32}$	0.03
63	833	异喇叭烯	$C_{15}H_{24}$	0.03
64	753	雪松烯	$C_{15}H_{24}$	0.33
65	623	甲酸香叶酯	$C_{11}H_{18}O_2$	0.04
66	677	顺式-7-十四烯	$C_{14}H_{28}$	0.02
67	905	2-丁酮,4-(2,2-二甲基-6-亚甲基环己基)-	$C_{13}H_{22}O$	0.04
68	909	十四烷	$C_{14}H_{30}$	0.08
69	527	10,12-二十二碳三烯酸甲酯	$C_{24}H_{40}O_2$	0.10
70	777	左旋-1,7-二甲基-7-(4-甲基-3-戊烯基)-三环[2.2.1.0(2,6)]庚烷	$C_{15}H_{24}$	0.04
71	765	1-(2-羟基-4-甲氧基苯基)-乙酮	$C_{15}H_{24}$	0.02
72	944	丹皮酚	$C_9H_{10}O_3$	32.09
73	858	2,6,10-三甲基十三烷	$C_{16}H_{34}$	0.22
74	675	2H-吡喃,四氢-2-(7-十七炔氧基)	$C_{22}H_{40}O_2$	0.01
75	752	α-蒎烯	$C_{15}H_{24}$	0.01
76	698	10,13-十八碳二烯酸甲酯	$C_{19}H_{30}O_2$	0.01
77	496	α-异丁烯二烯	$C_{15}H_{24}$	0.01
78	784	榄香烯异构体	$C_{15}H_{24}$	0.80
79	763	2-(1-环戊-1-烯基-1-甲基乙基)环戊酮	$C_{13}H_{20}O$	0.03
80	563	1-庚醇	$C_{37}H_{76}O$	0.01
81	563	1-庚醛	$C_{37}H_{76}O$	0.01
82	805	十六烷	$C_{16}H_{34}$	0.02
83	554	17-十八烯	$C_{18}H_{34}O$	0.01

（续）

编号	保留指数	化合物	化学式	相对含量（%）
84	487	4,5-二-非手性-马兜铃烯	$C_{15}H_{24}$	0.01
85	473	9,10-二羟基十八碳烯酸	$C_{18}H_{36}O_4$	0.01
86	533	17-戊三酸	$C_{35}H_{70}$	0.01
87	892	3-甲基-十五烷	$C_{16}H_{34}$	0.02
88	831	9-十八碳烯	$C_{18}H_{34}$	0.12
89	534	5-丁基-十六烷	$C_{20}H_{42}$	0.03
90	911	8-十七碳烯	$C_{17}H_{34}$	0.08
91	905	十七烷	$C_{17}H_{36}$	0.20
92	548	反式-10-甲基-11-十三癸-1-醇丙酸酯	$C_{17}H_{32}O_2$	0.01
93	842	3-甲基-十七烷	$C_{18}H_{38}$	0.01
94	932	肉豆蔻酸异丙酯	$C_{17}H_{34}O_2$	0.14
95	919	2-十五烷酮,6,10,14-三甲基-	$C_{18}H_{36}O$	0.06
96	701	癸二酸2-乙基丁基丙酯	$C_{19}H_{36}O_4$	0.01
97	940	9-十九碳烯	$C_{19}H_{38}$	0.10
98	902	二十烷	$C_{20}H_{42}$	0.08
99	875	反式-6,10,14-三甲基-5,9,13-戊三烯-2-酮	$C_{18}H_{30}O$	0.01
100	713	N-苯基甲氧基-3-羟基丁酰胺	$C_{11}H_{15}NO_3$	0.01
101	896	苯甲醛	C_7H_6O	0.10
102	629	5-氨基-1-苯甲酰基-1H-吡唑-3,4-二碳腈	$C_{12}H_7N_5O$	0.01
103	941	2-羟基苯甲醛	$C_7H_6O_2$	3.19
104	675	4,5-二氢-4,4-十一烯-2-苯基-1,3-恶嗪-6-酮	$C_{21}H_{29}NO_2$	0.04
105	884	4,7-二甲基苯并呋喃	$C_{10}H_{10}O$	1.29
106	497	3,4,-二甲氧基苯基乙胺，二（3-甲基丁基）醚	$C_{20}H_{35}NO_2$	0.07
107	906	1,3,5-三甲氧基苯	$C_9H_{12}O_3$	0.35
108	631	三环[6.3.1.0（1,5）]十二烯-9-醇,2-苯甲酰氧基-4,4,8-三甲基-	$C_{22}H_{30}O_3$	0.02
109	707	1-（3-甲氧基甲基-2,4,6-三甲基苯基）乙酮	$C_{13}H_{18}O_2$	0.09
110	423	2-癸酮2,4-二硝基苯肼	$C_{25}H_{42}N_4O_4$	0.01
111	857	3-己烯-1-醇苯甲酸酯	$C_{13}H_{16}O_2$	0.03
112	815	苯甲酸,十六烷基酯	$C_{23}H_{38}O_2$	0.02
113	468	1,1-二苯基-4-苯基硫代丁-3-烯-1-醇	$C_{22}H_{20}OS$	0.01
114	898	苯甲酸苄酯	$C_{14}H_{12}O_2$	0.03
115	889	2-苯基乙酯苯甲酸	$C_{15}H_{14}O_2$	0.05
116	881	邻苯二甲酸三-3-丁基异丁酯	$C_{18}H_{26}O_4$	0.09

（续）

编号	保留指数	化合物	化学式	相对含量（%）
117	802	肼羧酰胺	CH_5N_3O	0.02
118	740	3-三氟乙酰氧基十五烷	$C_{17}H_{31}F_3O_2$	0.06
119	722	双环[2.2.2]辛-2-烯-1-羧酰胺	$C_9H_{13}NO$	0.02
		半萜类化合物		0.06
		单萜类化合物		20.86
		倍半萜类化合物		1.38
		二萜类化合物		0.02
		碳氢化合物及其衍生物		70.73
		苯环类化合物		5.43
		其他		0.10
		总合		98.57

对牡丹根部纯露组分中功能成分进行分析，发现牡丹根部精油含有较丰富的营养成分，主要包括：丹皮酚、水杨酸甲酯、香叶醇、桃金娘烯醛、2-丁醇和正壬醛等，这些成分具有镇痛、抗炎抑菌、解热和抑制变态反应等药用价值。

牡丹根部纯露中还含有丰富的营养成分和芳香成分，具有较强的抑菌抗炎性，并且纯露中还含有精油滴，复合功效更为明显。牡丹根部纯露具有作为天然抑菌剂和香精香料应用于制药和日化产品的潜力。

第八章
中国牡丹资源育种潜能的评价

　　牡丹原产中国,是我国的传统名花也是世界名花,具有很高的观赏价值,深受国内外人士的喜爱。但是近100年来,中国牡丹在优良新品种的选育和栽培技术上已落后于日本、美国、法国等世界发达国家,与世界花卉园艺事业的发展相比,差距是明显的。由于中国牡丹品种花瓣软、花梗短、花瓣易脱落、保鲜困难、不易贮运及地栽和盆栽、切花用品种不配套等缺陷,使中国牡丹在国际花卉市场上很难有较强的竞争力,致使中国牡丹在国际花卉市场的价格和销售量都很低,在国内花卉市场上销售份额还不到万分之一,严重制约了我国牡丹产业的发展。因此,合理利用我国牡丹的种质资源,采用科学方法,培育出具有较高观赏价值和油用价值的牡丹新品种,对中国牡丹的发展具有极其重要的意义。

第一节　观赏育种价值

　　日本、法国、美国等国家,先后直接或间接利用我国的牡丹品种资源,培育出很多花大色艳的新品种。虽然这些新品种还达不到完美无缺的境界,但其观赏价值和经济价值远远超过我国现有的园艺品种。我国现有的金黄色牡丹园艺品种,全部是高价从日本、美国、法国引进的。因此,要尽快改变中国牡丹的落后状态,利用我国众多的、处于不同生态环境、具有不同性状的野生和栽培牡丹品种资源的优势,采用先进的科学方法,培育具有较高经济价值的中国现代牡丹优良新品种已势在必行。

一、株型育种

　　牡丹素以丛生株型为人们所熟知,然而因种质自身特性和人为栽培技术的差异,不同牡丹植株也出现高矮、丛独、直斜和聚散之分。一般来说，其株型可分为四类：直立型、半开张型、开张型和独干型。

1. 直立型

株丛直立挺拔，枝条展开角度较小，多在30°以内；生长势强，新枝年生长量为10～15cm，5年生株高40～50cm，高者达1m以上。具体品种有：'首案红''姚黄''紫二乔''乌龙鹏盛''银鳞碧珠'和'桃李争艳'等。

2. 半开张型

枝干斜上伸长，形成半开张的株型，枝条展开角度30°～50°；株形圆满端正，高矮适中，新枝生长量6～8cm，5年生株高30～40cm。具体品种有：'状元红''脂红''蓝田玉''珊瑚台''葛巾紫''黑花魁'和'银红巧对'等。

3. 开张型

枝干斜出向四周伸展，冠幅远大于株高，形成低矮开张的株型，枝条展开角度大于50°；年生长量小，长势弱，新枝生长量2～4cm，5年生株高不足20cm。具体品种有：'赵粉''银粉金鳞''一品朱红''青龙卧墨池''守重红'和'冰凌罩红石'等。

4. 独干型

多为人工培植的艺术造型，具有明显的主干，主干高矮不等，一般在20～80cm。主干上部分生数枝，构成树冠（有的无树冠），形态古雅，酷似盆景，生长较慢，一般成型期需8年以上。培育独干牡丹的要求较为严格，要选择嫁接或单枝的小分株苗，于定植后开始培育；品种应选择成花率高，造型容易和生长量适中的品种，如'鲁荷红''朱砂垒'和'霓虹焕彩'等。

二、花型育种

古人将牡丹花型归为三类，即单瓣、重瓣和千瓣，相对较为简单。随着育种技术的不断提升，牡丹品种也日趋增多，花型则更加多样；因此，不同学者和专家又对牡丹花型做了更加细致的划分。本书采用了熟知度更高且容易记忆和区分的传统分类方法，即把牡丹花型分为10型。

1. 单瓣型

花瓣1～3轮，宽大、平展，广卵形或卵形或倒卵形；雌雄蕊发育正常，结实力强。具体品种有：'凤丹白''白玉兰''石榴红''彩蝶'和'鸦片紫'等。

2. 荷花型

花瓣4～5轮，瓣大且整齐一致；雌雄蕊基本发育正常，结实能力较强；花开时，花瓣微向内抱，形似荷花。具体品种有：'红荷''玉板白'和'春莲'等。

3. 菊花型

花瓣大于6轮，由外向内层层排列并逐渐变小；雌雄蕊发育正常，但雄蕊数量会减少或在花心处有少量瓣化现象。具体品种有：'咏春''桃花飞雪'和'丛中笑'等。

4. 蔷薇型

花瓣高度增加，由外向内层层排列并逐渐变小；雄蕊基本消失，有时在花心处会留存少量正常的雄蕊或瓣化成细碎的花瓣；雌蕊正常或退化或少量瓣化。具体品种有：'二乔'和'何园红'等。

5. 托桂型

外瓣2～3轮，宽大平展；雄蕊完全瓣化，瓣化瓣狭长直立；雌蕊正常或退化变小。具体品种有：'粉盘托桂'和'酒醉杨妃'等。

6. 金环型

外瓣2～3轮，宽大；雄蕊基本瓣化，外瓣周围留存一圈正常雄蕊，呈金环状；雌蕊正常或瓣化或变小。具体品种有：'白天鹅'和'俊艳红'等。

7. 皇冠型

外瓣宽大平展，全花高耸，形似皇冠；雄蕊全部瓣化，由外向内愈近花心愈宽大，有时中间还有少量逐渐退化的雄蕊以及完全退化呈丝状的雄蕊；雌蕊瓣化或变小或消失。具体品种有：'姚黄'和'赵粉'等。

8. 绣球型

全花丰满，形如绣球；雄蕊全部高度瓣化，瓣化瓣与外瓣大小、性状近似，难以区分；雌蕊瓣化或变小或消失。具体品种有：'粉绣球'和'绿香球'等。

9. 千层台阁型

由2朵或2朵以上菊花型或蔷薇型单花上下重叠而成，外貌似一朵花。上方花瓣量少，平展或直立，雄蕊量少且变小，雌蕊变小或瓣化；下方花瓣4轮以上，排列整齐，雄蕊正常而量小，偶有瓣化，雌蕊退化或瓣化。具体品种有：'脂红'和'火炼金丹'等。

10. 楼子台阁型

由2朵或2朵以上皇冠型或绣球型单花上下重叠而成。上方花瓣略大，雄蕊瓣化或退化，雌蕊瓣化成正常花瓣或彩瓣；下方花瓣略小，雄蕊瓣化成正常花瓣，雌蕊瓣化成正常花瓣或彩瓣。具体品种有：'紫金楼'和'玉楼点翠'等。

图8-1-1　牡丹十大花型

图8-1-2　牡丹十大花型

三、不同观赏期育种

随着如今育种技术的不断提升，经过园艺家的长期培育，出现了在不同时期可以观赏的牡丹品种，牡丹花容全年皆可欣赏。人们可以在国庆、春节等传统节日里观赏到美丽的牡丹花，还可以在白雪皑皑的冬日里看到二次开花的寒牡丹。本书对日本寒牡丹和秋发品种的牡丹进行简要的介绍。

1. 日本寒牡丹

牡丹在立春后萌动，暮春至初夏开花。逾夏渐衰，叶变色，晚秋落叶。但是，牡丹的变种——寒牡丹，却在11月下旬至翌年1月下旬开花。这种冬季开花的寒牡丹，并非在温室用人工培养，而是在露地栽培自然开花的。寒牡丹在日本出现于江户时代中期，曾作为正月的切花盛行栽培。后来因受二次世界大战的影响，寒牡丹的发展受到限制，树势变弱，繁殖率降低，生产者不予重视，使之濒于灭绝。之后仅在花卉爱好者中有少量保存，品种也大为减少。但最近人们对寒牡丹的需求急剧增加，生产者正在努力繁殖生产，大有供不应求之势。

寒牡丹主要品种有：'大正红''栗皮红''日州红''徘御旗''锦王''雪重''寒狮子''冬乌'等品种，均能在11月下旬至翌年1月下旬陆续开花。另外，还有一些中间品种，当条件适合时就冬开，不适合时冬季就不开花。例如，'寒紫''群乌''辉国''旭丸''秋冬红''寒樱'等就有这个特性。

2. 秋发品种

秋发是牡丹栽培中常会出现的一种现象。所谓秋发，就是指牡丹当年形成的花芽在秋季萌发、抽生新枝甚至开花的一种现象。容易引起秋发的品种有：

'墨楼争辉' 近年来育成的牡丹品种。其花呈皇冠型，墨紫色，属中花品种。其株型中高，半开展，生长较旺盛，萌蘖枝少，常见单（独）干造型，但分枝较多。

'卷叶红' 属于传统品种。其花呈台阁型，红色，属中晚花品种。其株型高，半开展，生长旺盛，萌蘖枝多，成花率高。

'赵粉' 传统品种。其花呈皇冠型，有时呈荷花型或托桂型，花粉色。偶有结实。花梗较粗，长而略软，花朵侧开。中花品种。株型中高，开展。枝条较软而弯曲。生长势强，成花率高，花型丰满，萌蘖枝多。

'斗珠' 传统品种。其花呈皇冠型，花粉色稍带蓝紫色。花梗稍软。中花品种。株型矮，开展。枝条细弱而弯曲，一年生枝短，节间也短。生长势弱，成花率低，夏秋季常有二次萌发现象。

'大棕紫' 传统品种。其花呈蔷薇型，花紫红色。花梗长而直，花朵直上。中花品种。株型中高，直立。枝条粗壮，一年生枝较长，节间短。其生长势强，成花率高，萌蘖枝较多。

'首案红' 传统品种。其花呈皇冠型，深紫红色。花梗粗硬，花朵直上。中花品种，偏晚。株型高，直立。枝条粗硬，一年生枝长，呈暗紫色，节间较长。其为三倍体品种，根系呈深紫红色，是该品种的显著特点。该品种生长旺盛，成花率高，萌蘖枝较少。

'霓虹焕彩' 1972年由山东省菏泽市赵楼九队选育的品种。其花呈千层台阁型，花洋红色。花梗稍长，花朵直上或侧开。中花品种。株型高，半开展。枝条粗壮，一年生枝长，节间较短。其生长势较强，成花率高，花色鲜艳，萌蘖枝多。

'彩绘' 山东省菏泽市赵楼牡丹园1973年选育出的品种。其花呈皇冠型。花浅红色，带紫色。花梗长而硬，花朵直上或侧开。早花品种。株型中高，半开展。枝条较细而硬，一年生枝较长，节间短。该品种生长势中等，成花率高，花型丰满，萌蘖枝少。

'胡红' 又名：大胡红，传统品种。其花呈皇冠型，有时呈荷花型或托桂型。花浅红色，细腻润泽，花瓣端部粉色。花梗短，花朵直上或侧开。晚花品种。株型中高，半开展。枝条较粗，一年生枝较短，节间短。该品种生长势强，成花率较高，花型丰满，萌蘖枝多。

'似荷莲' 传统品种。其花呈荷花型，粉紫红色。花梗长，挺直。早花品种。株型高，直立。枝条细硬，一年生枝长，节间也长。生长旺盛，成花率高，萌蘖枝多。

'飞燕红妆' 山东省菏泽市赵楼牡丹园 1964 年育成的品种。其花呈千层台阁型。花红色，细腻润泽，瓣端粉色。花梗细长，花朵侧开。中花品种。株型中高，开展。枝细软，一年生枝较长，节间短。该品种生长势较强，成花率高，萌蘖枝多。

'二乔' 传统品种。其花呈蔷薇型，复色。花梗长而硬，花朵直上。中花品种。株型高，直立。枝条细硬，一年生枝长，节间也长。该品种生长势强，成花率高，萌蘖枝多。

'冰壶献玉' 1968年由山东省菏泽市赵楼九队选育的品种。其花呈皇冠型。花初开浅粉白色，盛开白色。花梗长而软，花朵侧开。中花品种。株型中高，开展。枝条细软而弯曲。一年生枝长，浅紫色，节间短。该品种生长势中等，成花率较高，萌蘖较少。

'洛阳红' 传统品种。其花呈蔷薇型或菊花型，紫红色，有光泽。花梗长硬，花朵直上。中花品种。株型高，直立。枝条细硬，一年生枝长，节间也长。该品种生长旺盛，成花率高，萌蘖枝多。

四、香型育种

近年来，植物中蕴含着的天然活性成分广泛地被应用于医药和保健等领域，成为研究者们深入研究讨论的热点。牡丹花作为珍贵的药食两用植物，具有非常重要的开发价值和广阔的利用前景，所以其花瓣精油成分及功效的研究很有必要。牡丹花瓣精油提取自牡丹花瓣，是一种澄清透明液体，其活性成分主要是由酯醇类、萜类、酚醛酸类、不饱和烃类等组成。由于牡丹精油天然安全、香气种类丰富多样、含有多种抗氧化成分，使其越来越受到人们的广泛关注。

虽然我国对芳香植物精油的研究和应用较多，但对牡丹花瓣精油的研究仍然处于初级阶段，国内学者常采用水蒸馏萃取、溶剂萃取和分子蒸馏等多种分离纯化手段，提取牡丹花瓣精油，通过波谱分析鉴定化合物的结构，已经鉴定出一些化学成分，但无论是从牡丹品种、精油成分，还是精油的功效等方面，都存在较大缺口与不足，所以目前对牡丹花瓣精油开发应用的研究还有很大空间。以下对我国不同牡丹资源花瓣精油成分进行相关分析和筛选，牡丹香型初步分为四类，该工作将对于进一步培育适合作为花瓣精油的牡丹品种具有重大意义。

1. 茉莉香型

普遍含有较多的肉豆蔻酸乙酯、亚油酸乙酯和α-亚麻酸乙酯，有研究表明茉莉油中的含量较多的高级脂肪酸及其衍生物具有定香的作用，可以将香味维持更久（Theimer，1989）。代表品种有：'白雪塔''银红巧对''二乔''豆绿''大棕紫'。

2. 玫瑰香型

主要含有较多的壬醛、硬脂醛、7E-2-二甲基-十六烯，这些大多是没有香味的成分，但还含有少量具有玫瑰香味的香叶醇（Chen and Viljoen，2010），所以具有玫瑰淡香。代表品种有：紫斑牡丹、'硬把杨妃'、'观音面'、'粉银辉'。

3. 香甜香气型

含有较多浓度的硬脂醛和壬醛，因为壬醛散发柑橘香气（Kanavouras et al.，2005），所以将组三归为香甜香气型。代表品种有：'凤丹''景玉'。

4. 清新药草香型

含有较多氧化芳樟醇、异植醇、法尼醇、DL-α-生育酚、棕榈酸和植醇，因为植醇和氧化芳樟醇释放药草清香，所以将这组命名为清新药草香型（Bonnländer et al.，2006；Castro-Vázquez et al.，2012）。代表品种有：'海黄'、紫牡丹、黄牡丹。

第二节　油用育种价值

近年来，我国可食用植物油的需求量不断增加，而国内对植物油脂的供给能力又严重不足，因此国内油料供应愈发依赖从国外进口，油料产业面临前所未有的危机。据统计，我国可食用植物油消费总量从2003年的1459万t增长到了2013年的3090万t，短短十年内增长了89.4%（张雯丽，2016）。进口可食用植物油给国内油料市场带来了巨大冲击，我们也将面临着更多挑战。此外，随着我国居民生活水平的不断提高，高品质健康的饮食产品逐渐得到更多人的青睐，其中食用油的消费也日益趋向高端健康、配比均衡的植物油产品。目前，常见的植物油多富含油酸和亚油酸，缺乏对人体发育和健康起到重要作用的ω-3多不饱和脂肪酸，如α-亚麻酸。鉴于ALA无法在人体自身合成，且其食物来源十分有限，因此开发富含ALA的高端油料作物将显得十分必要，况且食用油是人体补充必须脂肪酸的绝佳途径。综上所述，开发和挖掘新型油料作物，培育高产优质油料作物新品种将是提高我国植物油脂产出的有效途径。

近年来，人们发现牡丹也是一种优良的木本油料作物，不仅耐干旱、瘠薄、盐碱，而且抗寒能力强，适应范围广；同时还具有产量高、产油率高、油质优等特点。牡丹果实呈五角星状，成熟种子为黑色；籽油不饱和脂肪酸（UFAs）含量大于90%，其中α-亚麻酸含量约占40%。牡丹籽油对于改善人类饮食结构以及增强人类健康具有很大帮助。2011年，国家卫生部将牡丹籽油认证为"新资源食品"，截至2015年我国油用牡丹栽培面积已超过20267km^2，潜在的种子产量约57855t（Li et al.，2015）。油用牡丹快速发展的同时，也体现出了一些不足。目前，油用牡丹的主栽品种只有两个，即'凤丹'和紫斑牡丹，远远不能满足生产需求；此外，不同种质间脂肪酸成分差别较大，尤其是α-亚麻酸含量。因此，培育α-亚麻酸含量稳定且脂肪酸配比均衡的油用牡丹新品种将显得十分重要。

一、高α-亚麻酸油用牡丹育种

1. α-亚麻酸简介

α-亚麻酸（α-linolenic aicd，ALA，C18：△9，12，15）属于ω-3三价不饱和脂肪酸，是人体必需的脂肪酸，但只能在植物中合成。被人体吸收的α-亚麻酸可进一步合成为EPA（eicosapentaenoic acid，二十碳五烯酸）和DHA（docosahexaenoic acid，二十二碳六烯酸）等营养物质，具有降压消炎、增强智力以及减少心脑血管疾病发生等作用（Kim et al.，2014）。2014年，中国营养学会将α-亚麻酸列入居民膳食营养元素，并规定每日摄入量为1600～1800mg。然而，受食物来源的限制，我国居民α-亚麻酸的摄入量严重不足，进而容易出现各类疾病（Ganesan et al.，2014；Kim et al.，2014）。因此，高α-亚麻酸含量的牡丹籽油对于改善现代人的饮食结构和健康将显得非常重要。

伴随对α-亚麻酸的生理功能研究越来越深入，人们对生物体内α-亚麻酸合成途径研究也越来越重视。前人的研究显示，植物体内α-亚麻酸的合成与脂肪酸去饱和酶（FADs）密切相关，主要合成于内质网上，部分脂肪酸去饱和酶在叶绿体中发挥作用，可生成用于膜脂合成的多不饱和脂肪酸（Yang et al.，2012）。此外，茉莉酸代谢通路可能涉及α-亚麻酸的合成，拟南芥茉莉酸调节的应激反应中被检测到α-亚麻酸的变化过程（Schilmiller et al.，2007）。这些研究为植物α-亚麻酸代谢途径基因调控研究提供重要参考。

2. 高α-亚麻酸油用牡丹育种策略

紫斑牡丹属寒冷干燥生态型，具有植株高大、抗逆性强、观赏价值好、结籽能力强、出油率高等优点，适宜低温和干旱气候。中国长江以北至黑龙江省即北纬52°以南，绝对最低温度-41℃左右的地区，大部分品种都能露地越冬生长。野生紫斑牡丹不仅拥有较高的总脂肪酸含量，同时也具有高效的α-亚麻酸合成途径，因此，我们可以将野生紫斑牡丹与现有的油用牡丹品种或者中原牡丹进行杂交，培育出高α-亚麻酸，同时兼顾抗性强、产量高的牡丹新品种。此外，栽培的紫斑牡丹并不是一个单一的品种，而是一个品种群；因此，我们可以直接从紫斑品种群中筛选出产量高、出油率高以及高α-亚麻酸的单株，进行繁殖和新品种选育。

二、均衡脂肪酸油用牡丹育种

人类逐步进化出稳定的饮食规律，其中便包括均衡的ω-6和ω-3脂肪酸摄入比例

（Simopoulos，2001），不平衡的ω-6/ω-3脂肪酸比值对健康不利，有可能引发心血管疾病、癌症、炎症和自身免疫性疾病等一系列疾病（Simopoulos，2008）。因此，建立合理的膳食脂肪酸供给模式，考虑n-6/n-3比例的平衡尤为重要。α-亚麻酸是合成重要长链ω-3多不饱和脂肪酸的重要前体物质，例如有益于血液循环的EPA（二十碳五烯酸）和能够活化脑细胞的DHA（二十二碳六烯酸）等。α-亚麻酸不能通过人体自身产生，只能通过饮食获得。随着世界人口数量的不断增加，未来30年食用油的消费量将增加一倍（Chapman and Ohlrogge，2012）。因此，食用油的营养质量以及油料作物的产量需要不断改善，培育和开发拥有健康的ω-6/ω-3脂肪酸配比的新型油料作物也是十分必要的。1993年联合国粮农组织（FAO）推荐ω-6/ω-3比值应为5～10:1，中国营养学会在《中国居民膳食营养素参考摄入量（2013版）》中提出了适合中国人的平衡比值为4～6:1（中国营养学会，2014）。近年来，由于食品中的ω-3不饱和脂肪酸降低，膳食中-6/ω-3比值逐渐增加，需要增加亚麻籽油、紫苏籽油、牡丹籽油以及鱼类等富含ALA食品的摄入。

相比其他常见油料作物，牡丹籽油含有高达45%的α-亚麻酸含量，ω-6/ω-3比例接近0.6:1，完全符合人体对健康的多不饱和脂肪酸的需要（Zhou et al.，2014），可以作为保健品调节我们体内因不同膳食来源而产生的过高的ω-6/ω-3比例。此外，我们还需要生产出更加健康的，符合我们中国人营养配比的牡丹籽油。通过测定不同种质的亚油酸/α-亚麻酸比例（ω-6/ω-3比例），选出比值为4～6:1的种质作为亲本，与高产、高抗的其他油用牡丹品种进行杂交，培育出脂肪酸更加均衡油用牡丹新品种。

第三节　油观牡丹育种价值

牡丹作为观赏栽培已有1600余年的历史，其品种众多，花色各异，具极高的观赏价值。牡丹作为新兴的木本油料作物，已于2011年3月被卫生部正式批准为新资源食品，主要包括'凤丹'牡丹和紫斑牡丹，其籽油营养价值高、保健功能强。而对于牡丹的育种人们大多是从单一方向（观赏或油用）进行的，油用牡丹虽结实好、出油率高，但其花色多为白色，观赏效果差。所以，在牡丹育种方面应考虑将观赏和油用两种功能结合起来，培育出花色艳丽、形态优美、结实好、出油率高的牡丹新品种。

一、红色油观系育种

1. 从紫斑牡丹、'凤丹'牡丹品种群选育

紫斑牡丹株型高大、花色丰富、花瓣基部带有紫斑，具有更高的观赏价值。结合紫斑牡丹的油用价值，可直接从紫斑品种群中选育出红色系油观牡丹新品种。'凤丹'牡丹产量高，也有粉色或淡粉色花的品种，可从中选育出油观两用的品种。

2. 从卵叶牡丹和'凤丹'牡丹杂交后代中选育

卵叶牡丹叶片表面多为紫红色，背面浅绿色，多为卵形或卵圆形，叶片具有极佳的观赏价值。另外，卵叶牡丹的花色为粉色至粉红色，可以丰富'凤丹'牡丹的花色。因此，以'凤丹'牡丹和卵叶牡丹为亲本进行杂交，可以选育出叶色、花色以及油质俱佳的油观牡丹新品种。

3. 从四川牡丹和'凤丹'牡丹杂交后代中选育

四川牡丹花色为玫瑰色、红色，颜色漂亮鲜艳，具有较高的可视感；此外，四川牡丹和中原牡丹的亲缘关系较近，更利于得到杂交后代。因此，以四川牡丹和'凤丹'牡丹为亲本进行杂交，可选育出红色系的兼具油用和观赏价值的牡丹新品种。

4. 从观赏牡丹与油用牡丹杂交后代中选育

从油用牡丹中选择生长健壮的'凤丹'牡丹、紫斑优株，单株花多数至少为5个；观赏牡丹以中原牡丹和日本牡丹品种中花色为红色系和粉色系的品种。以油用牡丹和观赏牡丹为亲本进行杂交，从后代中选育出红色系油观牡丹品种。

5. 牡丹与芍药远缘杂交育种

牡丹籽油α-亚麻酸含量最高，而芍药籽油中油酸含量最高。此外，芍药花色各异。可以尝试组间杂交育种，选择性状优良的油用牡丹品种和伊藤杂种互为亲本，选育出兼具牡丹和芍药特点的红色系油观牡丹新品种。

二、复色系油观品种育种

牡丹花色繁多，一般有红、紫、紫红、粉、白、蓝、绿、黄、黑和复色等花色。在观赏牡丹品种中选择花型优美的复色系牡丹品种，与'凤丹'、紫斑牡丹结实率高的植株进行杂交，从其后代选育出复色系油观牡丹品种。另外，可以尝试'凤丹'、紫斑油用牡丹与复色花系的芍药进行组间远缘杂交，从而选育出复色系油观牡丹品种。

第四节 牡丹资源育种策略

牡丹育种方法有很多种，其中以杂交育种和实生育种最为重要，并已有诸多成就。日本和欧洲采取了不同的育种策略，从而形成了不同的品种群。日本早在江户时代（1603—1867）中期便进行了以提高观赏价值为目的的品种改良，主要采用实生选种的策略。其方法是播种中国牡丹天然杂交的种子，然后从实生苗中选择适合日本风土人情的新品种，并形成了特征鲜明的日本品种群。其特点是花头直立，不叶里藏花，多半重瓣和单瓣花，色彩鲜艳且线条优美。欧洲牡丹的品种大多数都有高度重瓣、花头下垂、叶里藏花等现象，其育种策略是以中国野生牡丹驯化为基础，再和现有品种进行杂交育种。早在19世纪末，法国传教士Delavay将采自我国云南的紫牡丹（*P. delavayi*）和黄牡丹（*P. lutea*）传入欧洲，之后法国的L.Henry和Lemoine将黄牡丹与栽培品种杂交，先后获得了一系列黄色系品种，后被称为'*P.* × Lenmoinei'系（如'金帝''金阁'等）。后来美国A. P. Saunders及其助手将黄牡丹、紫牡丹和日本品种杂交，培育出了花色丰富的远缘杂交品种，如'海黄''黑海盗'等。综上所述，育种者根据不同育种目标，选择合适的种质和育种方法，均能得到理想的牡丹品种。下面，我们将对应用最为普遍的两种育种策略进行详细介绍。

一、杂交育种

杂交育种是目前国内外应用最普遍，成效最大的育种方法。由于杂交引起基因重组，后代可组合双亲控制的优良性状，产生加性效应，并利用某些基因互作，形成超亲个体，为培育选择提供物质基础。牡丹现有的遗传背景较为复杂，杂交育种，特别是远缘杂交会引起基因重组，因而可能产生全新性状及全新类型。尽管牡丹的童期较长，导致育种周期较为费时，但在牡丹组培体系建立之前，杂交育种仍然是牡丹育种中的一个重要方法。

培育出好的牡丹杂交品种，成为一名合格的育种家，并不是一件很难的事，只要你有足够的耐心。下面，我们依据加拿大Pivoines capano农场的杂交育种经验给大家作具体介绍。

1. 确定育种目标

首先，要确定想要培育出什么样的牡丹，具体有什么特征。比如是茎秆粗壮或是低矮的牡丹？是抗寒性的，还是蓝色系的牡丹？

确定目标将有助于规划整个育种计划。往往需要经过很多代的筛选才能找到理想中的株系，故在得到第一朵预期性状的花朵或者果实之前，必须要种植所有收集到的种子。在有目标性状的情况下，需要限制种植的数量（低于1000株）。

2. 选择合适的亲本

根据育种目标，选择作为父本和母本的品种或野生种。比如，实验中的牡丹具有观赏价值，但是它的茎秆不是很粗壮；这时，需要选择另一个茎秆粗壮的种质与其杂交，以培育出茎秆粗壮又很漂亮的新的品种；也就是说可以将此牡丹作为母本，另一个茎秆粗壮的品种作为父本。杂交的父母本都是要有生育能力，即母本可育，而父本的花粉有活力（图8-2）。

图8-2 选择理想的父母本

3. 花粉的收集和保存

有时选择的父本和母本会同时开花,但是大部分杂交的父母本的花期不同。这就需要在花期时收集父本的花粉:在花瓣刚开放就剪掉并保留雄蕊,并放在铝箔上置于黑暗的房间里晾干,自然通风24~48h。雄蕊干燥后,所有的花粉就会在铝箔上以粉末形式释放,将其储存于黑色的塑料容器,在4℃冰箱里保存(图8-3)。

图8-3　花粉采集与保存

4. 授粉

仔细观察母本植株，在花苞开始着色，但没有开放的时候，剪掉所有的花瓣和雄蕊，只留下心皮（图8-4）。

图8-4　授粉时期选择及母本处理

快速地用手指或者毛笔将花粉涂抹在柱头上，然后用一个白色的纸袋来保护。写清楚育种目标和父母本，并用"母本×父本"这种形式表示。例如，'Blushing Princess'（母本）×'Sparkling Windflower'（父本）（图8-5）。

图8-5　授粉及套袋处理

5. 种子的收集

9月，当果荚成熟时，收集种子。将种子放在漂白液中浸泡几分钟，漂白液的浓度是1%，即1mL的Javex或者Chlorox漂白剂加入100mL的水中。

图8-6　杂交后代的果荚

6. 种子催芽

将种子放入密封塑料袋中，里面含有潮湿的蛭石或泥炭藓，然后放到温暖黑暗的房子里，每周都要观察种子的情况。几个月后，每个种子都会长出白色根。当根的长度达到1.2cm时，把这个发芽的种子放在另一个装有潮湿蛭石或泥炭藓的密封塑料袋里，然后把袋子放在冰箱里，每星期观察种子。几个月后，种子就会发出胚芽。

图8-7　种子发芽处理

7. 杂交后代的种植和管理

一旦种子上有胚芽出现，就从冰箱中取出发芽的种子。把它种在10cm的花盆里，然后放在温室或者大棚中（阳光充足，但不被直晒），直到室外最后一场霜冻。在那之后，可以把它种在花园或者试验田里。在秋天，需用覆盖物保护。约3到4年的时间才能发出第一朵花，并确认是否达成育种目标。

图8-8 杂交后代的种植

在整个杂交育种的过程中，无论是亲本还是杂交后代，均要加强养护管理，并对其主要性状的遗传规律进行细致观察。前人的经验表明，牡丹远缘杂交育种难度很大，如亲本不亲和、杂种不育以及后代广泛分离等问题都会使育种工作很难顺利进行；但是远缘杂交亲本基因型差异大，因而能够产生更为丰富的变异类型，开展以野生种牡丹参与的远缘杂交育种是符合中国国情和育种目标的。此外，王莲英科研团队建议开展杂交后代的早期鉴定。利用形态学、孢粉学、细胞学以及现代分子生物学等鉴定方法，可以在育种的早期阶段淘汰假杂种，减少育种过程的工作量，提高杂交育种效率。

二、实生选种

1. 实生选种的概念和意义

实生繁殖也被称为有性繁殖或种子繁殖。对实生繁殖群体进行选择，从中选出优良个体并建成营养系品种，或改善继续实生繁殖的下一代群体的遗传组成，均称为实生选择育种，简称实生选种。

实生选种的意义体现在两个方面：第一，实生群体后代分离广泛，变异大，类型多样，在选育新品种方面有很大潜力；第二，由于实生群体变异类型是在当地条件下形成的，因此它们对当地条件都有较强的适应能力。

牡丹生命周期较长，生产兼用无性和有性繁殖的方法，其实生群体内经常出现较大变异；加之生境复杂，不同株间在形态及生理特性上也经常存在差异。这就为选择育种提供了丰富的材料。

2. 实生选种的方法

实生选种的方法有两种。第一种是通过逐代的混合选择，按照一定的目标来改进牡丹群体的遗传组成，形成以实生繁殖为主的群体品种；第二种是从实生群体中选择优良单株，通过嫁接、分株或组织培养等无性繁殖方式形成营养系品种。

3. 牡丹的实生选种

牡丹为异花授粉，个体杂合性强，自由授粉子代发生分离，变异丰富，尤其是不同种质资源集中种植后花粉相互传播，后代变异会更加广泛。因此，实生育种策略对于牡丹育种来说是行之有效的方法。早在1968年，兰州市和平牡丹园便尝试了牡丹的实生选种。他们从兰州市榆中县药材公司和周边农户家收集了一批自然授粉的牡丹种子，播种后得到1000余株实生苗，并于1976年后相继开花，每年采种育苗。1982年，在第二代开始开花时，又从菏泽市引种60余个中原牡丹品种，开始进行人工授粉杂交。由于父本为混合花粉，母本也没有挂牌，因此是一种不定向的混合人工杂交。通过该种方法，在1976—1996年的20年中，共培养各种开花实生苗32万余株，反复选择后培育并命名533个新品种，其中包括9种花色、7种花型。

第九章
牡丹脂肪酸代谢相关基因的挖掘与分析

牡丹隶属芍药科（Paeoniaceae）芍药属（*Paeonia*）牡丹组（Sect. *Moutan* DC.），是重要的观赏花卉和药用植物；共9个野生种，全部分布在中国。牡丹也是我国最具潜力的木本油料作物之一，其种子α-亚麻酸占总脂肪酸含量的40%以上。2011年，牡丹籽油获得国家卫生部"新资源食品"认证。目前，油用牡丹在我国二十多个省（自治区、直辖市）得到推广，系列产品得以开发，取得了良好的经济和环境效益。α-亚麻酸被誉为"植物脑黄金"，只能在植物体内合成，是ω-3多不饱和脂肪酸中唯一的人体必需脂肪酸，具有降血压血脂、抵抗炎症、增强智力等作用。受食物来源的限制，我国居民α-亚麻酸的摄入量严重不足，进而容易出现各类疾病（Kim et al., 2014）。因此，高α-亚麻酸含量的牡丹籽油对于改善现代人的饮食结构和健康将显得非常重要。

截至目前，有关α-亚麻酸代谢机理的研究主要在拟南芥（Wang et al., 2016）、水稻（Hua et al., 2012）、蓖麻（Marmon et al., 2017）以及藻类（Yoon et al., 2012）中进行。木本植物普遍缺少α-亚麻酸，相关研究报道较少。本研究以富含α-亚麻酸的木本油料植物——牡丹作为研究对象，致力于补充和完善植物α-亚麻酸代谢的理论问题，并试图解析牡丹种子α-亚麻酸高水平积累的分子机理，以期为其他油料作物相关组分的改良提供依据。

第一节　植物种子脂肪酸合成调控的研究进展

油脂是植物最主要的能量贮备，为人类提供日常饮食中所需要的热量和必需脂肪酸。我们食用的植物油主要积累在种子中。2011年全球油料作物产油量约为1亿t，价值近1200亿美元，预计到2040年植物油的需要将翻倍（Bates et al., 2013）。基于植物油脂的重要用途、高质量品质以及不断增长的需求，使得种子油脂的生物合成研究迅猛发展。目前，拟南芥油脂合成和脂质代谢中许多相关基因的信息被不断更新和完善，其脂肪酸代谢通路也日渐清晰，具体合成通路被标注在这个网址中：http://aralip.plantbiology.msu.edu。本文总结了植物种子脂肪酸生物合成途径的最新研究进展，以期为油料作物新品种选育以及分子育种提供重要的遗传信息和理论依据。

一、种子脂肪酸的生物合成始于质体

脂肪酸合成是在质体中完成的，而TAG的装配则发生在质体外，可能和内质网和油体相关。对大多数种子而言，碳是通过糖酵解途径参与脂肪酸合成的，糖酵解过程中的己糖和丙糖作为主要的碳水化合物被运送到质体。然而，绿色种子也可利用光能提供NADPH和ATP，经1,5-二磷酸核酮糖羧化酶和戊糖磷酸酶的反应来作为糖酵解途径的一个支链。这条辅助途径提高了碳的利用效率，结果使用于油脂合成的乙酰-CoA增加了20%，并且不需要氧化磷酸戊糖途径提供还原剂（Hay and Schwender，2011）。质体中脂肪酸的合成途径决定了碳链的长度（直到18个碳）以及籽油中饱和脂肪酸的水平。合成途径中第一个关键酶为乙酰-CoA羧化酶（acetyl-CoA carboxylase，*ACCase*）。在酵母、动物、细菌以及植物中，乙酰-CoA羧化酶均高度表达，是碳源转化为脂肪酸的关键调控节点。此外，乙酰-CoA羧化酶还参与调控磷酸化作用、氧化还原反应和蛋白质互作，还有研究报道显示乙酰-CoA羧化酶受到18:1-ACP的反馈调节。脂肪酸装配发生在酰基载体蛋白（acyl carrier protein，*ACP*）上，经过四个反应为一个循环，每个循环在酰基链上增加两个碳原子。七个循环之后，饱和16碳酰基-ACP可被酰基-ACP硫脂酶*FATB*水解，或者通过β-酮酰-ACP合酶II（β-ketoacyl-ACP synthase II，*KASII*）进一步延长为18:0-ACP。然后18:0-ACP又可去饱和生成18:1-ACP，或者被酰基-ACP硫脂酶*FATA*水解。最终导致质体中脂肪酸合成的主要产物为16:0和18:1的游离脂肪酸，它们的相对比例是由*FATA*、*FATB*、18:0-ACP去饱和酶（*SAD*）和*KASII*决定的。通过转基因和突变技术任意改变以上四个酶，都将会对种子脂肪酸的碳链长度和饱和度造成影响（Cahoon et al.，2010）。例如，控制碳链长度的最好实验就是将特异性水解月桂酸（12:0）的*FATB*在油菜（*B. napus*）中表达，结果使转基因植株中月桂酸的含量达到了60%（Voelker et al.，1996）。

转录因子WRI1控制着至少15种酶的表达，包括丙酮酸脱氢酶、乙酰-CoA羧化酶以及脂肪酸合成途径和糖酵解途径中的酶（Baud and Lepiniec，2010）。因此，在引导碳源进入种子合成脂肪酸的过程中，WRI1的表达是至关重要的。在WRI1突变体中，含油量减少了80%；而在WRI1过表达玉米中，胚的含油量增加了30%，而且每平方千米的产油量提高了20%（Shen et al.，2010）。到目前为止，仍未证明WRI1可以调控TAG的装配，也没有证明可以调控酰基转移酶的表达。一个有趣的发现是，脂肪酸合成和TAG装配相关酶在种子发育过程中的时间表达模式是完全不同的。对油脂生物合成的后续步骤的基因表达和酶活的调节是普遍无法理解的问题。

二、酰基链从质体到内质网的转移

脂肪酸合成后，*FATA/FATB*硫脂酶水解的游离脂肪酸将被从质体输出。这表明存在一条引导脂肪酸穿过质体膜的代谢通路，最主要的问题是在这个过程中是否存在特定的运输者。游离脂肪酸从质体输出后，长链酰基辅酶A合成酶（*LACS*）在质体膜的外侧将其合成酰基辅酶A，作为甘油酯类装配的底物。然而，令人不解的是*LACS9*（主要的质体型*LACS*）的突变体，种子油脂没有明显变化（Schnurr et al., 2002）。这也暗示可能有其他*LACS*成员弥补了这一缺憾。如果没有更多的证据支撑，那么就不能排除游离脂肪酸从质体输出后可能存在另一种酶或者反应对其进行激活的可能性。无论如何，新合成的脂肪酸是很有可能通过酰基编辑循环（acyl-editing cycle）酯化到PC（卵磷脂），这一反应可能是由酰基辅酶A：溶血卵磷脂酰基转移酶（*LPCAT*）在质体膜上催化完成。在这个过程中，我们观察到PC可能扮演着脂肪酸从质体到内质网的载体的角色，或者是这两个细胞器间直接的连接者（Andersson et al., 2007）。由于油脂的内膜运输要比利用可溶性载体在细胞质中扩散快很多，因此这也表明可能存在一个有效的内质网到质体的酰基转换机制。最近，一个ABC转运蛋白被猜测与脂肪酸到内质网的传递有关（Kim et al., 2013），然而微阵列和转录组数据都显示这个转运蛋白在种子中的表达比其他油脂相关ABC转运蛋白的表达低很多，并且放射性标记证据提出是不确定的，因为它们在黑暗中可以繁殖并且不需要碳的供给。因此，该载体如何影响籽油的生物合成尚未可知。

三、TAG合成的简单和复杂途径

由3-磷酸甘油和酰基辅酶A合成TAG（也被称为Kennedy途径）仅包含四个酶促步骤。首先3-磷酸甘油经过两次酰基化发应，第一次酰基化反应由*GPAT*（glycerol-3-phosphate acyltransferase，甘油-3-磷酸酰基转移酶）作用完成，第二次酰基化反应由*LPAAT*（lysophosphatidic acid acyltransferase，溶血磷脂酸酰基转移酶）作用完成；然后经*PAP*（phosphatidic acid phosphatase，磷脂酸磷酸酯酶）作用；第三次酰基化反应由*DGAT*（diacylglycerol acyltransferase，二酰甘油酰基转移酶）完成。50多年前，这个途径第一次在动物中被提出来（Kennedy，1961；Weiss et al., 1960），不久后植物中也证实了（Barron and Stumpf, 1962）。自此以来，生化分析、分子遗传学以及代谢通量还证实了植物中存在一条更为复杂的途径：PC是FAs或者甘油二酯或两者一起转移到TAG的重要中间物质。酯化的FA结合到PC的sn-2位置是内质网上进行FA修饰（例如去饱和、羟基化等）的主要位点。因此，酰基进出PC对于TAG中高水平的PC修饰脂肪酸的产量是至关重要的，比如对人类健康十分重要的多不饱和脂肪酸（polyunsaturated FAs，PUFA）。甘油三酯合成途径在不同植物品种中存在差异，从简单的Kennedy途径到种子中超过90%脂肪酸经PC修饰途径进入TAG合成。

四、Kennedy途径相关基因的研究进展

令人惊奇的是，作用于sn-1位点的*GPAT*能启动TAG装配的这一结论并没有确定，得出这一结论或许是因为拟南芥中定位在内质网上的*GPAT9*。*GPAT9*是哺乳动物和酵母*GPATs*的同源基因，与甘油三酯的产量有关（Chen et al., 2011）。在拟南芥中，*GPAT*家族有八个成员（*GPAT1~8*），但这仅仅是在陆生植物中的发现；然而它们中至少有5个成员编码sn-2酰基转移酶，用于细胞外油脂（例如角质、木栓脂等）的合成，并且几乎可以肯定它们不参与膜脂或TAG的合成（Yang et al., 2012）。*LPAAT*基因已在几种植物被证实，主要作用于TAG从头装配的第二步。PAP负责大多数甘油二酯（diacylglycerol，DAG）的合成，然而这一结论还未被确认。拟南芥中至少有11个基因被注释为*PAPs*（aralip.plantbiology.msu.edu）。*PAH1*和*PAH2*基因的双敲除突变体的种子脂肪酸水平减少了15%（Eastmond et al., 2010），这表明还有其他的*PAP*同工酶也参与了甘油三酯的合成。Kennedy途径的最后一步，植物拥有多个不相关的*DGAT*酶。在不同植物的产油组织中，这些酶对TAG积累的作用也有差别（Liu et al., 2012）。*DGAT1*和*DGAT2*与动物和真菌中TAG的合成有关（Liu et al., 2012；Turchetto-Zolet et al., 2011）。*DGAT1*的遗传实验表明它是拟南芥中产生TAG的主要催化酶（Zhang et al., 2009）。而拟南芥中*DGAT2*的功能仍未清晰（Zhang et al., 2009），但有些植物，例如蓖麻、油桐，在种子成熟期间*DGAT2*的表达量高于*DGAT1*，并且*DGAT2*似乎参与了大部分TAG的合成（Shockey et al., 2006；Kroon et al., 2006）。卫矛中一个特殊的*DGAT*酶与蜡的合成有关，并且利用酰基辅酶A而不是长链酰基辅酶A生产具有特定结构的TAG，该TAG的sn-3羟基上连有一个乙酰基（Durrett et al., 2010）。其他具有DGAT活性的还有可溶解的*DGAT3*，它在花生子叶的发育中第一次被证实（Saha et al., 2006），而且它可能在拟南芥种子发芽期间作用于TAG的再循环利用（Hernandez et al., 2012）。在拟南芥中，还有两个具有DGAT活性的酶被证实，但它们似乎不参与籽油的合成。

五、PC在TAG合成中的核心作用

有三条机制允许脂肪酸流经PC最终合成TAG。第一条，"酰基修饰"（Bates et al., 2009）。第二条，FA直接从PC转移到DAG，然后通过*PDAT*（phospholipid:diacylglycerol acyltransferase，磷脂：甘油二酯酰基转移酶）生产TAG（Dahlqvist et al., 2000）。第三条，利用来源于PC的DAG作为TAG合成的原料。

1. 酰基修饰机制

酰基编辑是一个PC去酰基化和溶血卵磷脂（LPC）再酰基化的循环，和酰基辅酶A池交换PC上的脂肪酸，不涉及PC合成或降解。酰基编辑循环步骤：首先，来自质体的初级脂肪酸进入PC，然后在PC上，脂肪酸去饱和或是其他的修饰后被释放到酰基辅酶池中，在这里

它们可以参与Kennedy途径或其他反应。对多种植物组织酰基进出PC进行了体内外的代谢分析（Bates and Browse，2012），表明酰基修饰或许涉及*LPCAT*正向和反向的操作。这个机制在植物中被验证，拟南芥中的lpcat1和lpcat2的双突变体通过种子中酰基修饰作用帮助新合成的脂肪酸进入PC（Bates et al.，2012）。这些结果显示*LPCATs*参与LPC-再酰化作用中关于酰基修饰循环至少一半的过程。其他更多的特定溶血磷脂酰基转移酶，例如溶血磷脂酰乙醇胺酰基转移酶（Stalberg et al.，2009），它不能弥补拟南芥种子酰基修饰中*LPCAT*的损失（Bates et al.，2012）。而关键的一点是，负责酰基修饰一半循环的再酰化作用的酶仍未被证实，且该酶有可能还参与*LPCAT*和磷脂酶A的保存（Chen et al.，2011）。

第二个关于lpcat1和lpcat2双突变体的最新分析表明，它们不影响PC的合成和降解，PC水平始终维持不变，而LPC有所增加（Wang et al.，2011）。酰基编辑循环不需要PC的合成，因此lpcat1、lpcat2双突变体与PC合成和降解的变化是不可预料的。然而LPC的积累是因为*LPCAT*活性或*PDAT*活性的缺失，由于它固有的膜的洗涤剂性，*PDAT*的活动可能反过来影响LPC，因此突变植物的一次无效循环中需要新的PC的合成。

2. TAG合成过程中*PDAT*的作用

在大多数油料植物中，有关的酰基长链流动到TAG的sn-3位置，是经过*DGAT*还是*PDAT*是不确定的。拟南芥*DGAT1*基因的突变仅减少20%~30%的含油量（Katavic et al.，1995；Zou et al.，1999），且*DGAT1*突变对TAG的积累毫无影响（Mhaske et al.，2005）。这些结果可以证明，*DGAT*和*PDAT*具有部分相同的功能，*PDAT*可部分弥补*DGAT*的损耗，而*DGAT*可全部弥补*PDAT*的损失。两个基因同时缺失时可导致花粉致死且*DGAT1*突变体中*PDAT*的种子特定RNA干涉减少80%的产油量（Zhang et al.，2009）。然而，在拟南芥*DGAT1*突变体中，*PDAT*的表达量却增加了（Xu et al.，2012），可达到野生品种TAG水平的80%（Katavic et al.，1995；Zou et al.，1999；Zhang et al.，2009）。一些油籽中，*PDAT*可能对维持膜平衡有重要作用，比如在酵母菌中（Mora et al.，2012）；反之在其他植物中*PDAT*对TAG产量的重要作用（Banas et al.，2013）。拟南芥和其他植物的*PDATs*对于PC控制特殊脂肪酸表现出很高的活性（van Erp et al.，2011；Stahl et al.，2004；Kim et al.，2011），表明*PDAT*可能与TAG中损坏的特殊脂肪酸的清理以及隔绝膜外有关。

3. PC源于DAG的生产

除了以上的机制，PC上的酰基链也能被合并到TAG的sn-1和sn-2位置上，通过酯化作用连到PC的甘油骨架上，直到PC产生甘油二酯，最后合成甘油三酯。从PC到DAG有三条可替换的酶的途径。第一条，PC与DAG之间，*PDCT*（phosphatidylcholine:diacylglycerol cholinephosphotransferase，胆碱磷酸和磷脂酰胆碱:二酰甘油胆碱磷酸转移酶）交换；第二条：胞苷二磷酸（cytidine diphosphate，*CDP*）-胆碱-二酰甘油胆碱磷酸转移酶

（cholinephosphotransferase，*CPT*）的逆反应；第三条：脂肪酸基酶机制，利用磷脂酶C或磷脂酶D加上磷脂酸磷酸酶（*PAP*）。

六、组学水平的植物脂肪酸研究进展

　　脂肪酸代谢是一个相对复杂的调控网络，有众多的基因参与了其合成和积累过程，因此传统的分子生物学方法很难从整体上把控其代谢机理。目前来看，转录组测序在植物脂肪酸代谢的分子机制研究中发挥了重要作用，陆续揭示了很多油料作物特异的脂肪酸合成机制，例如油棕（*Elaeis guineensis*）、橄榄（*Canarium album*）、沙棘（*Hippophae rhamnoides*）、油桐（*Vernicia fordii*）、星油藤（*Plukenetia volubilis*）、油茶（*Camellia oleifera*）、海枣（*Phoenix dactylifera*）、麻风树（*Jatropha carcas*）、文冠果（*Xanthoceras sorbifolia*）、大豆（*Glycine max*）、亚麻荠（*Camelina sativa*）、欧洲油菜（*Brassica napus*）和落花生（*Arachis hypogaea*）等。

　　比较转录组学分析了油棕和海枣脂肪合成积累的差异，尽管二者参与脂肪酸合成的基因数目相似，但是油棕果实中WRI1转录因子的表达量是海枣的57倍，这或许是油棕果实的含油量远高于海枣的重要因素（Bourgis et al., 2011）。棕榈种子不同部位的脂肪酸差异较大，胚乳中含有大量的短链月桂酸，胚芽中含有较高的亚油酸，而中果皮中棕榈酸和油酸的含量加高（沈丹玉 等，2012）。通过比较转录组学分析不同组织中脂肪合成的特异性，研究结果鉴定了3个WRI1直系同源的转录因子，其中有2个在胚乳和中果皮油脂积累过程中高度表达，而在胚芽中则没有见到，进一步推测果实中脂肪酸合成和积累相关基因的表达与WRI1转录本的数量密切相关，在烟草中也同样得出这一推论（Dussert et al., 2013）。

　　此外，通过对沙棘和星油藤种子进行转录组测序，阐明了两个物种种子中脂肪酸差异的分子机制。星油藤种子中ALA的大量积累，与*SAD*、*FAD2*和*FAD3*在油脂积累阶段高丰度的表达有关（Wang et al., 2012），沙棘种子中*SAD*、*FAD2*、*FAD3*、*FAD6*和*FAD7/FAD8*均大量表达导致了LA和ALA含量较为接近（Fatima et al., 2012）。蓖麻子叶和胚乳中有较高的蓖麻油酸，而在其他组织中则以棕榈酸、亚油酸和α-亚麻酸为主，并未检测到蓖麻油酸。通过对不同组织的转录组分析发现，*RcDGAT2*和*RcPDAT1A*的表达导致蓖麻油酸-12羟化酶（oleate-12 hydroxylase）的活性显著提高，最终导致蓖麻油酸的大量积累（Brown et al., 2012）。

　　在我国，科学研究者们对具有重要经济价值的木本油料作物进行了转录组测序，例如油桐、麻风树、文冠果等，为我国油料植物分子育种奠定了重要的遗传基础。此外，对于常见的油料作物脂肪代谢的组学研究也逐渐成为热点，例如大豆、欧洲油菜、橄榄、落花生和油茶等。中国科学院植物研究所也首次在牡丹栽培品种'凤丹'中进行了脂质代谢的组学研究（Li et al., 2015）。这些研究将有利于发现特殊种质中特殊的脂肪酸代谢途径以及具有特殊功能的基因，为利用转基因技术定向改良我国主要油料作物提供了重要的基因资源。

七、小结

培育高含油量、高品质的油料作物新品种是提高可食用油生产能力的关键技术之一。传统杂交育种尽管在提高油料作物含油量方面发挥了一定作用，但还远不能满足科研及生产的需求。分子生物学和功能基因组研究为进一步提高作物的产油潜力提供了新的、更为有力的工具。植物种子脂肪酸组成较为相似，本节在模式植物拟南芥脂质代谢的基础上，总结了种子脂肪酸生物合成与代谢的基本途径，试图阐明油料作物脂质代谢的一般特性，以便为提高油料作物的含油量和改进油脂品质提供更充分的理论依据。然而，种子油脂合成是一个复杂的生理生化过程，涉及众多酶的协同表达及质体、内质网及细胞质等细胞结构的参与，同时还受到环境因子的影响。因此弄清不同植物种子中调控油脂代谢的网络系统仍然十分困难，对脂肪酸代谢相关基因功能的精确验证也同样是今后研究的重点。

第二节 牡丹种子脂肪酸合成关键基因的挖掘

ω-3脂肪酸作为基本营养成分无法通过人体自身合成，低比例的ω-3/ω-6脂肪酸组合将会诱导人体慢性疾病的发生，如糖尿病、炎症以及心血管疾病（Bhunia et al., 2016）。在植物中，不同油料作物中亚油酸（LA, C18:2, ω-6 FA）和α-亚麻酸（ALA, C18:3, ω-3 FA）的比例差别较大（Bhunia et al., 2016）。例如在常见的植物油中（如花生油、玉米油、橄榄油、葵花籽油、芝麻油和茶花籽油），ALA的含量均小于3%；而在牡丹籽油中，ALA的含量却高达40%以上。除了亚麻籽油和紫苏籽油外，如此高比例的ALA含量的油料植物十分罕见，尤其是在木本油料植物中。由此可见，牡丹不仅是优良的可开发利用的食用油料资源，也是解析ALA代谢机制的好模型。

植物细胞中FA和油脂的合成机制已被广泛的研究。种子中TAG的合成途径涉及多个亚细胞器，并需要广泛的油脂运输。油料作物种子中FA的合成发生在质体中，随后产生FAs主要以酰基辅酶A（acyl-CoA）的形式被输出，包含大量的油酸（OA, C18:1）以及少量的棕榈酸（PA, C16:0）和硬脂酸（SA, C18:0）。C18:1-CoA可以用于3-磷酸甘油的酰化，或者在内质网上被进一步延长。在大多数油料作物种子中，大部分OA都会经过PC衍生化途径，经*FAD2*和*FAD3*作用分别增加第二和第三个双键，生成LA和ALA。这些多不和脂肪酸（PUFAs）也会被用于TAG的合成。肯尼迪途径（the Kennedy pathway）为G3P和酰基-CoA从头组装TAG的过程，包括以下几个步骤：首先G3P分别经过*GPAT*和*LPAAT*的两个连续的酰化作用，之后经PAP去磷酸化，最后由*DGAT*进行最后一个酰化作用。不同植物中TAG的合成途径存在着一定差异，有的只有单一的肯尼迪途径，而有些植物有超过90%的FAs在合成TAG前都要经过PC途径（Bates et al., 2013）。尽管很多籽油合成相关基因已被克隆，种子油脂合成的基本过程也较为清楚，但是牡丹中不饱和脂肪酸的生理机制以及ALA高效积累的分子机制仍不清楚，脂肪酸合成关键基因的克隆以及功能验证仍未见报道。鉴于牡丹种子中脂肪酸成分的特殊性，推断其FA代谢过程和模式作物拟南芥以及传统油料作物可能存在着一定差异，这个猜测也是我们首要解决的问题。

利用野生资源的基因来提高作物的优良性状的应用已有60多年的历史，我们也在尝试将野生牡丹的优良性状用于培育高产优质的油用牡丹新品种。有趣的是，我们发现不同野生种牡丹的脂肪酸成分以及总脂肪酸含量存在很大差异，因此，猜测不同野生种的脂肪酸代谢机制也不尽相同。在本节中，利用GC-MS测定了9种野生牡丹总脂肪酸的含量，并进一步对不同脂肪酸水平的三个野生种在种子发育过程中脂肪酸的变化进行了分析。同时，我们还利用RT-PCR分析了上述三个野生种在不同发育时期时油脂合成相关基因的表达。我们的目的是初步鉴定紫斑牡丹、狭叶牡丹和黄牡丹脂肪酸含量差异的原因，并筛选出牡丹脂肪酸合成的关键基因。

一、中国野生牡丹总脂肪酸含量的测定及分析

9个牡丹野生种用于本次研究，分别为紫斑牡丹（*Paeonia rockii*）、四川牡丹（*P. decomposita*）、卵叶牡丹（*P. quii*）、狭叶牡丹（*P. potaninii*）、大花黄牡丹（*P. ludlowii*）、杨山牡丹（*P. ostii*）、矮牡丹（*P. jishanensis*）、紫牡丹（*P. delavayi*）和黄牡丹（*P. lutea*）。牡丹种子于2015年取自甘肃省林业科学推广站牡丹资源圃，地理坐标为36°03′N、103°40′E，海拔1520m，年平均降水量327mm，平均气温10.3℃，年平均日照时间2446h，无霜期超过180d。这些野生牡丹引种到资源圃已有13年，生长在相同的培养条件。我们对9种野生牡丹种子发育时期进行观察，从5月到8月。同时，在授粉后每20d取种子保存，总周期为100d，包括S1、S2、S3、S4和S5等五个时间点（S3:60d；S4:80d；S5:100d）。每个样品三个重复且至少采自三棵独立植株。取每个发育阶段的部分种子于室温晾干，在通有氮气的棕色干燥器中放置48h以上用于脂肪酸测定；其余所有样品采后立即放入液氮中，并于-80℃冰箱保存，用于RNA的提取。

利用GC-MS对9个野生种成熟种子（S5时期）的脂肪酸含量进行测定，结果表明不同野生种之间总脂肪酸含量有明显差异，从150.09mg/g到271.82mg/g不等（图9-1）。进一步分析显示，9种牡丹总脂肪酸含量分为高、中、低三个等级。其中，紫斑牡丹、四川牡丹和卵叶牡丹总脂肪酸含量较高，定为Ⅰ级；狭叶牡丹、大花黄牡丹和杨山牡丹脂肪酸含量居中，定为Ⅱ级；矮牡丹、紫牡丹和黄牡丹脂肪酸含量较低，定为Ⅲ级。紫斑牡丹总脂肪酸含量最高，紫牡丹和黄牡丹最低。通过对比前人测定的60个栽培牡丹的总脂肪酸含量发现（Li et al.，2015b）：Ⅰ级成员明显高于普通栽培品种，Ⅱ级成员与普通栽培品种相当，Ⅲ级成员低于普通栽培品种。由此表明，紫斑牡丹、四川牡丹和卵叶牡丹完全可以用于高产优质油用牡丹的杂交育种工作。

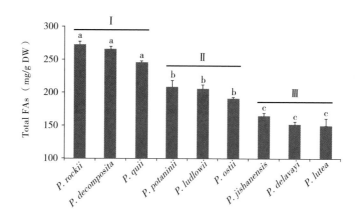

图9-1 9种野生牡丹种子中总脂肪酸含量对比

不同字母表示差异极显著（$P<0.01$），标准差为3个生物学重复的均值。Ⅰ，Ⅱ，Ⅲ代表三个脂肪酸水平

二、不同野生牡丹种子发育时期的脂肪酸积累差异

接下来我们分别从三个级别中选取紫斑牡丹、狭叶牡丹和黄牡丹为研究对象，于授粉后每20d取样，直到种子完全成熟，共5个阶段，设定为S1~S5。对三个野生种不同发育时期的种子进行观察发现（图9-2），不同野生种在相同发育时期的种子颜色和大小存在明显差异，同一野生种在不同发育时期的种子大小和颜色也不尽相同。紫斑牡丹种皮的颜色在S1为乳白色；到S2和S3时期种皮颜色变暗，略带黄色；S4为转色期，种子变化黄褐色，个别为黑色；S5完全成熟的种子呈现乌黑色。狭叶牡丹S1~S4种子颜色为黄色，S5完全成熟时为黑色。黄牡丹S1时期的种子为红色，之后逐渐转为黑色，直到完全成熟。三种野生牡丹种子大小的变化特征基本一致，S1~S2时期迅速增大，S2~S3略有增加，之后种子大小基本维持稳定。

利用GC-MS测定分别测定紫斑牡丹、狭叶牡丹和黄牡丹5个发育时期的脂肪酸含量，测定结果见表9-1。结果显示三个野生种均含有5种主要的脂肪酸成分，分别为棕榈酸（PA，C16:0，6.4%~8.4%）、硬脂酸（SA，C18:0，1.0%~2.5%）、油酸（OA，C18:1Δ9c，23.0%~32.9%）、亚油酸（LA，C18:2Δ9c，12c，12.1%~21.9%）和α-亚麻酸（ALA，C18:3Δ9c，12c，15c，36.3%~46.0%）。这5种主要的脂肪酸在三个野生牡丹种子发育过程中占有非常大的比例，其中在完全成熟种子（S5时期）中的比重超过了98.9%。此外，5种次要的脂肪酸（<1.0%）也被检测到，分别是豆蔻酸（C14:0）、棕榈油酸（C16:1Δ9c）、顺-11-十八碳烯酸（C18:1Δ11c）、花生酸（C20:0）和顺-11-二十碳烯酸（C20:1Δ11c）。总体来看，3个野生种均含有较高的α-亚麻酸，这在其他油料作物中较为少见。

图9-2 紫斑牡丹（*P. rockii*）、狭叶牡丹（*P. potaninii*）和黄牡丹（*P. lutea*）种子发育表型（S1~S5）

表9-1 紫斑牡丹（*P. rockii*）、狭叶牡丹（*P. potaninii*）和黄牡丹（*P. lutea*）种子发育过程中脂肪酸的含量（mg/g DW）

野生牡丹	发育时期	豆蔻酸 C14:0	棕榈酸 C16:0	棕榈油酸 C16:1Δ9c	硬脂酸 C18:0	油酸 C18:1Δ9c	顺-11-十八碳烯酸 C18:1Δ11c	亚油酸 C18:2Δ9c, 12c	花生酸 C20:0	α-亚麻酸 C18:3Δ9c, 12c, 15c	顺-11-二十碳烯酸 C20:1Δ11c	总脂肪酸含量
P. rockii	S1	0.08 ± 0.01	4.65 ± 0.60	0.21 ± 0.02	0.88 ± 0.17	1.60 ± 0.35	7.98 ± 1.78	8.90 ± 1.04	0.05 ± 0.01	1.88 ± 0.18	0.04 ± 0.01	26.27 ± 4.17
P. rockii	S2	0.11 ± 0.02	10.04 ± 1.60	0.07 ± 0.02	2.49 ± 0.42	21.37 ± 3.32	9.50 ± 1.05	34.27 ± 4.19	0.11 ± 0.02	45.26 ± 6.63	0.14 ± 0.03	123.36 ± 17.22
P. rockii	S3	0.18 ± 0.01	15.41 ± 0.70	0.15 ± 0.02	4.59 ± 0.31	39.68 ± 1.33	9.54 ± 0.35	52.76 ± 2.52	0.12 ± 0.01	85.98 ± 6.62	0.23 ± 0.01	208.64 ± 8.14
P. rockii	S4	0.17 ± 0.02	14.58 ± 0.60	0.22 ± 0.01	5.22 ± 0.62	44.81 ± 5.65	9.47 ± 0.06	45.34 ± 3.29	0.10 ± 0.01	101.43 ± 7.41	0.24 ± 0.03	221.59 ± 17.68

（续）

野生牡丹	发育时期	豆蔻酸 C14:0	棕榈酸 C16:0	棕榈油酸 C16:1Δ9c	硬脂酸 C18:0	油酸 C18:1Δ9c	顺-11-十八碳烯酸 C18:1Δ11c	亚油酸 C18:2Δ9c,12c	花生酸 C20:0	α-亚麻酸 C18:3Δ9c,12c,15c	顺-11-二十碳烯酸 C20:1Δ11c	总脂肪酸含量
P. rockii	S5	0.17 ± 0.01	17.49 ± 0.12	0.47 ± 0.04	6.75 ± 0.09	62.55 ± 2.65	1.09 ± 0.04	59.44 ± 1.02	0.33 ± 0.02	123.20 ± 0.92	0.32 ± 0.02	271.82 ± 4.90
P. potaninii	S1	0.03 ± 0.01	5.23 ± 0.52	0.02 ± 0.01	0.88 ± 0.11	1.87 ± 0.56	0.13 ± 0.02	10.09 ± 1.21	0.10 ± 0.01	7.68 ± 0.95	0.03 ± 0.01	26.05 ± 3.41
P. potaninii	S2	0.13 ± 0.01	12.28 ± 0.63	0.07 ± 0.01	2.18 ± 0.16	35.20 ± 1.55	0.34 ± 0.02	45.11 ± 0.08	0.24 ± 0.04	32.22 ± 4.30	0.34 ± 0.01	128.10 ± 6.61
P. potaninii	S3	0.14 ± 0.06	13.65 ± 1.10	0.17 ± 0.05	3.03 ± 0.60	51.19 ± 3.11	0.53 ± 0.06	40.42 ± 4.24	0.25 ± 0.04	60.38 ± 5.96	0.34 ± 0.05	170.09 ± 15.27
P. potaninii	S4	0.12 ± 0.02	12.17 ± 1.73	0.13 ± 0.04	3.29 ± 0.51	57.72 ± 3.43	0.51 ± 0.14	40.31 ± 4.41	0.21 ± 0.05	58.87 ± 5.85	0.32 ± 0.06	173.65 ± 16.24
P. potaninii	S5	0.12 ± 0.01	13.88 ± 1.18	0.07 ± 0.01	3.18 ± 0.32	68.67 ± 2.65	0.60 ± 0.05	45.60 ± 1.53	0.25 ± 0.04	75.79 ± 4.28	0.38 ± 0.05	208.56 ± 9.07
P. lutea	S1	0.02 ± 0.01	4.36 ± 0.45	0.03 ± 0.01	0.72 ± 0.04	2.68 ± 0.78	0.13 ± 0.01	8.29 ± 1.38	0.09 ± 0.01	5.28 ± 1.72	0.03 ± 0.01	21.63 ± 4.40
P. lutea	S2	0.06 ± 0.02	8.47 ± 0.44	0.11 ± 0.02	1.09 ± 0.20	20.93 ± 1.73	0.47 ± 0.04	15.38 ± 1.53	0.10 ± 0.02	33.88 ± 2.96	0.16 ± 0.03	80.66 ± 6.98
P. lutea	S3	0.09 ± 0.01	9.35 ± 0.21	0.21 ± 0.03	1.10 ± 0.06	30.72 ± 1.82	0.75 ± 0.03	16.81 ± 1.24	0.10 ± 0.01	53.53 ± 3.47	0.22 ± 0.01	112.89 ± 2.71
P. lutea	S4	0.14 ± 0.02	10.24 ± 0.39	0.25 ± 0.04	1.50 ± 0.07	43.31 ± 1.30	0.72 ± 0.03	17.81 ± 0.11	0.10 ± 0.01	43.23 ± 0.65	0.21 ± 0.03	117.50 ± 2.32
P. lutea	S5	0.13 ± 0.03	12.63 ± 1.09	0.06 ± 0.01	1.46 ± 0.10	47.11 ± 1.64	1.01 ± 0.12	18.23 ± 3.60	0.11 ± 0.01	69.06 ± 6.69	0.28 ± 0.01	150.09 ± 10.48

深入分析紫斑牡丹、狭叶牡丹和黄牡丹种子发育过程中总脂肪酸含量变化发现，三者总脂肪酸含量于S3～S5阶段变化趋势基本一致，差异主要集中在S1～S3阶段（图9-3A）。在S1～S2阶段，黄牡丹脂肪酸合成速率最低，紫斑牡丹和狭叶牡丹合成速率相对较高；S2～S3阶段，紫斑牡丹合成速率依旧很高，而狭叶牡丹和黄牡丹脂肪酸合成速率明显降

低；S3~S5阶段，紫斑牡丹脂肪酸合成速率略高狭叶和黄牡丹，后面两者的合成速率较为接近（图9-3B）。由此表明：造成三者脂肪酸含量差异的关键时期为S1~S3（授粉后20~60d）；其中，第一制约阶段为S1~S2（授粉后20~40d），第二制约阶段为S2~S3（授粉后40~60d）。

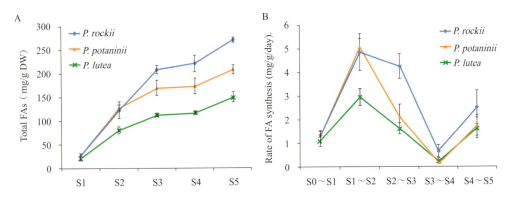

图9-3　紫斑牡丹（*P. rockii*）、狭叶牡丹（*P. potaninii*）和黄牡丹（*P. lutea*）种子发育过程中总脂肪含量变化（A）及脂肪酸合成速率（B）

接下来我们又对三个主要脂肪酸（油酸C18:1、亚油酸C18:2和亚麻酸C18:3）在不同野生种种子发育过程中的变化进行分析（图9-4）。首先，对三个野生种成熟种子中三个主要脂肪酸的含量进行比较（图9-4A）。结果表明，紫斑牡丹α-亚麻酸的含量明显高于狭叶和黄牡丹，因此我们推测紫斑牡丹可能拥有更加高效的α-亚麻酸合成机制；狭叶牡丹油酸含量略高于紫斑和黄牡丹，其油酸含量与α-亚麻酸含量接近；黄牡丹三个主要脂肪酸均低于紫斑和狭叶牡丹。其次，我们分别分析了三种野生牡丹在种子发育过程中的主要脂肪酸变化（图9-4B、C、D）。结果显示，紫斑牡丹（图9-4B）的α-亚麻酸含量在S1~S5期间持续增加；亚油酸含量在S1~S3期间持续增加，S3~S4略有下降，之后S4~S5又逐渐增加；油酸含量在整个发育时期也保持稳定增长。整体来说，紫斑牡丹"油酸→亚油酸→α-亚麻酸"的代谢通路相对通畅，更多的脂肪酸最终合成了α-亚麻酸。狭叶牡丹（图9-4C）α-亚麻酸的含量在S1~S3期间保持快速增长，之后S3~S4略有下降，S4~S5又明显上升；亚油酸含量在S1~S2迅速增加后，一直维持着平稳的状态；油酸的含量在整个发育时期都保持着快速增长。由此来看，狭叶牡丹"油酸→亚油酸"的代谢通路在S2之后并不是十分通畅，更多的脂肪酸没有进一步去饱和生成α-亚麻酸，而是以油酸的形式堆积下来，这也是为什么狭叶牡丹油酸含量高于紫斑和黄牡丹的原因。总体来说，黄牡丹（图9-4D）的三个主要脂肪酸的变化趋势与狭叶牡丹极为相似，只是各个成分含量均低于狭叶牡丹。由此表明，黄牡丹脂肪酸代谢与狭叶牡丹类似，但脂肪酸合成能力偏弱。

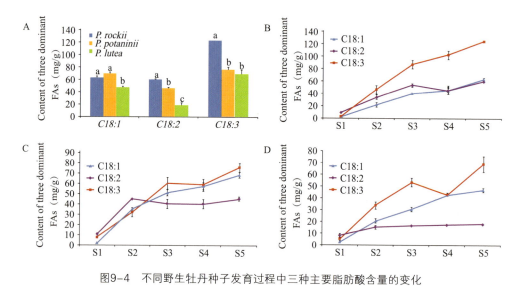

图9-4 不同野生牡丹种子发育过程中三种主要脂肪酸含量的变化

A：紫斑牡丹（*P. rockii*）、狭叶牡丹（*P. potaninii*）和黄牡丹（*P. lutea*）成熟种子中三种主要脂肪酸的含量对比。不同字母表示差异显著（$P<0.05$）。B：紫斑牡丹种子发育过程中三种主要脂肪酸变化。标准差为3个生物学重复的均值。C：狭叶牡丹种子发育过程中三种主要脂肪酸变化。标准差为3个生物学重复的均值。D：黄牡丹种子发育过程中三种主要脂肪酸变化。标准差为3个生物学重复的均值

三、不同野生牡丹种子发育过程中的基因表达分析

基于'凤丹'的转录组数据信息以及其他物种的脂肪酸代谢通路，10个籽油合成相关基因被用于RT-PCR分析。为了更加清楚地了解这些基因的功能，我们绘制了植物种子油脂合成的简图，并将10个相关基因在代谢通路中一一标出（图9-5）。前人的研究表明上述基因在种子油脂合成过程中发挥着不同的作用。β-PDHC主要用于催化糖酵解途径的丙酮酸，生成脂肪酸合成的起始底物乙酰-CoA，脂肪酸的碳骨架均来自乙酰-CoA。MCAT主要是将Malonyl-CoA（丙二酰-CoA）转移到酰基载体蛋白上，然后在脂肪酸合酶（FAS）催化下通过一系列反应从丙二酰-ACP和乙酰-CoA开始脂肪酸的延伸。脂肪酸合酶是一个由6个酶组成的复合体，EAR是其中的一个，在脂肪酸碳链延长过程中发挥作用。KASII，SAD，FATA和FATB决定了从质体输出的C16:0和C18:1游离脂肪酸的比例。SAD、FAD2和FAD3则催化硬脂酸在Δ9、Δ12和Δ15位的连续去饱和，分别生产油酸、亚油酸和α-亚麻酸。LPAAT在肯尼迪途径中发挥着重要作用，决定着TAG装配的速率。

为了探究油脂合成相关基因的表达与种子发育过程中脂肪酸积累的关系，我们利用RT-PCR分析了三个野生种在5个发育时期的10个相关基因的表达。如图9-6所示，10个基因在5个种子发育时期均有表达，但在三个野生种中的表达模式有较大差异。首先分析紫斑牡丹，我们可以看出β-PDHC、SAD、FATA、FAD2、FAD3和LPAAT在S1～S5的转录水平均明显高

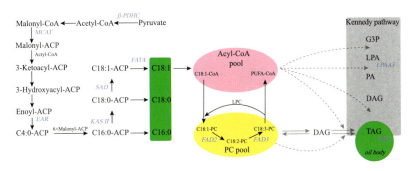

图9-5 脂肪酸和TAG合成的主要代谢途径

底物用粗体表示：ACP, 酰基载体蛋白；G3P, 3-磷酸甘油；DAG, 二酰甘油；LPA, 溶血磷脂酸；PA, 磷脂酸；PC, 卵磷脂；LPC, 溶血磷脂酰胆碱；PUFA, 多不饱和脂肪酸；TAG, 三酰甘油。酶的反应用斜体表示：β-PDHC, β-丙酮酸脱氢酶；MCAAT, 丙二酰-CoA:ACP 转酰酶；EAR, 烯酰-ACP 还原酶；KAS II, β-酮酰-ACP合酶II；SAD, 硬脂酰-ACP 去饱和酶；FAD3, Δ15亚油酸去饱和酶；FATA, 脂酰-ACP 硫脂酶A；FAD2, Δ12油酸去饱和酶；LPAAT, 溶血磷脂酸酰基转移酶；OBO, 油体蛋白

于狭叶牡丹和黄牡丹；且在S1~S3脂肪酸快速合成时，上述基因表达量也持续增加（FAD2在S2~S3期有下降）；在S3~S4期间总脂肪酸含量不再增加（维持稳定），脂肪酸合成速率降到最低，而此时上述基因的表达量均明显下降；在S4~S5期间（种子即将成熟）总脂肪酸含量略有增加，而此时上述基因只有LPAAT还略有增加，其他均明显降低，可能说明此时脂肪酸从头合成逐渐逐渐放缓，而肯尼迪途径的TAG装配却仍在持续进行。此外，SAD、FATA、FAD2和FAD3的表达量在种子发育过程中处于很高的水平，说明"硬脂酸→油酸→亚油酸→α-亚麻酸"的代谢通路较为通畅，紫斑牡丹从质体输出的油酸能够顺利进入PC衍生途径进行修饰（在FAD2和FAD3作用下去饱和），这或许也是紫斑牡丹拥有更多α-亚麻酸的主要原因。MCAT、EAR和KAS II三个基因在紫斑牡丹中的表达并没有明显的优势，说明脂肪酸在进行碳链延长（直到18个碳）的过程中紫斑牡丹并没有太多优势。

其次，分析狭叶和黄牡丹的表达情况。从图9-6可以看出，二者β-PDHC、MCAT、FATA、FAD2、FAD3和LPAAT的表达模式基本相近，这或许也是二者主要脂肪酸变化趋势基本相同的原因（图9-4）；狭叶牡丹EAR、KAS II和SAD的转录水平在种子发育过程中略高于黄牡丹，说明狭叶牡丹在脂肪酸碳链延长和"棕榈酸→硬脂酸→油酸"的代谢过程中占有一定优势。此外，在S3~S5阶段，狭叶牡丹大多数基因的表达均要高于黄牡丹，说明狭叶牡丹在种子发育的中后期脂肪酸代谢能力强于黄牡丹，这或许也是狭叶牡丹总脂肪酸含量以及主要脂肪酸成分高于黄牡丹的主要原因。第三，我们发现狭叶牡丹EAR、KASII和SAD的表达水平与紫斑牡丹相差不大，个别时期还略高；而FAD2和FAD3的表达水平则明显低于紫斑牡丹。这说明狭叶牡丹"棕榈酸→硬脂酸→油酸"的代谢通路相对通畅，而油酸进一步经PC衍生途径生成亚油酸和α-亚麻酸（分别在FAD2和FAD3作用下）的能力相对紫斑牡丹较弱。这一结论与狭叶牡丹拥有更高的油酸含量的事实是一致的（图9-4A）。

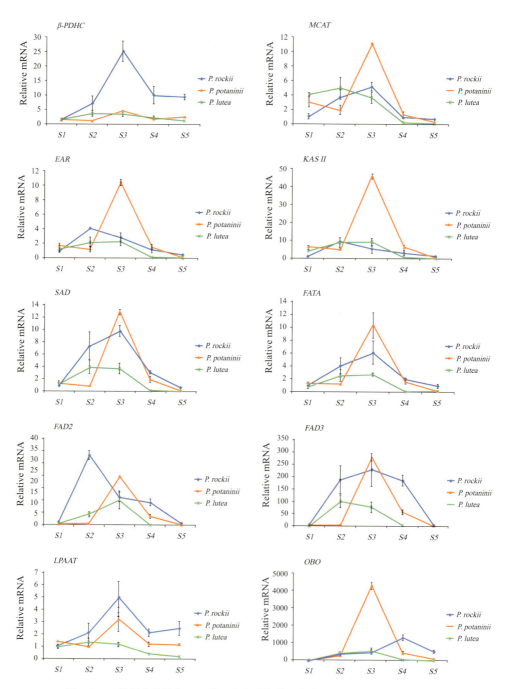

图9-6 三种野生牡丹在不同种子发育时期油脂合成相关基因的定量PCR分析

相对表达值，以18S为内参基因，使用$2^{-\Delta\Delta Ct}$法计算（相对于授粉后20d种子的表达量）。误差线为三个生物学重复的标准差

四、小结

人类逐步进化出稳定的饮食规律，其中便包括均衡的ω-3和ω-6脂肪酸摄入比例，低比例的ω-3/ω-6脂肪酸水平会诱发一些慢性疾病的发生（Harbige，2003）。α-亚麻酸是合成重要长链ω-3多不饱和脂肪酸的重要前体物质，例如有益于血液循环的EPA（二十碳五烯酸）和能够活化脑细胞的DHA（二十二碳六烯酸）等。α-亚麻酸不能通过人体自身产生，只能通过饮食获得。随着世界人口数量的不断增加，未来30年食用油的消费量将增加一倍（Chapman and Ohlrogge，2012）。因此，食用油的营养质量以及油料作物的产量需要不断改善，培育和开发拥有健康的ω-3/ω-6脂肪酸配比的新型油料作物也是十分必要的。牡丹是新兴木本油料作物，具有产油量高和油质优的特点。相比其他常见油料作物，牡丹籽油含有高达45%的α-亚麻酸含量，ω-3/ω-6比例接近5:3，完全符合人体对健康的多不饱和脂肪酸的需要（Zhou et al.，2014）。

我们的结果表明，中国野生牡丹总脂肪酸含量分为三个水平。通过对不同脂肪酸水平的紫斑牡丹、狭叶牡丹和黄牡丹在种子发育过程中的脂肪酸含量变化分析发现，野生牡丹种子中主要的不饱和脂肪酸有三种，即亚油酸、油酸和α-亚麻酸，它们在总脂肪酸含量中所占的比例分别为12.1%~21.9%、23.0%~32.9%和36.3%~46.0%。饱和脂肪酸主要是棕榈酸和硬脂酸，分别占总脂肪酸含量的6.4%~8.4%和1.0%~2.5%。此外，我们还发现授粉后20~60d是脂肪酸积累的关键时期。授粉后20~60d脂肪酸的合成速率将会直接影响最终成熟种子中脂肪酸的含量。

紫斑牡丹属于I级脂肪酸水平成员（图9-1），总脂肪酸含量在野生牡丹中为最高，因此紫斑牡丹也是培育高产油用牡丹的优良资源。进一步分析，相对于其他野生种，紫斑牡丹之所以拥有最高的脂肪酸含量，主要得益于它突出的α-亚麻酸水平（图9-4A）。种子发育过程中脂肪酸含量变化显示，紫斑牡丹"油酸→亚油酸→α-亚麻酸"的合成通路相对流畅，更多的脂肪酸最终合成了α-亚麻酸。狭叶牡丹"油酸→亚油酸"的代谢通路在S2之后并不是十分通畅，更多的脂肪酸没有进一步去饱和生成α-亚麻酸，而是以油酸的形式堆积下来，这也是为什么狭叶牡丹油酸含量高于紫斑和黄牡丹的原因。黄牡丹的三个主要脂肪酸的变化趋势与狭叶牡丹极为相似，只是各个成分含量均低于狭叶牡丹。说明黄牡丹脂肪酸代谢与狭叶牡丹类似，但脂肪酸合成能力偏弱。

很多植物在果实和种子中以TAG作为贮藏油脂的主要形式。在植物中，经*DGAT*催化的酰基-CoA依赖途径被认为是TAG装配的主要方式。然而，还有一个更为复杂的代谢通路被证实，即PC衍生途径。膜质PC可作为脂肪酸或者DAG合成TAG过程中的重要中间体。PC的sn-2是内质网上脂肪酸修饰（例如去饱和，羟基化）的主要位点。因此，酰基流进出PC是多不饱和脂肪酸（如α-亚麻酸）主要的合成通路。基因表达分析结果显示，紫斑牡丹之所以拥有更多α-亚麻酸可能得益于其高效的PC衍生途径。*FAD3*和*FAD2*在紫斑牡丹种子中高水平表达，说明二者在多不饱和脂肪酸的合成中发挥了重要作用。此外，qRT-PCR结果还显示 *FAD3* 的表达水平明显高于 *FAD2*，因此我们推测紫斑牡丹种子中高含量的α-亚麻酸可能是由于 *FAD3* 高丰度的转录。

进一步分析牡丹种子脂肪酸合成的关键基因。我们的结果显示紫斑牡丹 *β-PDHC*、*SAD*、*FATA*、*FAD2*、*FAD3* 和 *LPAAT* 在 S1~S5 的转录水平均明显高于狭叶牡丹和黄牡丹，且上述基因的表达模式与种子中脂肪酸的变化基本一致，因此我们建议上述基因可能是紫斑牡丹脂肪酸合成的关键基因。此外，紫斑牡丹高效的脂肪酸合成途径可能是多个阶段共同发挥作用的结果，如PC衍生途径（*FAD2*、*FAD3*）、肯尼迪途径（*LPAAT*）、油酸的合成和水解过程（*SAD*、*FATA*）等。然而由于 *MCAT*、*EAR* 和 *KAS II* 三个基因在紫斑牡丹中的表达并没有明显的优势，说明脂肪酸在进行碳链延长（直到18个碳）的过程中紫斑牡丹并没有太多优势，同时也表明上述三个基因可能不是牡丹脂肪酸合成得主效基因。此外，我们还发现 *OBO*（油体蛋白基因）在三个野生种中均有较高且持续的表达，或许也是牡丹油脂合成的重要基因。上述脂肪酸合成关键基因对于了解三种野生牡丹的油脂积累具有重要作用，进一步对其克隆和功能验证将有可能揭示牡丹多不饱和脂肪酸的合成机制。

第三节 比较转录组学揭示牡丹种子α-亚麻酸高效积累的分子机制

牡丹（*Paeonia* Section *Moutan* DC.）既是重要的观赏花卉和药用植物，也是极具潜力的木本油料作物。牡丹籽油的不饱和脂肪酸含量在90%以上，其中极具营养价值的α-亚麻酸含量达40%以上。α-亚麻酸只能在植物体内合成，是ω-3多不饱和脂肪酸中唯一的人体必需脂肪酸，具有降血压血脂、预防心脑血管疾病、增强智力等多方面的作用；α-亚麻酸摄入量不足将会影响人体健康（Kim et al., 2013）。因此，高α-亚麻酸含量的牡丹籽油的生产，对于改善现代人的饮食结构和健康，对于丰富我国优质保健植物食用油种类具有重要作用。综上，加快和推进牡丹油脂代谢的基础研究对于推进牡丹产业的多元化应用和促进油用牡丹育种工作具有重要意义。

近几年来，转录组学先后被用于油棕、美藤果、花生、牛油果和紫苏等植物的油脂代谢相关研究中，并筛选出TAG合成的关键基因和转录因子。本节以高α-亚麻酸含量的紫斑牡丹和低α-亚麻酸含量的黄牡丹为研究对象，通过比较转录组学分析其脂肪酸代谢差异，筛选出牡丹α-亚麻酸高效积累的关键基因，并进行验证，最终揭示了牡丹种子α-亚麻酸高效积累的分子机制。

一、紫斑牡丹和黄牡丹种子表型数据及α-亚麻酸含量分析

之前我们对9种野生牡丹种子中的脂肪酸含量进行了测定，发现紫斑牡丹种子中的总脂

肪酸含量最高（271.82mg/g seed DW），而黄牡丹的最低（150.09mg/g seed DW）。进一步分析发现，造成两种牡丹总脂肪酸含量差异的主要原因是α-亚麻酸的含量，紫斑牡丹在种子发育中后期的α-亚麻酸含量要明显高于黄牡丹（图9-7C）。从图9-7还可以看出，紫斑牡丹和黄牡丹的种子大小及颜色均有明显差异。在种子发育的中后期，紫斑牡丹的种子比黄牡丹小，重量也较轻。黄牡丹种子在发育早期呈现红色，60d后转为紫黑色，80d后为黑色；而紫斑牡丹在20d时呈现淡黄色或白色，60d后转为黄色，80d为转色期，部分种子变为黑色。在油菜和紫苏中的很多研究显示，黑色种皮与含油量呈负相关。由此可以推测，黄牡丹相对较低的脂肪酸和α-亚麻酸含量可能与它的黑色种皮有关，但脂质代谢与类黄酮合成的相互关系至今还没有被研究。本研究中，我们将对比两种牡丹不同种子发育时期的转录组数据，用于分析脂质合成的关键步骤和关键酶，包括与α-亚麻酸合成密切相关的脂肪酸去饱和酶。

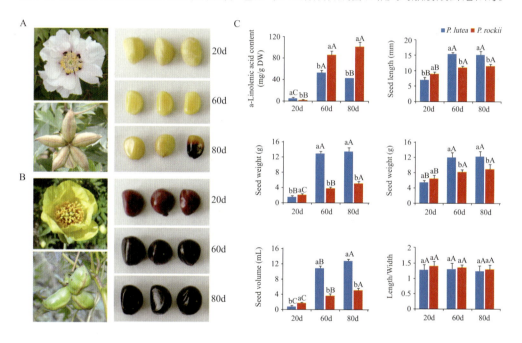

图9-7　紫斑牡丹和黄牡丹表型差异分析
A：紫斑牡丹的花、果实及种子表型；B：黄牡丹的花、果实及种子表型；C：紫斑牡丹和黄牡丹不同发育时期种子表型数据及α-亚麻酸含量对比

二、转录组数据揭示了高α-亚麻酸含量的脂质代谢途径

为了鉴定α-亚麻酸合成的关键基因，我们分别对紫斑牡丹和黄牡丹授粉后20d、60d和80d的种子进行了转录组测序。紫斑牡丹和黄牡丹的转录组文库均获得超过2.71亿个reads，经Trinity拼接后分别获得64044和47322个unigenes（http://www.ncbi.nlm.nih.gov/sra/

SRP150148）。之后将预测得到的蛋白编码序列和已知的四大公共数据库NR、SwissProt、KOG和KEGG——进行对比（E-value＜10-6），并对基因的功能进行预测和注释，紫斑牡丹共有24860条unigenes被注释，占所有unigenes比例的52.5%；黄牡丹共有22533条unigenes被注释，占所有unigenes比例的35.2%。进化树分析显示，两种牡丹均与葡萄、核桃和可可的亲缘关系较近。GO分类显示，紫斑牡丹和黄牡丹分别有49563和45205个unigenes被映射到GO不同的功能节点上。其中，生物过程类别中参与代谢过程、细胞过程、单个有机体过程的unigenes最多，分子功能类别中参与催化活性和绑定功能的unigenes最多，细胞构成类别中参与细胞膜和细胞器的unigenes最多。

前人研究显示，参与脂质代谢的基因超过740个，具体可以参考脂质代谢数据库http://aralip.plantbiology.msu.edu/。从牡丹转录组数据文库中我们筛选出600个unigenes参与油脂代谢过程，KEGG分析显示这些基因涉及18个代谢途径；其中有7个主要的代谢过程包含了三分之二的unigenes，分别是甘油磷脂代谢、脂肪酸代谢、脂肪酸降解、α-亚麻酸代谢、甘油酯代谢、不饱和脂肪酸合成和脂肪酸生物合成。从图9-8A可以看出，α-亚麻酸含量较高的紫斑牡丹各脂质代谢途径中unigenes的表达水平普遍高于α-亚麻酸含量较低的黄牡丹。植物油脂的合成主要是在质体和内质网中完成的，已有研究显示该过程共涉及至少28个基因。为了对比紫斑牡丹和黄牡丹脂肪酸合成机理差异，我们重点分析了质体和内质网中脂肪酸合成相关基因在种子发育过程中的总表达水平。从图9-8B和C中可以看出，在质体中，紫斑牡丹60d和80d中脂肪酸合成基因总的表达水平要明显高于黄牡丹；而在内质网中，二者的差异主要集中在80d，且紫斑牡丹中的表达水平明显高于黄牡丹。

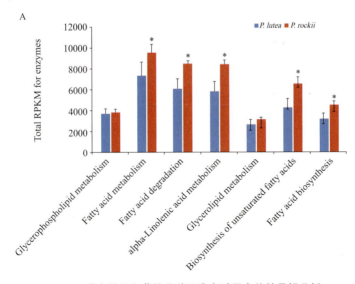

图9-8-1 紫斑牡丹和黄牡丹种子发育过程中的转录组分析
A：七个主要脂质代谢过程中unigenes总的表达水平

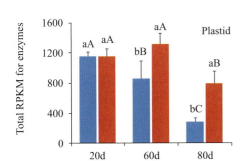 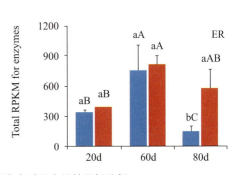

图9-8-2 紫斑牡丹和黄牡丹种子发育过程中的转录组分析
B：质体中脂肪酸合成基因总的表达水平；C：内质网中脂肪酸合成基因总的表达水平

三、高α-亚麻酸油脂代谢关键基因的筛选

植物种子脂肪酸的从头合成主要在质体中完成，共涉及至少14个关键基因（图9-9A）。紫斑牡丹和黄牡丹在质体中的基因表达差异主要集中在60d和80d，因此我们统计了这14个基因在60d和80d时的表达量之和，并对比分析了这些基因在两种牡丹中的表达差异（图9-9B）。结果显示，紫斑牡丹中硬脂酰-ACP去饱和酶（*SAD*）、丙酮酸脱氢酶（*PDHC*）、脂酰-ACP硫脂酶A（*FATA*）、β-酮酰-ACP合酶II（*KAS II*）、β-酮酰-ACP还原酶（*KAR*）和β-酮酰-ACP合酶III（*KAS III*）的表达水平显著高于黄牡丹。其中*SAD*主要负责将硬脂酸在碳9位上脱氢生成油酸，是不饱和脂肪酸生物合成的起始酶，对植物不饱和脂肪酸的水平起着决定性作用。*PDHC*是一组限速酶，催化丙酮酸不可逆的氧化脱羧转化成乙酰辅酶A，将糖的有氧氧化与三羧酸循环和氧化磷酸化连接起来，在细胞线粒体呼吸链能量代谢中的作用至关重要；此外，乙酰辅酶A也是脂肪酸碳骨架的主要来源，对脂肪酸的合成至关重要。*KAS II*、*KAR*和*KAS III*是脂肪酸从头合成的几个关键酶，主要在脂肪酸碳链延伸过程中发挥作用。脂肪酸碳链的延伸可以在脂酰-ACP硫脂酶的作用下终止，释放游离脂肪酸，这个反应过程可以产生各种碳链长度的脂肪酸。*FATA*主要作用于长链的脂酰-ACP，特别是优先选择C16-C18的脂酰-ACP，牡丹籽油18碳链脂肪的形成和积累与这个过程息息相关。

脂肪酸在质体中合成后，被转移到内质网上，进行去饱和等修饰过程；此外，脂肪酸和甘油骨架的组装也是通过肯尼迪途径在内质网上完成的。内质网中涉及脂肪酸代谢的基因至少有14个，我们通过转录组数据对比分析了这些基因在紫斑牡丹和黄牡丹中的表达（图9-10）。结果显示，紫斑牡丹中脂肪酸去饱和酶3（*FAD3*）、脂肪酸去饱和酶2（*FAD2*）、磷脂酶A（*PLA2*）、磷脂酶C（*PLC*）、磷脂酶D（*PLD*）、甘油-3-磷酸脱氢酶（*GPDH*）、磷脂酰胆碱甘油二脂转磷酸胆碱酶（*PDCT*）、二脂酰甘油:胆碱磷酸转移酶（*CPT*）和磷脂二酰甘油酰基转移酶（*PDAT*）的表达水平显著高于黄牡丹。其中，*FAD*是合成多不饱和脂肪酸路径中的关键酶，调节多不饱和脂肪酸的不饱和程度，同时在冷驯化过程中产生关键的冷激蛋白，在调节细胞正常功能上有重要作用；*FAD2*和*FAD3*与牡丹种子中亚油酸和α-亚麻酸的合成直接相关，是牡丹α-亚麻酸高效合成的限速酶。*PDCT*和*CPT*对种子油的脂肪酸组成起决定作用，影响不饱和脂肪酸的最终含量。糖酵解的中间产物类磷酸二羟丙酮在*GPDH*作用下，还原生成α磷酸甘油（或称3磷酸甘油），是油脂的碳骨架。磷脂酶主要包括磷脂酶A1、A2、B、C和D，它们特异地作用于磷脂分子内部的各个酯键，形成不同的产物，在油脂合成中主要用于脂肪酸从PC衍生途径中的转移。植物种子中脂肪酸的转移由酰基转移酶完成，其中*DGAT*和*PDAT*是限速酶，二者表达量的高低将直接影响牡丹种子α-亚麻酸含量的高低。

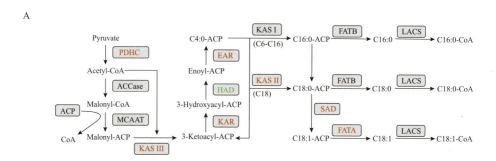

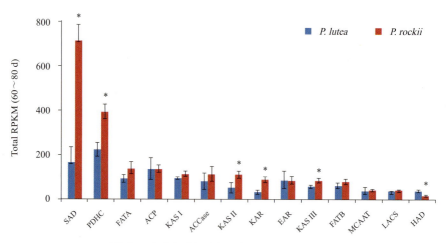

图9-9　质体中脂肪酸合成相关基因在两种牡丹中的表达分析

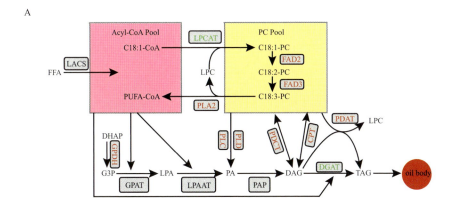
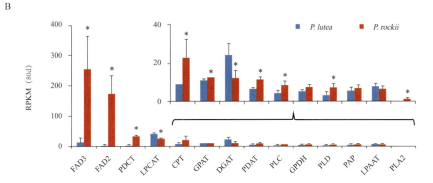

图9-10 内质网中脂肪酸合成相关基因在两种牡丹中的表达分析

接下来,我们选择了在紫斑牡丹种子中高表达的基因,对其在种子发育过程中的表达模式进行了分析(图9-11)。结果显示,质体中的基因(图9-11A)在紫斑牡丹种子发育过程的表达量要高于黄牡丹,尤其是在种子发育的中后期,说明紫斑牡丹质体中的脂肪酸代谢要高于黄牡丹。脂肪酸从头合成的最终产物主要是油酸,这些基因的高表达也暗示着紫斑牡丹种子中有更多的油酸被合成,这些高含量的油酸也将通过去饱和进一步产生α-亚麻酸。内质网上基因(图9-11B)表达模式差异较大。其中,*FAD2*和*FAD3*的表达模式表现出先增加后降低的趋势,虽然二者在紫斑牡丹80d的种子中的表达低于60d,但依然处于较高的水平,这与两种牡丹种子中α-亚麻酸的变化趋势基本一致,进而再次证明了这两个基因在α-亚麻酸合成中的重要性。*PLA2*只在紫斑牡丹中表达,在黄牡丹中未检测出;此外,*PDCT*和*CPT*的表达在紫斑牡丹中也显著高于黄牡丹,说明经PC衍生途径合成的18碳多不饱和脂肪酸在紫斑牡丹中可以通过更多途径被输出,进而用于油脂的合成。此外,*PDAT*的表达量在紫斑牡丹中也较高,这或许可以说明PDAT在α-亚麻酸的转移过程中发挥了重要作用,从而导致紫斑牡丹中更多的α-亚麻酸可以被转移到TAG存贮起来。

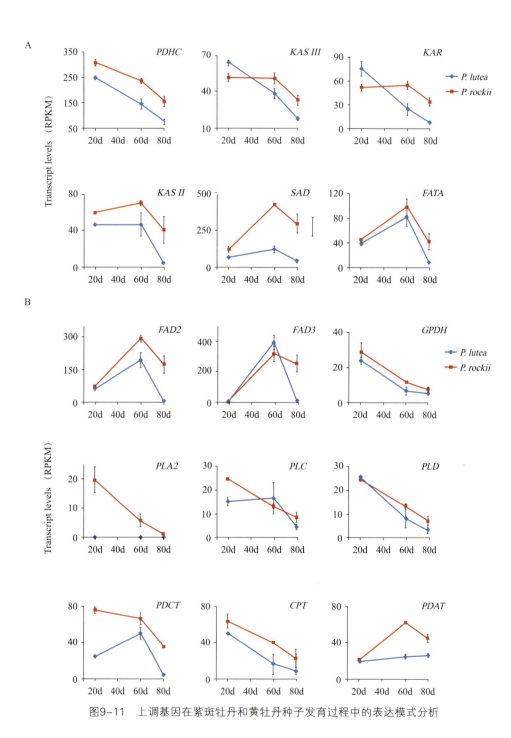

图9-11 上调基因在紫斑牡丹和黄牡丹种子发育过程中的表达模式分析

上述结果显示，脂肪酸去饱和酶基因在牡丹α-亚麻酸合成过程中发挥了重要作用，为此，我们还通过qRT-PCR技术验证了 *SAD*、*FAD2*和*FAD3*在紫斑牡丹和黄牡丹种子发育过程中的表达模式（图9-12）。定量PCR结果表明，紫斑牡丹和黄牡丹*SAD*的表达差异只表现在种子发育的40d和80d；而*FAD2*和*FAD3*的表达水平在20～80d均有差异，且紫斑牡丹显著高于黄牡丹。此外，我们还可以看出*FAD2*和*FAD3*的表达趋势与α-亚麻酸的积累基本保持一致，且在紫斑牡丹中二者在80d依旧保持较高水平，与转录组数据一致。上述结果再次证明，*FAD2*和*FAD3*可能是紫斑牡丹和黄牡丹α-亚麻酸合成的关键基因。

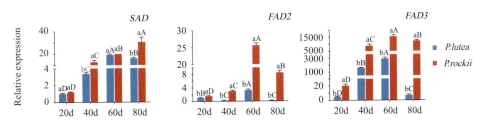

图9-12　三个脂肪酸去饱和酶基因的定量PCR分析

四、*FAD2*和*FAD3*的克隆与表达分析

由于紫斑牡丹拥有更加高效的α-亚麻酸合成途径，因此，我们从紫斑牡丹种子中分别克隆了*FAD2*和*FAD3*基因，以验证它们在牡丹种子脂肪酸代谢中的作用。测序结果表明*FAD2*的cDNA全长为1155bp，编码一个含有384个氨基酸残基的蛋白，命名为*PrFAD2*。通过BLAST分析发现*PrFAD2*含有一个FA-acyltransferase结构域（图9-13A）。ProtParam预测*PrFAD2*的分子式为$C_{2065}H_{3027}N_{523}O_{539}S_{11}$，理论分子量为44.2kDa；35个氨基酸（Arg+Lys）带正电荷，33个氨基酸（Asp+Glu）带负电荷，其PI值为8.11；*PrFAD2*属于稳定的蛋白类（instability index = 34.49）。运用ExPASy软件（采用Kyte & Doolittle算法）分析*PrFAD2*的亲水性/疏水性，结果显示，*PrFAD2*氨基酸序列第183的Ala疏水性最强，分值最高为2.744；第370的Gly亲水性最强，分值最低为-3.244。ProtParam预测*PrFAD2*为亲水性蛋白（GRAVY=−0.084）。二级结构预测显示，*PrFAD2*包含30.99%的α-螺旋、27.86%的β-折叠、9.11%的β-转角和32.03%的无规则卷曲。TMHMM-2.0软件对蛋白质进行跨膜分析表明，*PrFAD2*在49～71、81～103、179～196、223～245和250～272氨基酸残基处有5个跨膜区，蛋白定位在膜外（图9-13B）。运用PSORTII Prediction分析亚细胞定位发现，*PrFAD2*可能作用于内质网、质膜、细胞质以及线粒体中。利用SignalP 3.0 Server分析后发现*PrFAD2*无任何信号肽。Phyre Version 0.2三维结构的空间预测表明，*PrFAD2*蛋白有包含4个α-螺旋等二级结构单元（图9-13C）。进化关系分析表明，紫斑牡丹*PrFAD2*与芍药*FAD2*基因亲缘关系较近（图9-13D）。时空表达分析表明，*PrFAD2*在所有被检测组织中均有表达，尤其是在雄蕊、雌蕊和种子中

有较高表达（图9-13E）；在种子发育过程中*PrFAD2*的表达呈现先增加后降低的趋势，其中在50~80d种子中表达量较高（图9-13F）。

测序结果表明*FAD3*的cDNA全长为1308bp，编码一个含有435个氨基酸残基的蛋白，命名为*PrFAD3*。通过BLAST分析发现*PrFAD3*含有一个FA-acyltransferase结构域（图9-14A）。ProtParam预测*PrFAD3*的分子式为$C_{2324}H_{3439}N_{601}O_{609}S_{11}$，理论分子量为49.9kDa；41个氨基酸（Arg+Lys）带正电荷，39个氨基酸（Asp+Glu）带负电荷，其PI值为8.15；*PrFAD3*属于稳定的蛋白类（instability index = 35.29）。运用ExPASy软件（采用Kyte & Doolittle算法）分析*PrFAD3*的亲水性/疏水性，结果显示，*PrFAD3*氨基酸序列第277的Ala疏水性最强，分值最高为3.122；第191的His亲水性最强，分值最低为-2.867。ProtParam预测*PrFAD3*为亲水性蛋白（GRAVY = -0.208）。二级结构预测显示，*PrFAD3*包含28.28%的α-螺旋、21.38%的

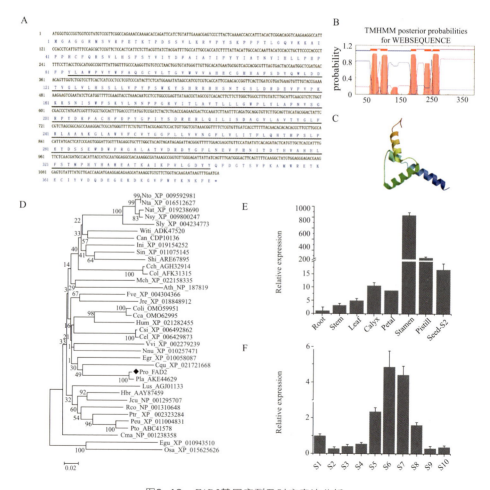

图9-13　*FAD2*基因序列及时空表达分析

β-折叠、11.95%的β-转角和38.39%的无规则卷曲。TMHMM-2.0软件对蛋白质进行跨膜分析表明，*PrFAD3*在115～137、221～238和269～291氨基酸残基处有3个跨膜区，蛋白定位在膜上（图9-14B）。运用PSORTII Prediction分析亚细胞定位发现，*PrFAD3*可能作用于内质网、高尔基体、线粒体以及细胞质中。利用SignalP 3.0 Server分析后发现*PrFAD3*无任何信号肽。Phyre Version 0.2三维结构的空间预测表明，*PrFAD3*蛋白有包含3个α-螺旋等二级结构单元（图9-14C）。进化关系分析表明，紫斑牡丹*PrFAD3*与芍药*FAD3*基因亲缘关系较近（图9-14D）。时空表达分析表明，*PrFAD3*在所有被检测组织中均有表达，尤其是在雌蕊和种子中有较高表达（图9-14E）；在种子发育过程中*PrFAD3*的表达呈现先增加后降低的趋势，其中在40～90d种子中表达量较高（图9-14F）。

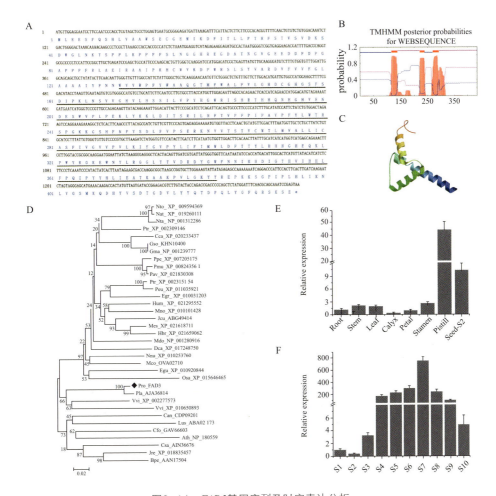

图9-14 *FAD3*基因序列及时空表达分析

五、PrFAD2和PrFAD3基因的功能验证

为了验证紫斑牡丹PrFAD2和PrFAD3基因的功能，我们构建了由35S调控的pC1300-PrFAD2和pC1300-PrFAD3过表达载体，并成功转化GV3101农杆菌。通过花序浸润法转化拟南芥，混合收种后经过Hyg抗性筛选，挑选出生根的抗性苗，再经过三代筛选培养，共鉴定到3个纯合的PrFAD2-OX拟南芥株系（#17、#51和#58），3个纯合的PrFAD3-OX株系（#10、#14和#26）。在T3代转基因株系开花后的第14d，我们选取生长一致的嫩绿角果，用于检测目的基因在拟南芥中的表达水平，以Col-0（野生型拟南芥）为对照，拟南芥AtActin7基因为内参进行半定量PCR分析。结果显示，PrFAD2-OX和PrFAD3-OX拟南芥转基因株系中均能够检测到外源基因的转录（图9-15A、C），说明PrFAD2和PrFAD3在35S启动子驱动下均能够在拟南芥角果中表达。

为了验证转基因拟南芥种子中脂肪酸含量的变化，我们运用GC-MS测定了PrFADs过表达纯合株系中成熟种子的脂肪酸含量。与野生型拟南芥相比，PrFAD2的三个过表达株系#17、#51和#58的α-亚麻酸与亚油酸的比例（ALA/LA）明显降低（图9-15A）。进一步分析

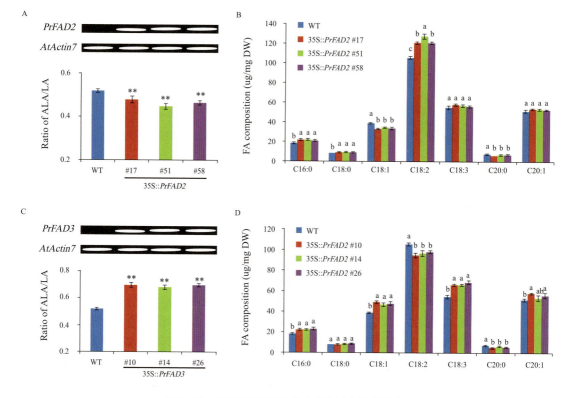

图9-15　FAD2和FAD3在拟南芥中过表达功能验证

脂肪酸的成分变化表明（图9-15B），PrFAD2过表达株系种子的棕榈酸（C16:0）、硬脂酸（C18:0）和亚油酸（C18:2）含量增加，而油酸（C18:1）和花生酸（C20:0）的含量则有所降低。所不同的是，PrFAD3的三个过表达株系#10、#14和#26中的α-亚麻酸与亚油酸的比例相比野生型有明显增加（图9-15C）。进一步分析脂肪酸的成分变化（图9-15D），结果表明PrFAD3过表达株系种子的棕榈酸（C16:0）、油酸（C18:1）、α-亚麻酸（C18:3）和顺-11-二十碳烯酸（C20:1）含量增加，而亚油酸（C18:2）和花生酸（C20:0）的含量则有所降低。综上所述，PrFAD2和PrFAD3在拟南芥中异位表达显著改变了α-亚麻酸与亚油酸的比例，并分别增加了亚油酸和α-亚麻酸的含量，证明了PrFAD2和PrFAD3在α-亚麻酸合成中的确发挥了作用。

六、小结

通过对比分析紫斑牡丹和黄牡丹种子发育过程中的转录组数据，我们找到了参与牡丹种子脂肪酸代谢的相关基因，并对其转录模式进行分析，最终绘制了牡丹种子中脂肪酸和TAG的合成途径（图9-16）。

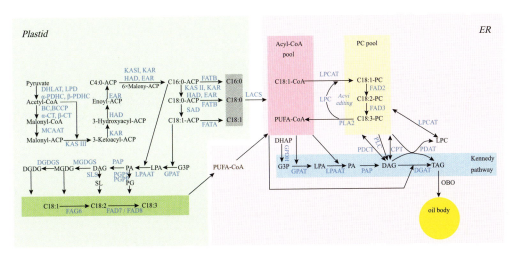

图9-16 牡丹种子脂肪酸和TAG合成途径

在此基础上我们进一步探讨了紫斑牡丹种子α-亚麻酸高效合成的分子机制（图9-17），主要包括以下四点：第一，紫斑牡丹质体中脂肪酸从头合成效率较高，PDHC、KAS III、KAR、KAS II、SAD和FATA的高水平表达可以提供更多的C18:1，为α-亚麻酸合成供应了更多的原材料，该过程好比原料车间；第二，紫斑牡丹酰基编辑途径中的两个关键基因PrFAD2和PrFAD3在种子发育过程中高效持久地表达，直接合成了更多的α-亚麻酸，该过程也可以看作生产车间；第三，经酰基编辑途径合成的α-亚麻酸在紫斑牡丹中可以通过PLA2、PDCT

和CPT等多个途径高效地转移，进而用于TAG（油脂）的合成，该途径可看作输出车间；第四，DGAT和PDAT好比两个开关，可以选择性转移α-亚麻酸到TAG中。紫斑牡丹DGAT的表达量较黄牡丹低，而PDAT的表达量较高，就好比DGAT这个开关被关闭，而PDAT这个开关被打开，那么用于TAG合成的更多的脂肪酸会通过PDCT和CPT的作用回流到酰基编辑途径中，这样很多的C18:1可以进一步被合成为C18:3（α-亚麻酸），进而在PDAT的作用下合成高α-亚麻酸的油脂。以上四个步骤相互合作，最终促使紫斑牡丹籽油中含有更高水平的α-亚麻酸。

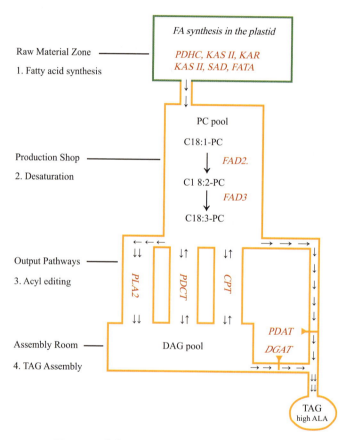

图9-17　紫斑牡丹α-亚麻酸高效积累的代谢途径

第四节　花粉直感对牡丹脂肪酸代谢相关基因的影响

植物杂交当代种子的胚乳表现父本性状的现象称为直感。不同品种授粉后，花粉当年内能直接影响其受精形成的果实或者种子发生变异的现象称为花粉直感。1876年，Garfield在苹果中首次发现花粉直感现象。经过多年研究发现，花粉直感除了影响植物种子的形状、大小、颜色等外在品质外，还可以影响种子或果实的颜色、风味以及内在成分含量等。因此，花粉直感效应对作物、果树的生产有着重要的现实意义。我们经过多年研究发现，牡丹中也存在花粉直感现象，不同花粉源对牡丹种子的脂肪酸含量及组成产生了一定影响。本节将重点阐述牡丹花粉直感对种子脂肪酸代谢的影响，并试图解析其相关分子机理，以期为油用牡丹授粉树的配置、提高产量、改善脂质组成及提高经济效益等方面提供理论支撑。

一、不同花粉源对牡丹种子脂肪酸合成的影响

不同花粉源对牡丹籽油的脂肪酸含量和组成均有显著的影响。为探究花粉直感对种子籽油产生影响的机理，以紫斑牡丹为授粉树，四个能对脂肪酸代谢产生显著影响的花粉源被筛选用来做进一步实验。不同花粉源授粉后，不同发育时期种子的脂肪酸以及脂肪酸代谢通路上相关基因的表达情况被探究。

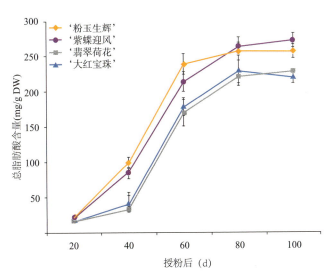

图9-18　不同花粉源对紫斑牡丹种子发育过程中总脂肪酸含量的影响

如图所示，用不同花粉源授粉后，种子中总脂肪酸的积累趋势大致相同。20d以后，种子脂肪酸达到一个快速积累的阶段（40~80d）。同时可以很明显地观察到，用'紫蝶迎风'和'粉玉生辉'的花粉授粉后，种子脂肪酸的含量要明显高于用另外两个品种的花粉授粉所得到种子。

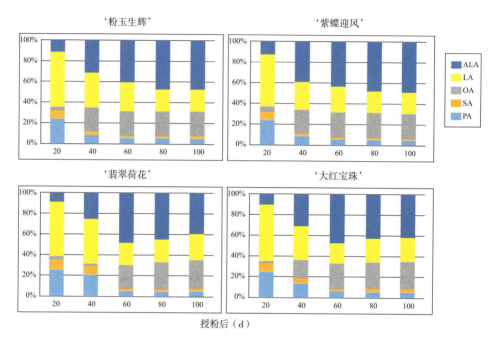

图9-19 不同花粉源对紫斑牡丹种子发育过程中脂肪酸成分及含量的影响
PA：棕榈酸，SA：硬脂酸，OA：油酸，LA：亚油酸，ALA：α-亚麻酸

用'粉玉生辉'和'紫蝶迎风'授粉后的种子含有α-亚麻酸的比例较高，分别占到47.56%和49.89%，与之比较，'翡翠荷花'与'大红宝珠'则相对比较低。这四种花粉源可以被分为高α-亚麻酸组（>47%）和低α-亚麻酸组（<43%）。此外，可以明显观察到α-亚麻酸在不同组积累趋势上的明显不同。在高α-亚麻酸组中，α-亚麻酸的比例从20~100d持续增长，而在低α-亚麻酸组中，α-亚麻酸的比例从20d开始增长，但是到60d之后便开始下降。因此，60d很可能是造成牡丹种子脂肪酸成分含量差异的关键时期。

二、不同花粉源对牡丹脂质代谢相关基因的表达响应

为进一步探究不同花粉源对脂肪酸造成影响的原因，40~60d的种子的RNA被提取用来测定脂肪酸关键代谢通路上相关基因的表达情况。

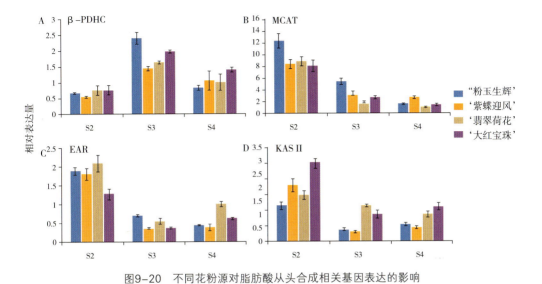

图9-20 不同花粉源对脂肪酸从头合成相关基因表达的影响

β-PDHC、*MCAT*、*EAR*、*KAS Ⅱ* 是脂肪酸从头合成的相关基因，从定量结果看，几个基因的表达随着时期的变化而变化。然而，并未出现显著的差异。

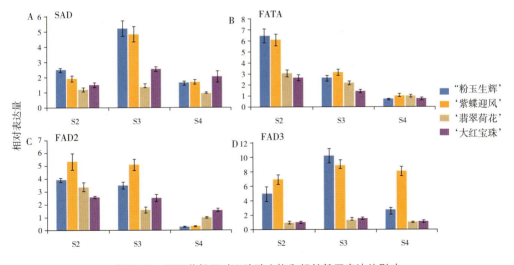

图9-21 不同花粉源对脂肪酸去饱和相关基因表达的影响

α-亚麻酸（C18:3）的合成需要油酸（C18:0）经过 *SAD*、*FAD2*、*FAD3* 的连续去饱和作用。结果表明，授予不同的花粉源的种子中与脂肪酸去饱和相关基因的表达产生了显著的差异。而且，此结果与α-亚麻酸的变化一致。

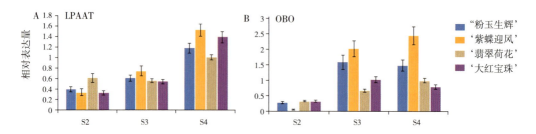

图9-22 不同花粉源对油脂合成相关基因表达的影响

与脂肪酸组装的相关基因（*LPAAT*、*OBO*）等也未发现显著的差异。

表9-2　高低α-亚麻酸组相关基因的定量表达情况

基因	S2		S3		S4	
	H	L	H	L	H	L
β-PDHC	0.60	0.76	1.92	1.81	0.94	1.20
MCAT	10.29	8.40	4.37	2.25	2.10	1.18
EAR	1.84	1.68	0.53	0.46	0.42	0.81
KAS II	1.70	2.31	0.40	1.16	0.57	1.14
SAD	2.20	1.35	5.02	1.99	1.66	1.52
FATA	6.24	2.84	2.87	1.78	0.86	0.86
FAD2	4.61	2.95	4.29	2.05	0.29	1.28
FAD3	5.93	1.01	9.62	1.54	5.35	1.07
LPAAT	0.37	0.47	0.67	0.55	1.34	1.19
OBO	0.18	0.33	1.81	0.86	1.97	0.90

注：S2、S3、S4分别代表授粉后40d、60d、80d。
缩写：H，高α-亚麻酸组；L，低α-亚麻酸组。

由以上结果可以看出，*SAD*、*FATA*、*FAD2*以及*FAD3*等直接与特异性脂肪酸合成相关的基因的表达量在高低α-亚麻酸组中呈现了明显的差异。其中*FAD2*和*FAD3*的表达量在高α-亚麻酸组中是低α-亚麻酸组的10倍左右，此结果与α-亚麻酸的含量高度一致。表明牡丹中的*FAD2*和*FAD3*很可能是调控α-亚麻酸合成的关键基因。此外，该结果还说明授予高α-亚麻酸组的花粉后，紫斑牡丹种子中的α-亚麻酸代谢似乎更加通畅，便于产生更多的α-亚麻酸。因此，不同的花粉源可能会影响脂肪酸代谢的相关基因的表达，从而进一步影响种子中总脂肪酸的含量以及比例。

第十章
'凤丹'牡丹油用育种特性与选种

'凤丹'牡丹（*Paeonia ostii* 'Feng Dan'），别名铜陵牡丹、铜陵'凤丹'，是由杨山牡丹（*Paeonia ostii*）在药用栽培的过程中逐步演化，经人工筛选形成的栽培牡丹品种群（Cheng，2007）。'凤丹'，其根皮有镇痛、解热、抗过敏、消炎、免疫等药用价值，国内药用'凤丹'牡丹的传统栽植区域为安徽省、陕西省、河南省、四川省等地。自2011年国家卫生部发布了正式批准牡丹籽油为新资源食品的公告后，'凤丹'牡丹以其结实性较好的特点，迅速跃升为油用牡丹的行列，成为当前油用牡丹的主要发展种类，其栽培获得了前所未有的发展。充分了解'凤丹'牡丹的资源特性，对于选育油用牡丹新品种有着特殊意义。本章主要内容主要基于我们近年来的有关'凤丹'牡丹油用新品种选育研究工作，同时主要参考引用了由著者指导的李林昊和晋敏两位的硕士学位研究论文，特此予以说明。

第一节　不同'凤丹'牡丹群体性状变异特点的评价比较

'凤丹'牡丹长期栽培中是以实生繁殖方式进行的，究竟其变异特性如何，只有弄清有关特性的变异情况，才能确定适合的选种方法。为了获得对不同产区的'凤丹'牡丹变异特性的评价，我们分别收集来自陕西'凤丹'传统栽培区旬阳县、商州区和凤翔县凤丹优选植株，统一栽植在西北农林科技大学牡丹资源圃内，对主要生长发育特性进行了系统鉴定评价，以帮助我们对有关问题有更好的了解。

一、物候特性

1. 主要物候期的变异表现

对三地不同优选群体物候期的观察统计结果表明（表10-1），不同来源'凤丹'牡丹类群，其主要物候期虽然存在一定的差异，但其差异相对较小。如来源于陕南旬阳县秦巴山区的'凤丹'牡丹群体，与来自位于关中西部黄土高原凤翔地区的'凤丹'群体之间，其主要物候期相差极小，唯有商洛'凤丹'物候较其他两地提前至少2d。'凤丹'不同发育阶段生长天数较接近，这表明不同地区'凤丹'最初共同来源的特性，这些物候特性受制于遗传特性的调控；而各地'凤丹'牡丹原产地物候的不同表现，则完全取决于当地的生长环境差异。

表10-1　不同产地'凤丹'牡丹优选群体主要物候期

原产地	花芽膨大期	立蕾期	展叶期	透色期	盛花期	果实成熟期	落叶期
旬阳县	3月1日	3月12日	3月26日	4月12日	4月17日	7月30日	11月2日
商州区	2月27日	3月10日	3月23日	4月11日	4月16日	8月2日	10月30日
凤翔县	3月1日	3月14日	3月29日	4月14日	4月18日	7月30日	11月3日

2. 花期表现

花期作为植物重要的物候期，其生长发育与果实形成息息相关，也直接关系到花期管理。观察统计表明（表10-2），单株个体单花开放期长7～11d，不同产地间差异较小；群体花期相对于单株个体的花期较长，表明不同单株存在着花期差异性。另外不同群体花期长短有一定差异，如旬阳县'凤丹'群体花期最短，为9～15d，商洛地区与凤翔地区花期都为10～17d，也表明商州区和凤翔县'凤丹'牡丹群体的花期性状变异稍大。

表10-2　不同产地'凤丹'牡丹优选群体花期变异

原产地	单株花期长（d）	群体花期长（d）
旬阳县	7～10	9～15
商州区	7～11	10～17
凤翔县	7～10	10～17

二、生长与结实特性

调查结果表明（表10-3），营养生长特性指标（植株高度、树冠大小、叶型指数）差异较小或不显著，但结实特性性状如：单株结实率（%）、单株坐果量、鲜果含水量、单株干果质量、单株籽粒数、单株籽粒质量、千粒质量、果实直径、出仁率、种子体积等性状在不同产地的'凤丹'牡丹群体上表现为比较明显的差异，商州区'凤丹'在单株结果量、单株产籽质量，籽粒千粒质量等产量性状上比凤翔县'凤丹'、旬阳县'凤丹'表现较差；凤翔县'凤丹'单株结果量、单株籽粒数、单株籽粒质量等关键性的产量指标均优于商州区'凤丹'和旬阳县'凤丹'牡丹群体。

表10-3 不同产地'凤丹'牡丹优选群体生长结果性状测定结果

性状	商州区	凤翔县	旬阳县
表株高（cm）	104.35b	104.47b	113.64a
树冠投影面积（m²）	0.70ab	0.66b	0.89a
叶形指数	1.57a	1.59a	1.54ab
单株结实率（%）	68.73ab	71.99ab	80.80a
单株坐果量	5.57b	7.12a	6.18ab
鲜果含水量（%）	38.12a	31.47b	40.85a
单株干果质量（g）	108.66d	190.92a	183.41ab
单株籽粒数	166.18d	315.61a	195.68c
单株籽粒质量（g）	32.64d	75.25a	70.65ab
千粒质量（g）	205.94bc	240.82b	348.59a
果实直径（mm）	78.60c	80.89ab	81.83a
出仁率（%）	0.63c	0.71a	0.66d
种子体积（mm³）	83.53b	81.15c	94.52a

注：同列不同字母表示种群间在0.05水平存在显著性差异。

应用变异系数指标对不同产地的'凤丹'牡丹优选群体的生长结果性状的变异进行了深入分析，结果表明（表10-4），各性状变异系数差异较大，结果为：单株坐果量（40.36%）>单株籽粒数（39.95%）>树冠投影面积（36.79%）>单株干果质量（34.51%）>单株籽粒质量（31.09%）>单株结实率（23.18%）>鲜果含水量（20.77%）>千粒质量（18.22%）>株高（17.62%）>叶形指数（17.40%）>果实直径（12.53%）>种子体积（9.63%）>出仁率（7.39%）。产量性状单株坐果量、单株籽粒数、单株籽粒质量等变异系数较大，个体间差异明显，在实生选种过程中，选择范围大，选择选育潜力较大。三个不同产地间变异系数商州区（25.91%）>凤翔县（24.32%）>旬阳县（21.17%），说明旬阳县产地的'凤丹'植株性状相对稳定，商州产地'凤丹'植株性状变异大。也说明不同产地实生'凤丹'牡丹的选择潜力存在一定差异,那些变异范围更大的群体,对于进一步开展选种的优势更大。

表10-4 不同产地'凤丹'牡丹主要性状变异系数(%)

性状	产地			均值
	商州区	凤翔县	旬阳县	
表株高	20.75	19.30	12.83	17.62
树冠投影面积	34.29	37.88	38.20	36.79
叶形指数	14.65	23.90	13.64	17.40
单株结实率	27.43	19.02	23.09	23.18
单株坐果量	42.01	39.75	39.32	40.36
鲜果含水量	22.59	29.23	10.48	20.77
单株干果质量	34.35	31.05	38.13	34.51
单株籽粒数	48.66	34.50	36.69	39.95
单株籽粒质量	38.88	28.45	25.93	31.09
千粒质量	21.14	16.30	17.23	18.22
果实直径	13.73	12.92	10.94	12.53
出仁率	6.35	11.27	4.55	7.39
种子体积	12.07	12.56	4.25	9.63

三、种子脂肪酸

种子脂肪酸及成分对于牡丹籽油加工至关重要,因此了解不同地区'凤丹'牡丹群体的有关问题,对于开展油用牡丹选种工作有重要意义。为此,我们分别对采自陕西省渭南市潼关县、山西省运城市稷山县、山东省菏泽市定陶县、甘肃省白银市会宁县、安徽省亳州市谯城区以及河南省孟州市采集'凤丹'牡丹果实,以及商州区、凤翔县、旬阳县群体的种子出油率和主要脂肪酸成分进行了分析比较。

1. 出油率

应用二氧化碳萃取仪分析技术,结果表明(表10-5),不同产地'凤丹'牡丹籽粒出油率差异较大。同一产地出油率差异较小,即优选植株与对照植株籽粒出油量相差无几,变异较小。在九个产地中,凤翔县'凤丹'、商洛'凤丹'、旬阳县'凤丹'出油率达到30.23%~32.73%,而河南孟州'凤丹'牡丹籽出油率最低,仅为22.43%。由此推断,不同环境、栽植条件对于'凤丹'籽粒出油率会产生较大影响。但不同'凤丹'牡丹群体种子出油率差异受遗传影响有多大，尚需做进一步研究。

表10-5 不同产地'凤丹'籽粒出油率

产地	出油率（%）	产地	出油率（%）
陕西旬阳县	30.76	山西运城	31.19
陕西商州区	32.23	山东菏泽	26.86
陕西凤翔县	32.73	河南孟州	22.43
陕西潼关县	32.21	甘肃会宁县	32.18
安徽省亳州市	32.08		

2. 主要脂肪酸成分

通过GC-MS分析方法，对不同产地'凤丹'牡丹主要脂肪酸含量进行了分析，结果表明（表10-6），来源于12个不同产地的'凤丹'牡丹5种主要脂肪酸平均含量高低顺序如下：α-亚麻酸＞亚油酸＞油酸＞棕榈酸＞硬脂酸；每100g粗提油中其平均含量分别为：30.48g、19.15g、17.35g、4.96g、1.21g。

不同产地的'凤丹'群体的种子脂肪酸成分含量差异较为明显。棕榈酸含量最高为旬阳'凤丹'牡丹群体（6.97g/100g），最低为甘肃会宁籽油（2.73g/100g）；硬脂酸最高含量为潼关县'凤丹'牡丹（1.62g/100g），最低含量为甘肃会宁籽油（0.46g/100g）；油酸含量最高为菏泽'凤丹'牡丹（21.84g/100g），最低为孟州'凤丹'牡丹（9.71g/100g）；亚油酸含量最高为菏泽'凤丹'牡丹（25.6g/100g粗提油），最低为旬阳'凤丹'牡丹（12.1g/100g）；α-亚麻酸含量最高是凤翔'凤丹'牡丹（41.7g/100g粗提油），甘肃会宁'凤丹'牡丹最低（20.16g/100g）。

总脂肪酸含量中，山东省菏泽籽油含量最高（88.66g/100g粗提油），含量最低的为商洛'凤丹'牡丹（51.67g/100g粗提油）。

表10-6 不同产地'凤丹'牡丹种子主要脂肪酸成分测定（粗提油）

产地	棕榈酸（g/100g）	硬脂酸（g/100g）	油酸（g/100g）	亚油酸（g/100g）	α-亚麻酸（g/100g）	总和（g/100g）
陕西旬阳县	6.97a	0.87cd	21.83ab	12.10fg	38.06b	79.84cd
陕西商州区	3.64de	0.98c	10.87f	15.79e	20.39h	51.67h
陕西凤翔县	4.85bc	1.52b	16.56d	20.28c	41.70a	84.91b
陕西潼关县	4.41c	1.62a	19.86bc	22.71bc	27.21f	75.81e

(续)

产地	棕榈酸 （g/100g）	硬脂酸 （g/100g）	油酸 （g/100g）	亚油酸 （g/100g）	α-亚麻酸 （g/100g）	总和 （g/100g）
山西运城	3.82d	1.40bc	18.11c	14.51ef	34.25cd	72.10ef
山东菏泽	5.02bc	1.46bc	21.84ab	25.60a	34.74cd	88.66a
河南孟州	3.70de	0.55e	9.71h	18.25d	32.91d	65.12f
甘肃会宁	2.73e	0.46ef	14.89e	22.67bc	20.16hi	60.9g
安徽亳州	5.24bc	0.49ef	21.56ab	23.63b	30.7ef	81.66c
平均值	4.96	1.21	17.35	19.15	30.48	73.15

注：采用Duncan's multiple rang test方差分析，同一列不同字母表示差异显著（$P<0.05$，n=3）

我们的研究发现无论是同一产地的经过筛选的不同类型的'凤丹'牡丹群体，还是产地不同的'凤丹'牡丹群体，其主要脂肪酸组成含量差异显著，因此针对'凤丹'牡丹油用品质选种的潜力是有很大的。

第二节 '凤丹'牡丹开花结实特性的研究

为了准确分析判断'凤丹'牡丹的授粉类型，我们采集异地花粉，开展了不同产地'凤丹'群体的人工授粉方式试验。

一、不同'凤丹'牡丹群体授粉类型差异

对三个不同'凤丹'牡丹群体采取三种授粉方式试验结果表明（表10-7），从坐果率指标看，自花授粉是三种授粉方式中最低的，为58.3% ~ 66.7%，而用异地铜陵'凤丹'牡丹人工授粉及自然授粉的花朵坐果率最高都达到100%；单以结实指标单果荚结籽粒数看，铜陵'凤丹'牡丹人工授粉结实性最好，达到6.8~8.1粒/果荚，而自然授粉和自花授粉类型的分别为4.62~5.4粒/果荚、1.3~1.8粒/果荚，而籽粒质量受授粉方式的影响均较小。因此可以推断，'凤丹'牡丹群体属于常异花授粉植物类型。

表10-7 不同'凤丹'牡丹群体三种授粉方式结实情况的试验统计结果

产地	父本	坐果率 （%）	单果荚 结籽粒数	结籽粒数 /花朵	籽粒质量 （g）	籽粒横径 （mm）	籽粒纵径（mm）
旬阳县	铜陵'凤丹'	100.0	8.10a	40.50a	0.29a	9.80a	7.20a
	自花授粉	66.7	1.35c	6.75c	0.26ab	9.10b	6.70b
	自然授粉	100.0	4.62b	25.33b	0.23b	8.40c	7.00ab

（续）

产地	父本	坐果率（%）	单果荚结籽粒数	结籽粒数/花朵	籽粒质量（g）	籽粒横径（mm）	籽粒纵径（mm）
商州区	铜陵'凤丹'	100.0	6.80e	35.6d	0.26ef	9.00ef	6.70e
	自花授粉	66.7	1.80g	9.00f	0.23f	8.80f	6.30e
	自然授粉	100.0	5.40f	26.50e	0.28e	9.40e	6.90e
凤翔县	铜陵'凤丹'	100.0	7.58h	37.15g	0.25g	8.80h	6.70g
	自花授粉	58.3	1.30j	6.14i	0.25g	9.50g	7.80f
	自然授粉	100.0	4.88i	25.29h	0.27g	8.90gh	7.20g

注：同列不同来源群体的不同字母表示各群间在0.05水平存在显著性差异。

二、'凤丹'牡丹单株授粉方式的试验分析

为了进一步验证'凤丹'牡丹的授粉类型特性，我们采取了单株自花授粉试验，即统计单株授粉结实情况（表10-8），自花授粉的花粉采自植株自身，统计结果表明，三种授粉方式在不同产地来源的变化趋势与群体试验基本相同，即用异地铜陵'凤丹'牡丹人工授粉单花结籽粒最大35.3～39.3粒/朵；自然授粉为35.6～36.6粒/朵；自花授粉类型仅为3.3～5.3粒/朵。其中单株自花授粉的单花结实率远远低于群体自花授粉下的单花结实率（6.14～9.0粒/朵），这一试验调查结果再次证明了'凤丹'牡丹属于常异花授粉的特性，而且更倾向于异花授粉类型。

表10-8 不同产地'凤丹'牡丹单株授粉结实试验统计分析

产地	授粉类型	花粉来源（父本）	结籽粒数/花朵	单位籽粒质量g	籽粒横径（mm）	籽粒纵径（mm）
旬阳县	人工授粉	铜陵'凤丹'	39.3	0.29	9.4	7.3
	自然授粉	未知	35.6	0.29	9.3	7.4
	自花授粉	旬阳'凤丹'	3.3	0.28	9.2	7.1
商州区	人工授粉	铜陵'凤丹'	38.6	0.26	9.1	7.0
	自然授粉	未知	36.6	0.27	9.3	7.0
	自花授粉	商州'凤丹'	5.3	0.24	8.8	6.4
凤翔县	人工授粉	铜陵'凤丹'	35.3	0.24	9.0	6.8
	自然授粉	未知	36.6	0.24	9.0	7.1
	自花授粉	凤翔'凤丹'	4.3	0.25	9.6	7.8

'凤丹'牡丹的授粉特性表明，在以'凤丹'牡丹群体背景下的油用牡丹选育工作，必须高度重视授粉品种的问题，在有关栽培中，配置适当授粉品种树特别重要。否则容易出现满树花，个别果的现象。一个令人鼓舞的现象是，异地'凤丹'牡丹花粉的授粉结实率很高，可以通过选择不同原产地的品种，相互搭配栽培，可以大大提高'凤丹'牡丹的结实率，这将为油用'凤丹'牡丹选种提供可行之路。

第三节　'凤丹'牡丹油用实生群体品种选择方法及选种案例

　　以常规'凤丹'牡丹生产实生群体为基础的选种工作，可以借鉴参照如下方法进行，其中一些具体指标和群体数量仅供参考。

一、初选

　　首先确定初选标准在不同的选种实践工作中，可以指定不同的标准。此处在总体考察有关产区的基本情况后，包括海拔、年降水量、栽植面积、栽植密度、植株年龄、结实量等情况后，提出了一个以高产为主要育种目标的优选群体选择标准：选择植株株龄（如：为7～9年）；当年生枝最低个数（如>6枝）枝；结果量最低个数（如>5个）；植株无明显病虫害，长势良好。入选率（如入选比率0.15‰）。

　　然后入选植株的标记与测定按照初选标准，对入选植株在田间标记，同时对入选植株的株高、冠幅（东西冠幅和南北冠幅）、复叶长宽、坐果量等指标就地进行测量；采集单株果实，放于干燥处阴干，完成后续指标测定。

　　树冠投影面积=π×[（东西冠幅+南北冠幅）/4]；

　　干籽出仁率＝烘干仁质量/烘干籽质量；

　　种子体积用排水法测量，换算成单粒体积。

　　在因子分析前，对所统计数据用隶属函数法进行数据转化：正相关指标（单株结实率、单株坐果量、单株干果重、单株种子数、单株种子重、千粒重、果实直径、出仁率、种子体积）依据公式10-1，负相关指标（株高、树冠投影面积、果实含水量）依据公式10-2，应用软件SPSS 18.0对标准化后的数据进行相关性分析和主成分分析，综合评价得分依据公式10-3得出。

$$Uin = \frac{Xin - Xi_{min}}{Xi_{max} - Xi_{min}} \qquad (10\text{-}1)$$

$$U'in = 1 - \frac{Xin - Xi_{min}}{Xi_{max} - Xi_{min}} \qquad (10\text{-}2)$$

$$Dm = \sum_{i=1}^{n} Pim \times Wi \qquad (10\text{-}3)$$

式中　U_{in}和U'_{in}——分别指第n个样品第i个指标的原始数据经转化后的隶属函数值；

　　　X_{in}——第n个样品第i个指标的原始测定结果；

　　Xi_{max}和Xi_{min}——分别指样品组中第i个指标的最大和最小值；

　　　Dm值——供试材料用综合指标评价所得的综合评价值；

　　　Pim——第m个样品第i个特征根＞1公因子的分值；

　　　Wi——样品第i个公因子的方差贡献率；

　　　n——特征值＞1公因子的个数。

二、复选与鉴定

1. 优选群体的主要性状的测定与分析

对98株优选群体植株11个主要性状进行了测定（表10-9），可知，所选优选群体平均单株干籽产量32.64g，单位面积产量53.91g/m²，较对照群体产量提高了78.43%，各指标变异系数差异较大，其中，单株坐果量、单株干果重以及单株种子数、单株种子重这些产量指标变异系数相对较大，同时表明这些产量性状的选择潜势较大，其选择效果也比较明显。

表10-9　'凤丹'牡丹优选群体植株主要性状测定结果

株号	株高（cm）	树冠投影面积（m²）	单株结实率（%）	单株坐果数	单株干果重（g）	单株种子数	单株种子重（g）	千粒重（g）	果实直径（mm）	出仁率（%）	种子体积（mm³）
1	60.2	0.32	54.5	6	48.6	124	16.1	129.8	71.6	60.6	76.9
2	120.8	0.64	80.0	12	84.9	120	27.5	229.2	78.0	62.5	84.2
3	110.4	0.96	70.0	7	143.0	180	41.0	227.8	83.3	64.8	86.2
4	100.4	0.75	50.0	3	80.0	84	26.1	311.7	76.4	62.4	84.2
5	95.7	0.57	80.0	8	100.0	241	40.6	168.7	82.9	64.5	86.2
6	110.3	1.44	83.3	10	170.0	271	64.4	237.8	97.5	68.5	97.5
7	112.3	0.61	33.3	4	60.0	97	21.1	217.7	73.3	62.5	80.4
8	113.6	0.52	60.0	6	73.3	103	23.8	231.9	74.8	62.4	81.3
9	68.3	0.41	50.0	2	51.0	95	19.4	204.5	71.5	61.2	78.5
10	69.2	0.46	60.0	6	127.1	182	54.6	300.5	89.3	68.4	94.5
11	110.7	0.64	85.7	18	117.8	288	38.4	133.4	82.1	64.3	86.2
12	90.6	0.57	75.0	3	56.1	100	14.4	144.5	70.8	60.3	76.2

（续）

株号	株高（cm）	树冠投影面积（m²）	单株结实率（%）	单株坐果数	单株干果重（g）	单株种子数	单株种子重（g）	千粒重（g）	果实直径（mm）	出仁率（%）	种子体积（mm³）
13	128.7	0.88	63.1	12	150.0	222	50.2	226.2	87.8	68.1	94.1
14	106.9	0.48	37.5	3	70.0	138	25.5	185.4	76.0	62.4	83.4
15	100.4	0.75	80.0	8	120.5	225	45.6	202.9	86.1	65.8	90.8
16	67.4	0.42	66.6	4	48.5	94	14.9	158.5	71.3	60.4	76.2
17	90.7	0.74	76.1	16	130.0	250	36.4	145.7	81.4	64.1	85.4
18	125.6	0.64	70.5	12	121.2	326	43.4	133.2	85.2	65.3	87.2
19	93.2	0.85	100.0	12	110.5	172	38.0	221.4	81.6	64.2	85.6
20	100.2	0.64	77.7	7	133.2	185	42.7	231.2	84.8	65.3	86.6
21	108.6	0.92	62.5	5	85.1	90	20.9	232.8	72.6	62.1	79.5
22	107.4	1.37	77.7	14	287.1	367	55.3	150.7	90.2	68.5	95.3
23	90.6	0.79	46.1	6	81.9	141	24.8	176.1	76.0	62.4	82.4
24	108.7	1.06	72.2	13	205.3	295	54.9	186.3	89.4	68.4	94.5
25	58.6	0.48	75.0	3	60.8	52	13.2	254.7	68.5	60.2	74.5
26	123.7	0.85	64.2	9	131.1	251	50.5	201.3	88.6	68.4	94.2
27	96.4	0.76	75.0	6	81.7	47	12.9	275.3	68.5	60.2	74.5
28	100.8	0.84	76.9	10	164.1	201	48.7	242.3	86.7	67.4	92.3
29	88.2	0.49	100.0	6	118.4	172	42.2	245.8	84.2	65.2	86.3
30	120.2	0.87	100.0	30	280.0	387	68.6	177.3	98.2	69.3	100.5
31	168.8	1.01	100.0	11	110.5	171	31.3	183.1	79.4	63.1	84.5
32	96.3	0.38	87.5	7	60.0	122	21.6	177.0	73.8	62.3	80.6
33	100.2	0.95	73.3	11	150.0	184	44.9	244.4	85.3	65.4	89.5
34	100.8	0.91	69.2	9	165.7	265	42.8	161.6	85.1	65.3	87.2
35	130.4	0.51	64.2	9	115.6	152	28.6	188.3	78.4	62.5	84.2
36	115.0	1.05	59.2	16	140.0	315	41.8	132.6	84.2	65.2	86.2
37	103.2	0.42	66.6	8	121.2	278	40.3	145.2	82.8	64.5	86.2

（续）

株号	株高（cm）	树冠投影面积（m²）	单株结实率（%）	单株坐果数	单株干果重（g）	单株种子数	单株种子重（g）	千粒重（g）	果实直径（mm）	出仁率（%）	种子体积（mm³）
38	85.6	0.62	100.0	2	41.9	13	5.1	398.1	58.2	54.6	64.3
39	80.4	0.39	50.0	3	70.0	96	20.8	217.6	72.4	61.5	78.5
40	106.9	0.95	59.0	13	170	307	59.2	193.0	93.1	68.5	96.1
41	130.5	0.72	81.2	13	150	243	52.3	215.4	89.0	68.4	94.2
42	113.4	0.77	66.6	8	86.5	150	33.0	220.2	80.6	63.2	84.6
43	72.6	0.38	50.0	4	57.3	95	20.2	213.0	72.2	61.3	78.5
44	96.2	0.75	33.3	3	45.8	89	17.3	194.0	71.8	61.2	78.5
45	130.2	0.54	81.8	9	172.4	246	74.2	301.5	99.3	69.5	102.5
46	120.5	0.87	50.0	7	24.1	44	8.8	198.8	63.3	57.5	68.5
47	70.7	0.72	60.0	3	45.4	10	4.0	402.6	56.9	54.5	64.3
48	109.3	0.97	42.9	6	116.3	207	45.0	217.3	85.8	65.5	90.3
49	95.1	0.37	38.5	5	42.8	38	9.3	243.4	63.9	58.4	68.5
50	82.7	0.30	100.0	4	57.9	128	24.6	192.2	75.1	62.5	81.6
51	118.4	0.48	87.5	7	171.1	331	75.7	228.7	99.4	70.4	103.5
52	75.6	0.71	46.7	7	86.3	132	32.1	243.3	79.4	63.2	84.6
53	110.4	0.88	93.8	15	87.8	195	26.2	134.4	76.9	62.5	84.2
54	135.7	1.08	80.0	12	180.6	228	42.5	186.2	84.8	65.2	86.3
55	109.2	1.16	50.0	4	97.1	152	38.2	251.5	81.7	64.3	86.2
56	114.2	0.56	71.4	5	72.8	121	26.9	222.5	77.4	62.5	84.3
57	118.8	0.69	33.3	4	98.6	152	29.6	194.7	78.7	62.8	84.3
58	86.6	0.83	71.4	5	70.4	75	10.3	136.7	64.8	58.6	69.2
59	110.6	0.62	55.6	10	70	125	21.6	173.1	74.3	62.4	80.7
60	118.6	0.59	81.3	13	100	131	23.9	182.2	74.7	62.4	81.0
61	105.7	0.34	42.9	6	104.3	182	37.9	208.0	81.6	64.2	85.6
62	123.5	1.01	75.9	22	143.2	133	30.9	231.9	79.1	63.2	84.5

（续）

株号	株高（cm）	树冠投影面积（m²）	单株结实率（%）	单株坐果数	单株干果重（g）	单株种子数	单株种子重（g）	千粒重（g）	果实直径（mm）	出仁率（%）	种子体积（mm³）
63	85.4	0.73	71.4	5	50	25	7.3	290.9	60.9	56.2	64.5
64	89.8	0.46	83.3	5	60	73	13.9	190.8	70.5	60.4	75.7
65	98.4	0.47	22.2	2	50	140	14.4	102.7	70.7	60.4	76.2
66	130.5	0.79	69.6	16	110	266	27.2	102.4	77.7	62.5	84.3
67	88.2	0.52	50.0	7	80	156	25.9	165.7	76.3	62.5	84.2
68	120.1	0.79	100.0	17	130	25	5.4	217.4	59.2	54.6	64.4
69	143.2	1.17	80.0	12	273.3	291	79.8	274.4	99.6	70.5	104.6
70	128.4	0.97	83.3	10	143.2	119	30.3	254.3	78.9	63.1	84.5
71	72.1	0.47	70.0	7	70.4	71	15.7	221.6	71.5	60.5	76.5
72	105.7	0.64	77.8	7	90	78	12.3	157.9	66.7	60.2	74.3
73	109.2	1.11	70.0	14	279.2	402	87.7	218.1	101.1	72.4	107.3
74	118.6	0.87	48.4	15	64.9	60	7.7	128.3	61.8	56.4	65.8
75	100.2	0.79	62.5	10	130	138	26.6	193.1	77.2	62.5	84.3
76	107.2	0.78	58.3	14	156.3	369	60.6	164.1	96.9	68.5	96.5
77	61.3	0.57	100.0	12	70	49	7.8	158.9	62.3	56.5	68.2
78	113.4	0.86	75.0	12	182.9	326	60.5	185.6	96.4	68.5	96.5
79	100.3	0.96	66.7	8	107.2	106	24.7	232.7	75.1	62.5	82.4
80	78.3	0.55	75.0	9	130	203	44.6	219.6	85.2	65.4	89.4
81	110.8	0.74	71.4	15	140	181	46.2	255.4	86.3	65.9	91.2
82	100.7	0.79	64.7	11	163.5	205	50.1	244.3	87.8	68.1	92.4
83	130.7	0.60	83.3	20	220	478	82.8	173.2	100.7	72.2	106.3
84	70.4	0.42	80.0	4	60	64	13.9	217.5	69.4	60.3	75.3
85	117.4	0.75	88.9	16	100	167	35.0	209.4	81.1	63.5	84.9
86	58.9	0.43	100.0	4	40	45	10.3	229.4	65.2	58.6	69.5
87	136.7	0.94	60.0	9	174.4	313	65.9	210.5	98.0	69.1	97.5

（续）

株号	株高（cm）	树冠投影面积（m²）	单株结实率（%）	单株坐果数	单株干果重（g）	单株种子数	单株种子重（g）	千粒重（g）	果实直径（mm）	出仁率（%）	种子体积（mm³）
88	119.2	0.45	55.6	5	70	126	22.6	179.6	74.4	62.4	80.7
89	127.3	0.75	71.4	10	145.7	243	56.3	231.5	90.7	68.5	95.4
90	48.4	0.32	100.0	4	40	63	12.2	193.3	66.6	59.7	71.5
91	120.5	0.57	80.0	12	178.6	165	39.6	240.0	82.7	64.5	86.2
92	98.2	0.35	57.1	4	50	78	11.7	149.9	65.8	59.6	71.3
93	140.9	0.96	40.0	4	50	42	11.8	281.8	66.0	59.6	71.4
94	140.5	0.51	78.6	11	70	114	16.8	147.8	71.7	61.0	78.3
95	126.3	0.71	22.2	4	33.2	37	10.0	270.0	63.9	58.6	68.5
96	110.8	0.52	80.0	8	38.3	83	8.7	105.1	62.9	57.5	68.4
97	105.3	0.83	26.3	5	40	36	7.5	209.1	61.1	56.3	65.3
98	98.5	0.38	85.0	17	140	339	46.5	137.2	86.3	67.4	92.4
平均值	104.35	0.70	68.7	8.85	108.66	166.1	32.6	205.9	78.6	63.3	83.5
变异系数	20.75	34.27	27.4	56.51	52.75	60.69	60.33	25.99	13.73	6.26	12.07

2. 优选群体的综合评价方法的确立

在选择实践中如果按照某单一性状进行排序时，优选群体的大多数性状优于对照组，也有一些性状不如对照。因此试图应用单一性状开展选种工作的抉择将是困难的，而是必须采用综合选择育种技术。为此，我们在这里建立了综合评价系统。

（1）性状相关性分析

相关分析表明（表10-10），'凤丹'牡丹优选群体的11个主要性状之间存在部分显著相关性。如，株高与树冠投影面积、单株坐果量、单株干果重、单株种子数、单株种子重显著正相关（$P<0.01$）；树冠投影面积与单株坐果量、鲜果含水量、单株干果重、单株种子数、果实直径、出仁率、种子体积显著正相关（$P<0.01$）；结实率与单株坐果量、株干果重显著正相关（$P<0.01$）；坐果量与单株干果重、单株种子数、单株种子重、果实直径、出仁率、种子体积显著正相关（$P<0.01$）；单株干果重与单株种子数、单株种子重、果实直径、出仁率、种子体积显著正相关（$P<0.01$）。

表10-10 '凤丹'牡丹优选群体植株主要性状相关性分析

	X1	X2	X3	X4	X5	X6	X7	X8	X9	X10
X2	0.520**									
X3	0.028	0.026								
X4	0.514**	0.461**	0.407**							
X5	0.492**	0.607**	0.310**	0.716**						
X6	0.457**	0.425**	0.221*	0.678**	0.861**					
X7	0.455**	0.465**	0.224**	0.576**	0.901**	0.920**				
X8	−0.135	0.074	0.004	−0.311**	0−0.043	−0.298**	−0.004			
X9	0.460**	0.452**	0.219**	0.574**	0.875**	0.917**	0.978**	−0.054		
X10	0.436**	0.430**	0.196**	0.544**	0.860**	0.903**	0.964**	−0.063	0.985**	
X11	0.462**	0.433**	0.211**	0.566**	0.868**	0.904**	0.970**	−0.053	0.989**	0.988**

注：** 在0.01水平（双侧）上显著相关。
* 在0.05水平（双侧）上显著相关。
X1-X11分别代表株高（cm），树冠投影面积（m^2）单株结实率（%），单株坐果量，单株干果重（g），单株种子数，单株种子重（g），千粒重（g），果实直径（mm），出仁率（%），种子体积（mm^3）。

（2）'凤丹'牡丹优选群体的指标因子分析

应用隶属函数对原始数据进行转化后进行主成分分析，11个性状指标的前2个公因子（特征值＞1）、贡献率以及累计贡献率如表10-11所示。可知，前两个公因子的累计贡献率达到83.0%，表示这2个公因子所含信息量占到总信息量的83.0%，数据经旋转后各因子中的载荷值趋于两极分化，各因子具有较明显的生物学意义。通过对表10-11中数据的分析可知，第1公因子中其主要作用的指标包括单株干果重、单株种子数、单株种子重、千粒重、果实直径、出仁率、种子体积，这些指标均为丰产性状的直观表现，故称该因子为产量因子，贡献率为68.2%；第2公因子中主要指标包括树冠投影面积、叶单株坐果量等，贡献率14.757%，远小于第1公因子贡献率，统称为其他因子。

表10-11 '凤丹'优选群体性状的因子分析

性状	因子分量	
	F1	F2
X1	−0.175	0.254
X2	−0.279	0.378
X3	0.271	−0.360

（续）

性状	因子分量	
	F1	F2
X4	0.275	−0.391
X5	0.313	0.067
X6	0.313	0.124
X7	0.311	0.247
X8	0.309	0.248
X9	0.312	0.250
X10	0.306	0.266
X11	0.310	0.254
特征值	8.878	1.918
贡献值	68.289	14.757
累计贡献率	68.289	83.046

（3）'凤丹'优选群体植株评价综合评价指数的计算

依据各因子的贡献率及各指标在评价中所占权重，得出综合指数Dm（表10-12，m为植株编号）

$$Dm=-0.091\times 1-0.162\times 2+0.159\times 3+0.157\times 4+0.269\times 5+0.279\times 6+0.3\times 7+0.298\times 8+0.301\times 9+0.299\times 10+0.3\times 11。 \quad (10-4)$$

表10-12 '凤丹'牡丹优选群体植株综合评价排名

株号	Dm	排名	株号	Dm	排名	株号	Dm	排名	株号	Dm	排名
83	2.20	1	17	1.16	28	57	0.72	55	77	0.36	82
73	2.11	2	34	1.14	29	59	0.71	56	84	0.35	83
30	2.10	3	62	1.13	30	32	0.69	57	63	0.33	84
69	1.81	4	15	1.11	31	23	0.68	58	25	0.32	85
51	1.65	5	80	1.10	32	67	0.67	59	CK01	0.31	86
22	1.63	6	66	1.09	33	56	0.64	60	93	0.30	87
76	1.59	7	91	1.07	34	88	0.61	61	58	0.28	88
45	1.56	8	20	1.06	35	21	0.61	62	96	0.28	89
78	1.52	9	37	1.05	36	94	0.61	63	90	0.27	90
87	1.51	10	19	1.05	37	4	0.60	64	CK02	0.24	91

（续）

株号	Dm	排名	株号	Dm	排名	株号	Dm	排名	株号	Dm	排名
6	1.51	11	85	1.03	38	8	0.59	65	46	0.24	92
40	1.48	12	5	1.03	39	7	0.55	66	86	0.23	93
24	1.48	13	48	1.03	40	14	0.53	67	92	0.23	94
98	1.42	14	3	1.02	41	50	0.51	68	49	0.19	95
89	1.38	15	31	0.97	42	71	0.49	69	97	0.13	96
41	1.36	16	53	0.96	43	1	0.46	70	65	0.11	97
36	1.27	17	29	0.94	44	27	0.45	71	CK03	0.08	98
82	1.27	18	70	0.90	45	64	0.44	72	CK04	0.08	99
81	1.26	19	75	0.88	46	72	0.44	73	95	0.07	100
13	1.26	20	35	0.87	47	43	0.44	74	CK05	0.07	101
26	1.25	21	61	0.84	48	68	0.44	75	CK06	0.04	102
11	1.25	22	2	0.83	49	9	0.42	76	38	-0.02	103
10	1.20	23	42	0.82	50	16	0.41	77	CK07	-0.02	104
28	1.19	24	60	0.81	51	39	0.40	78	47	-0.04	105
54	1.19	25	55	0.81	52	74	0.39	79	CK08	-0.21	106
33	1.18	26	52	0.78	53	12	0.38	80	CK09	-0.22	107
18	1.17	27	79	0.76	54	44	0.38	81	CK10	-0.23	108

根据综合指数Dm看出，83号、73号及30号植株的综合指数远高于其他优株，而38号与47号植株综合指数为负数，综合表现评价为较差。

3. '凤丹'牡丹优选群体植株的评价分类与抉择

依据'凤丹'植株最终的综合指数Dm、单株结果量和单株籽粒质量进行系统聚类，聚类结果（表10-12）分析表明，98株植株分为4大类：

（1）极高产植株$Dm≥1.5$，包括83、73、30、69、76、45、51、22、78、87、6号植株，共计11株。其与产量有关的6个性状指标平均值分别为单株坐果量11.51个，单株籽粒数34.73粒，果实直径97.95mm，出仁率69.78%，籽粒体积100.77mm³，单位冠幅面积鲜籽产量183.23g。其中，单株坐果量、出仁率和单位冠幅面积鲜籽产量较整个群体高出了65.41%、10.76%和79.84%。

（2）高产植株群体$1.5>Dm≥1$计30株。其与产量有关的6个性状指标平均值分别为单株坐果量7.72个，单株籽粒数231.57粒，果实直径85.23mm，出仁率65.89%，籽粒体积

$89.38mm^3$，单位冠幅面积鲜籽产量123.22g。其中，单株坐果量、出仁率和单位冠幅面积鲜籽产量较整个群体高出了42.19%、4.58%和26.55%。

（3）中产植株群体$1 > Dm \geq 0.5$计26株。其与产量有关的6个性状指标平均值分别为单株坐果量4.46个，单株籽粒数134.19粒，果实直径77.01mm，出仁率62.75%，籽粒体积$83.12mm^3$，单位冠幅面积鲜籽产量92.80g。其中，单株坐果量、出仁率和单位冠幅面积鲜籽产量较整个群体下降了9.26%、0.40%和9.23%。

（4）低产植株群体$0.5 > Dm$计31株。其与产量有关的6个性状指标平均值分别为单株坐果量2.23个，单株籽粒数66.74粒，果实直径66.64mm，出仁率58.99%，籽粒体积$72.11mm^3$，单位冠幅面积鲜籽产量54.93g。其中，单株坐果量、出仁率和单位冠幅面积鲜籽产量较整个群体下降了35.09%、6.36%和46.28%。

对前2类41株高产优株性状指标分析认为，冠幅伞形，单位冠幅面积$0.81m^2$，单株坐果量8.73个，单株籽粒数261.66粒，果实直径88.86mm，千粒重202.72g，出仁率0.67%的单株，属于高产优良型。

聚类分析认为，$Dm \geq 1$的植株单株坐果量、出仁率和单位冠幅面积产量高于群体平均值，将此41株高产植株列为优株加以保护，为后续高产品种无性系筛选、杂交育种等贮备研究材料。田间选优标准以单株坐果量、单果籽粒数、籽粒千粒重3个产量决定因素为主，宜选择树势旺盛、分支多、无病虫害的单株建立种子园或母树园。

进一步应用综合指数Dm对优选群体植株进行系统聚类（表10-13），98个优选株分为5类。最终，我们对商州区'凤丹'初选群体98株优株，按照综合指数，并结合聚类分析手段，剔除田间表现较差的95、38、47号植株，将95株初选优株划分为4类：Ⅰ类，所占比例10.87%；Ⅱ类，所占比例20.65%；Ⅲ类，所占比例26.90%；Ⅳ类42.39%。这些优选植株将作为优选母株，通过隔离种植分别加以繁殖推广。根据繁殖方法，可以建立实生群体品种和无性系良种品种繁育方式。

表10-13 商州区'凤丹'牡丹优选群体不同优株聚类结果

类别				
Ⅰ	Ⅱ	Ⅲ	Ⅳ	Ⅴ
83、73、30	69、76、45、51、22、78、87、6、40、24	98、89、41、82、36、81、13、26、11、15、80、66、33、17、34、62、10、28、54、18、91、20、37、19、85、5、48、3	31、53、29、70、75、35、42、60、55、61、2、79、52、32、56、57、23、67、59、88、21、8、94、4	97、63、25、65、77、84、93、90、96、46、49、58、86、92、7、14、50、71、9、16、39、74、1、12、44、27、64、72、43、68

4. 关于油用'凤丹'牡丹实生选种方法的建议

各地都可以根据当地的生产实践，不断地对'凤丹'群体进行选种，使得'凤丹'品种不断更新换代。开展选种方法，除了按照上述方法程序外，根据选种目标的不同，选种时期和年份也不可忽视。对于花期耐冻、抗寒性、病虫害等抗性育种，应当选择在有关灾害发生的年份进行，同时果实成熟期是选种的黄金时期，结合灾害发生年份并结合以丰产性为主要目标的选种方法，便可不断选出各种类型或综合抗性较高的优良高产新品种。

三、选种案例

通过上述实生选种方法体系，我们以凤翔县优选牡丹群体为基础，通过无性繁殖等技术，迅速扩繁优选群体，并上升为一个优良实生品种，定名为'祥丰'（良种编号：陕S-SP-PX-004-2015），该油用牡丹品种于2016年1月通过陕西省林木品种审定委员会审定。

'祥丰'凤丹牡丹，8~10年生平均植株高度125.2cm，冠幅约105×92cm，单枝直立型，长势良好；花白色，少数花瓣基部带粉晕，单株平均开花数11朵，单瓣型，花瓣阔倒卵形，雄蕊正常，花丝、房衣、柱头均紫红色；复叶大型，小叶9~15枚，长椭圆形，全缘；蓇葖果，多5角，少6~8果角，果实纵横径41.96mm×13.12mm；单株平均结果8.5个，单果重31.11g，种子纵横径11.15mm×7.50mm，单果结籽量48.3粒，千粒鲜重450.30g，亩产203.36kg，平均单位面积产量较对照组提高58.42%；出油率32.72%，主要总脂肪酸含量共计84.91%；抗病虫害能力强，其根腐病田间发病率为5%，低于正常新建牡丹园15%的发病率，抗旱能力强。适合陕西南部和关中地区栽培。

第四节 不同'凤丹'植株的变异特性评价

通过资源收集调查，发现一些优异植株类型，统一种植在选种资源圃，然后系统评价各个单株的变异特性和应用价值，这对于进一步开展无性系选种及今后杂交育种工作都有重要的价值。这里以有关育种工作中的案例，对整个过程和结果叙述如下。

案例在对2013年陕西主要'凤丹'牡丹栽培区的系统调查基础上，共初选'凤丹'优株278株。这些优株选自商洛市商州区、宝鸡市凤翔县和安康市旬阳县等地，大田共计观察8~10年生'凤丹'牡丹实生植株近20万株。优选株于2013年9~10月统一移栽至西北农林科技大学牡丹种质资源圃，经过两年时间的缓苗生长稳定后，予以系统观察评价。

一、花期特异性

根据植株的花期物候观察数据统计分析，优选株的平均开花日期在杨凌当地为4月11日，编号259、43、54、181和232等植株开花最早，均在4月5日前开花，植株199、168、79、83、

84、86、110、111、190、195、210、230和265开花最晚，开花日期为4月~18日。晚开花类型，对于北方易遭晚霜危害地区，显然是有利的特性。

优选植株平均花期时长为7.5d，植株45花期最长，达到14d；其次43、49、55、156和181等5个单株的花期较长，可达到12d；植株6、73、76、83、94和100花期最短，仅为4d。从生产实践看，花期较长有利于观赏和授粉。

二、表型性状变异性

对不同植株表型性状的观察结果进行了系统的变异分析（表10-14），变异系数反映性状在不同植株之间的变异情况，变异系数越大，性状的离散程度越大，植株之间的差异越大。

可以看出，34个性状之间的平均变异系数为30.4%，具体表现为：单株产量鲜重（71.4%）＞坐果量（60.9%）＞新生枝数（60.4%）＞开花量（59.6%）＞新生芽数（50.8%）＞树冠投影面积（48.9%）＞鳞芽数（45.6%）＞果皮重（43.2%）＞单果种子鲜重（39.9%）＞单果重（39.5%）＞花梗长（33.5%）＞株龄（33.4%）＞单果种子数（31.0%）＞小叶宽（27.8%）＞小叶长（26.8%）＞株高（24.6%）＞新枝长（24.3%）＞复叶叶柄长（24.0%）＞复叶宽（22.2%）＞种籽百粒重（20.6%）＞复叶长（20.0%）＞小叶数（18.5%）＞心皮数（17.4%）＞果角数（16.4%）＞花径（14.5%）＞果角宽（13.6%）＞果角长（13.1%）＞蓇葖果直径（13.0%）＞鲜籽含水率（12.2%）＞种籽横径（7.8%）＞种籽纵径（7.7%）。产量性状单株产量鲜重、坐果量、果皮重、单果种子鲜重、单果重、单果种子数等变异系数较大，性状差异明显；果角数、果角宽、果角长、蓇葖果直径、鲜籽含水率、种籽横径、种籽纵径等性状变异系数小，性状相对稳定。植株性状之间差异明显，有助于优株的选择和评价。

通过这种变异分析看出，在'凤丹'牡丹实生群体中，产量等性状在不同个体间存在着很大的变异，因此选出优异单株，进而通过无性繁殖，建立无性系油用牡丹新品种是切实可行的。

表10-14 '凤丹'牡丹表型性状变异系数

编号	表型性状	最小值	最大值	平均	变异系数（%）
X1	鳞芽数	2.00	58.00	21.49 ± 9.79	45.6
X2	新生芽数	1.00	48.00	16.51 ± 8.38	50.8
X3	新生枝数	1.00	46.00	12.46 ± 7.53	60.4
X4	株龄	1.00	14.00	8.89 ± 2.97	33.4
X5	株高	22.2	218.10	119.05 ± 29.32	24.6
X6	树冠投影面积（m^2）	0.13	2.32	0.99 ± 0.48	48.9
X7	花色	—			

（续）

编号	表型性状	最小值	最大值	平均	变异系数（%）
X8	花粉量	—	—	—	—
X9	开花量	1.00	39.00	11.89 ± 7.09	59.6
X10	坐果量	1.00	39.00	11.76 ± 7.16	60.9
X11	叶色	—	—	—	—
X12	花径（mm）	72.20	188.60	134.48 ± 19.48	14.5
X13	花梗长（mm）	23.10	173.30	81.92 ± 27.47	33.5
X14	新枝长（mm）	14.57	65.10	35.97 ± 8.75	24.3
X15	复叶叶柄长（mm）	5.80	23.20	13.79 ± 3.30	24.0
X16	复叶长（mm）	18.30	62.20	37.81 ± 7.57	20.0
X17	复叶宽（mm）	11.30	40.00	23.41 ± 5.20	22.2
X18	小叶长（mm）	18.67	123.15	50.50 ± 13.52	26.8
X19	小叶宽（mm）	9.21	59.17	25.98 ± 7.22	27.8
X20	小叶数	5.00	15.00	11.35 ± 2.18	18.5
X21	心皮数	4.00	9.00	5.81 ± 1.01	17.4
X22	果角数	4.00	9.00	5.71 ± 0.94	16.4
X23	蓇葖果直径（mm）	64.80	130.20	95.96 ± 12.45	13.0
X24	果角长（mm）	32.10	70.10	52.08 ± 10.18	13.1
X25	果角宽（mm）	10.30	30.20	18.04 ± 2.45	13.6
X26	单果重（g）	8.90	119.0	46.86 ± 18.54	39.6
X27	果皮重（g）	4.20	66.10	25.98 ± 11.21	43.2
X28	单果种子数	7.00	83.00	43.03 ± 13.35	31.0
X29	种籽横径（mm）	7.95	13.81	10.94 ± 0.85	7.8
X30	种籽纵径（mm）	7.29	11.50	10.27 ± 18.71	7.7
X31	种籽百粒重（g）	18.40	77.40	47.94 ± 9.88	20.6
X32	单果种子鲜重（g）	4.60	52.80	20.91 ± 8.35	39.9
X33	鲜籽含水率（%）	22.26	46.65	32.21 ± 3.97	12.2
X34	单株产量鲜重（g）	7.70	827.90	253.47 ± 180.98	71.4
	平均				30.4

三、结实性状

1. 单果重量

所有优选植株的平均单果重为46.8g,植株158、42、199、270、34、27和88等7株优株的单果重最大,均大于90g,到达90.2~119.0g;植株95、127、4、1、227、208和76等7株的单果重最轻,均小于15g。

2. 蓇葖果直径

供试植株的蓇葖果平均直径为96mm,植株270、27、42、212、40、180、163和183等8株的蓇葖果直径最大,达到121~130mm;而植株84、127、4、227、208和76等6株的果实体积最小,其蓇葖果直径均低于70mm(如图10-1)。

图10-1　大果植株特征图

3. 果角数

测试植株的果角数平均为5.7个,植株245号的果角数最大,为9个(图10-2);果角数为8个的植株有19株;有2个植株的果角数仅为4个。

图10-2 果角植株特征图

4. 种籽大小

种籽大小以种籽横纵经表示，其平均值为10.9mm×10.3mm，植株260、27、236、199、158、109、228、159和62等9株的籽粒较大，其纵横径数值达到：12.6～13.8mm×9.3～10.2mm，而植株160、65和201等3株的种籽体积最小，均小于9.0mm×8.5mm（图10-3）。

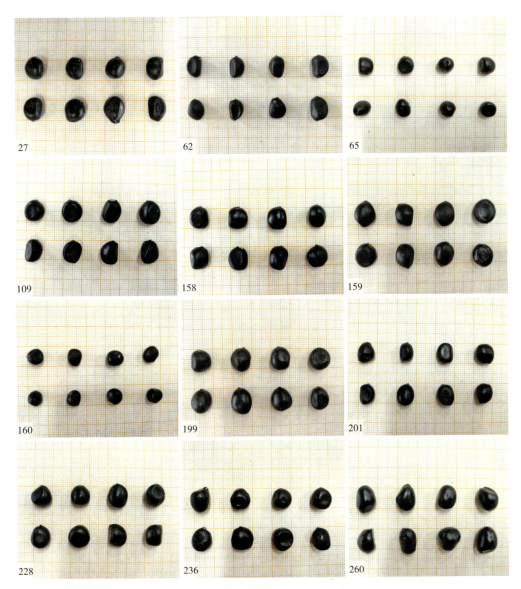

图10-3　大种籽植株特征图

5. 单株产量

所有优选单株产量鲜重的平均值为253.4g，植株74、30、107、211、70、42、91和253的产量最大，均高于700 g，到达705~828g。而植株225、1、203、227、194和160的产量较低，均低于15g（图10-4）。

图10-4　高产植株特征图

针对果实经济性状进行选种,对单一性状表现优良的植株可以选为优质的杂交育种亲本,为后续品种培育奠定种质材料基础。

四、油用品质特性的分析评价

1. 种子出油率

由表10-15可知,'凤丹'牡丹18个优良植株的种子仁皮比在2.26～2.13之间,出油率在34.85%～32.72%,植株211、31、42和106种子仁皮比表现优异,植株42、145和31表现高出油率。

表10-15 '凤丹'牡丹18个优良植株种子仁皮比和出油率

植株编号	种子仁皮比	出油率（% 干重）
11	2.15abcd	32.73i
20	2.14cd	32.80hi
29	2.16abcd	33.39efghi
30	2.15abcd	33.19ghi
31	2.257ab	34.63abc
42	2.18abc	34.85a
70	2.15abcd	33.36efghi
74	2.15abcd	32.78hi
91	2.14cd	32.89hi
106	2.19abc	33.91cdefg
107	2.15abcd	33.97cdef
112	2.14cd	32.72i
116	2.15abcd	33.26fghi
145	2.16abcd	34.71ab
185	2.14bcd	32.77hi
211	2.26a	34.22abcd
239	2.15abcd	34.03bcde
253	2.13d	33.55defgh

2. 主要脂肪酸成分分析

'凤丹'18个优良植株籽油的5种主要脂肪酸成分如表10-16所示。不饱和脂肪酸总量为90.61～87.74mg/g粗提油，其中α-亚麻酸含量为46.85～40.90mg/g粗提油，亚油酸含量为25.11～22.56mg/g粗提油，油酸含量为24.41～20.19mg/g粗提油。2种饱和脂肪酸为棕榈酸和硬脂酸，棕榈酸含量为8.47～6.66mg/g粗提油，硬脂酸含量为2.31～1.36mg/g粗提油。

植株70、211、239和253的种籽籽油表现出高不饱和脂肪酸含量，植株70、106、145、31、185和239的种籽籽油表现出高脂肪酸含量。

表10-16 '凤丹'18个优良植株种籽脂肪酸含量（g/100g粗提油，平均值±标准差，n=3）

植株编号	棕榈酸	硬脂酸	油酸	亚油酸	α-亚麻酸	不饱和脂肪酸总量	总脂肪酸含量
11	7.94cd	2.02def	23.26bc	22.80ef	42.03e	88.09gh	98.05fgh
20	7.95bcd	1.99def	23.31b	22.79ef	42.07e	88.16fgh	98.11fgh
29	8.03bc	2.09cd	23.29b	22.72ef	42.06e	88.07h	98.18defg
30	8.00bcd	2.06cde	23.29b	22.86e	42.15de	88.30efg	98.36cde
31	8.10b	2.26ab	22.44de	24.59b	41.15gh	88.17fgh	98.54abc
42	8.01bcd	2.25ab	22.31ef	24.74b	41.07hi	88.13fgh	98.39bcd
70	6.66g	1.37i	20.19g	23.57c	46.85a	90.61a	98.64a
74	7.93cd	2.02def	22.41de	24.51b	41.41f	88.33ef	98.28def
91	7.99bcd	1.94fg	22.59d	24.69b	40.906i	88.18fgh	98.11fgh
106	8.03bc	2.16bc	22.51d	24.54b	41.418f	88.46e	98.65a
107	8.03bc	2.03def	23.36b	22.56f	42.14de	88.07h	98.13efgh
112	7.86d	1.88g	23.11c	24.74b	40.30j	88.15fgh	97.90h
116	7.86d	1.96efg	23.32b	22.79f	42.04e	88.15fgh	97.97gh
145	8.05bc	2.22ab	22.43de	24.61b	41.31fg	88.34ef	98.62ab
185	8.47a	2.31a	20.30g	25.11a	42.33d	87.74i	98.52abc
211	6.73g	1.36i	20.29g	23.67c	46.04b	90.00b	98.10fgh
239	7.51e	1.66h	24.41a	24.63b	40.36j	89.40c	98.57abc
253	7.12f	1.88g	22.24f	23.29d	43.61c	89.14d	98.14efgh

第五节 不同'凤丹'优选单株的综合特性评价

为了筛选出具有油用潜力的牡丹新品种,我们对不同'凤丹'优选单株进行了综合性评价,评选指包括与经济性状相关的26个主成分。最终筛选出油用优良植株18个,分别在高产、高出油率等性状上表现优良。本节工作将为'凤丹'牡丹油用新品种的选育提供优良种质材料。

一、优选单株的评价与鉴定

根据植株34个性状的相关性分析和聚类分析,筛选出与经济性状相关的26个性状进行主成分分析,分别为:鳞芽数、新生芽数、新生枝数、株龄、株高、树冠投影面积、花梗长、新生枝长、花径、花粉量、着花量、坐果量、心皮数、果角数、单果果实鲜重、单果种籽鲜重、单果种子数、蓇葖果直径、果角长、果角宽、种籽横径、种籽纵径、种籽百粒重、鲜籽含水率、单株产量鲜重。应用SPSS软件对原始数据进行标准化处理后,进行主成分分析结果如表10-17。

26个性状共提取出6个主成分(特征值>1),累计贡献率达80.443%。第一主成分的贡献率为35.568%,其中影响较大的性状是鳞芽数、新生芽数、新生枝数、树冠投影面积、开花量、坐果量、单株产量鲜重,其特征值均在0.724以上;第二主成分的贡献率为22.489%,影响较大的性状主要是蓇葖果直径、果角长、果角宽、单果重、果皮重、单果种子数、单果种子鲜重,其特征值均在0.715以上;第三主成分的贡献率为6.796%,影响较大的性状主要是种籽横径、种籽纵径、种籽百粒重,其特征值均在0.723以上;第四主成分的贡献率为5.947%,影响较大的性状主要为心皮数、果角数,其特征值均在0.921以上;第五主成分的贡献率为5.037%,影响较大的性状主要包括株龄和株高,其特征值均在0.804以上;第六主成分的贡献率为4.606%,对其影响较大的性状主要是花梗长和新枝长,其特征值均在0.568以上。

表10-17 26个性状指标的主成分特征值、贡献率和累计贡献率

编号	性状	主成分					
		F1	F2	F3	F4	F5	F6
A	鳞芽数	0.939	0.016	0.029	−0.066	0.185	0.019
B	新生芽数	0.957	0.027	0.021	−0.057	0.159	−0.001
C	新生枝数	0.973	0.004	0.067	−0.077	0.103	−0.001

（续）

编号	性状	主成分					
		F1	F2	F3	F4	F5	F6
D	株龄	0.366	−0.111	0.043	−0.006	0.808	0.172
E	株高（cm）	0.372	0.056	−0.019	0.006	0.804	0.054
F	树冠投影面积（mm^2）	0.724	0.213	0.170	−0.139	0.312	0.228
G	花粉量	−0.195	−0.394	0.022	−0.161	0.066	−0.243
H	开花量	0.973	0.083	0.023	−0.058	0.100	−0.014
I	坐果量	0.970	0.096	0.030	−0.053	0.106	−0.004
J	花径（mm）	−0.073	0.323	0.369	0.016	0.138	0.413
K	花梗长（mm）	0.020	0.259	0.031	0.037	0.155	0.706
L	新枝长（cm）	0.139	0.531	0.161	−0.019	−0.042	0.568
M	心皮数	−0.161	0.153	0.101	0.921	−0.037	0.061
N	果角数	−0.119	0.187	0.125	0.926	−0.020	0.031
O	蓇葖果直径（mm）	0.073	0.715	0.398	−0.019	−0.062	0.252
P	果角长（mm）	0.085	0.791	0.376	−0.031	−0.019	0.255
Q	果角宽（mm）	0.123	0.810	0.287	−0.233	0.085	0.110
R	单果重（g）	0.075	0.847	0.393	0.225	0.038	0.145
S	果皮重（g）	0.082	0.740	0.436	0.198	0.017	0.256
T	单果种子数	0.054	0.898	−0.154	0.264	0.087	−0.034
U	种籽横径（mm）	0.162	0.376	0.723	0.022	0.080	0.025
V	种籽纵径（mm）	0.026	0.123	0.869	0.154	−0.063	0.058
W	种籽百粒重（g）	0.089	0.376	0.846	0.051	0.026	0.044
X	单果种子鲜重（g）	0.054	0.887	0.280	0.236	0.064	−0.023
Y	鲜籽含水率（%）	−0.143	−0.344	−0.022	0.188	−0.489	0.462
Z	单株产量鲜重（g）	0.776	0.536	0.101	0.059	0.070	−0.046
	特征值	9.248	5.847	1.767	1.546	1.310	1.198
	贡献率（%）	35.568	22.489	6.796	5.947	5.037	4.606
	累计贡献率（%）	35.568	58.057	64.852	70.800	75.837	80.443

由于对于单株评价我们应用了更多的性状,因此与上述群体植株的比较相比,我们在此适当增加了主成分个数,由2增加为6个主成分。将6个主成分中每个性状指标所对应的系数代入具体数据后,得到主成分方程如下(A~Z为每个植株对应的26个性状指标):

$F1=0.171A+0.180B+0.191C-0.054D-0.058E+0.086F-0.050G+0.191H+0.189I-0.057J-0.029K+0.0140L+0.023M+0.028N-0.010O-0.018P-0.041Q-0.016R-0.009S-0.021T-0.004U++0.007V-0.011W-0.025X+0.081Y+0.140Z$ (10-5)

$F2=-0.041A-0.035B-0.048C-0.099D-0.022E-0.025F-0.072G-0.015H-0.014I-0.032J-0.028K+0.051L-0.051M-0.045N+0.104O+0.131P+0.186Q+0.136R+0.083S+0.281T-0.045U--0.157V-0.070W+0.192X-0.158Y+0.110Z$ (10-6)

$F3=0.000A-0.006B+0.022C+0.036D-0.020E+0.023F+0.122G-0.016H-0.016I+0.096J-0.099K-0.076L-0.006M+0.002N+0.043O+0.016P-0.015Q+0.018R+0.053S-0.265T+0.303U+-0.424V+0.366W-0.034X+0.005Y-0.063Z$ (10-7)

$F4=0.028A+0.033B+0.023C+0.050D+0.046E-0.044F-0.062G+0.027H+0.029I-0.035J-0.006K-0.059L+0.468M+0.471N-0.081O-0.092P-0.192Q+0.043R+0.036S+0.078T-0.027U+-0.048V-0.021W+0.051X+0.100Y+0.038Z$ (10-8)

$F5=-0.033A-0.055B-0.096C+0.510D+0.504E+0.085F+0.090G-0.100H-0.095I+0.101J+0.088K-0.076L+0.026M+0.031N-0.074O-0.048P+0.015Q+0.003R-0.012S+0.037T+0.031U-0.035V+0.008W+0.026X-0.318Y-0.093Z$ (10-9)

$F6=0.010A-0.006B-0.006C+0.132D+0.022E+0.134F-0.142G-0.023H-0.018I+0.246J+0.517K+0.365L+0.007M-0.024N+0.070O+0.064P-0.044Q-0.036R+0.062S-0.136T-0.097U-0.051V-0.093W-0.165X+0.418Y-0.116Z$ (10-10)

以每个主成分对应的贡献率(λ)占累计贡献率的比例作为权重,计算综合得分,得到植株主成分综合得分Dm(m为植株编号):

$Dm=(λ1×F1+λ2×F2+λ3×F3+λ4×F4+λ5×F5+λ6×F6)/(λ1+λ2+λ3+λ4+λ5+λ6)$ (10-11)

根据上述公式,分别计算各植株的综合得分,结果如表10-18所示。

表10-18 278个植株的综合得分值和排序

植株编号	分值	植株编号	分值	植株编号	分值	植株编号	分值
1	−0.920	37	0.311	73	−0.597	109	0.448
2	−0.559	38	−0.137	74	1.280	110	0.000
3	0.199	39	−0.236	75	0.012	111	0.137
4	−0.609	40	0.199	76	−1.032	112	1.218

（续）

植株编号	分值	植株编号	分值	植株编号	分值	植株编号	分值
5	−0.037	41	−0.236	77	0.025	113	0.162
6	−0.162	42	0.861	78	0.336	114	−0.522
7	−0.535	43	0.162	79	0.709	115	−0.559
8	0.696	44	−0.174	80	−0.559	116	1.343
9	−0.398	45	−0.087	81	−0.124	117	0.646
10	−0.522	46	0.510	82	−0.348	118	0.348
11	0.970	47	−0.012	83	0.012	119	0.398
12	0.186	48	−0.336	84	−0.746	120	0.597
13	−0.361	49	−0.261	85	−0.298	121	0.336
14	0.062	50	0.460	86	0.062	122	−0.162
15	0.634	51	0.385	87	0.025	123	0.236
16	0.709	52	−0.622	88	0.796	124	0.472
17	0.361	53	−0.435	89	0.348	125	0.522
18	0.472	54	−0.186	90	−0.771	126	−0.249
19	−0.733	55	0.112	91	1.256	127	−0.448
20	0.932	56	−0.037	92	0.025	128	0.236
21	0.186	57	0.435	93	0.050	129	−0.249
22	−0.261	58	−0.087	94	−0.833	130	−0.696
23	0.845	59	0.497	95	−0.907	131	−0.522
24	0.311	60	−0.211	96	−0.535	132	0.174
25	0.323	61	0.472	97	0.547	133	0.758
26	−0.099	62	0.485	98	−1.069	134	0.224
27	0.646	63	−0.472	99	−0.012	135	0.746
28	−0.323	64	0.075	100	−0.820	136	0.398
29	0.861	65	−0.758	101	0.733	137	−0.099
30	1.243	66	0.261	102	0.273	138	0.361
31	0.895	67	0.261	103	−0.199	139	0.373

(续)

植株编号	分值	植株编号	分值	植株编号	分值	植株编号	分值
32	0.000	68	0.050	104	−0.485	140	0.211
33	−0.398	69	−0.398	105	−0.485	141	−0.448
34	0.211	70	1.206	106	0.932	142	−0.497
35	0.099	71	−0.435	107	1.367	143	0.460
36	0.435	72	−0.112	108	−0.435	144	−0.211
145	0.870	179	0.348	213	−1.007	246	0.497
146	0.298	180	0.336	214	−0.796	247	−0.124
147	−0.771	181	−0.112	215	−0.298	248	−0.149
148	−0.224	182	−0.982	216	−0.149	249	−0.075
149	−0.423	183	0.273	217	0.124	250	0.236
150	0.236	184	−0.696	218	−0.659	251	0.746
151	−0.062	185	0.932	219	0.124	252	−0.361
152	0.336	186	−0.149	220	0.162	253	1.144
153	−0.037	187	−0.124	221	0.099	254	0.709
154	−0.597	188	−0.858	222	−0.298	255	−0.646
155	0.162	189	0.311	223	−0.547	256	−0.522
156	0.012	190	−0.174	224	−0.622	257	−0.174
157	0.273	191	0.323	225	−1.106	258	−0.448
158	0.448	192	−0.186	226	0.385	259	−0.298
159	0.733	193	−0.771	227	−1.156	260	0.746
160	−0.994	194	−1.069	228	−0.012	261	−0.410
161	0.012	195	−0.522	229	−0.112	262	0.298
162	−0.099	196	−0.448	230	−0.833	263	0.211
163	−0.112	197	−0.609	231	−0.646	264	0.025
164	0.448	198	0.559	232	−0.236	265	−0.174
165	−0.012	199	0.472	233	−0.646	266	0.796
166	0.535	200	0.174	234	−0.025	267	−0.423

(续)

植株编号	分值	植株编号	分值	植株编号	分值	植株编号	分值
167	−0.149	201	−0.522	235	−0.012	268	−0.597
168	−0.547	202	0.845	236	−0.373	269	0.211
169	0.062	203	−1.119	237	−0.833	270	0.808
170	0.261	204	−0.721	238	−0.833	271	−0.298
171	−0.646	205	−0.907	239	1.057	272	0.659
172	0.572	206	0.522	240	0.323	273	0.174
173	0.211	207	−0.336	241	−0.087	274	−0.845
174	−0.932	208	−0.833	242	−0.224	275	−0.186
175	−0.025	209	0.311	243	0.845	276	−0.224
176	0.025	210	−0.025	244	0.211	277	0.199
177	−0.273	211	1.044	245	0.273	278	0.286
178	−0.012	212	−0.261				

二、优良单株主要性状综合性状表现

经过综合选优，选出油用优良植株18个，分别为大果优质型、丰产优质型和综合型，其中植株42为大果综合型表现最好，蓇葖果大，高出仁率和高出油率；31、70、145、211和253表现高出油率和高脂肪酸含量；其余12个植株为综合型优良单株。

1. 大果优质型单株

单株编号：42（图10-5） 株龄9，植株高度120cm，冠幅121cm×113cm；新枝长38.1cm；复叶42.1cm×22.0cm，小叶42.9mm×25.2mm，12~13枚，叶绿紫色；花白色，着花量15，花粉量多，心皮5~7；坐果量15，果角5~7，果实直径125.4mm，果角长宽63.3mm×22.7mm；单果重105.7g，种籽横纵径12.3mm×10.0mm，单果种籽平均64粒，种籽百粒鲜重74.3g，单株产量鲜重717.1g，鲜籽含水率28.09%；种子仁皮比为2.18，出油率为34.85%；籽油总不饱和脂肪酸含量88.13g/100g粗提油，α-亚麻酸、亚油酸、油酸、棕榈酸、硬脂酸的含量分别为41.07g/100g、24.74g/100g、22.31g/100g、8.01g/100g、2.25g/100g粗提油。植株2月2日开始萌芽，新芽为浅红色；3月14日叶片开展，第一朵花开于4月8日，4月10日进入盛花期，4月15日花瓣凋谢，花期持续8d；7月14日果实开始着色，于7月28日果实成熟；植株落叶期为10月30日。

图10-5 单株编号42形态特征
A：花；B：果实；C：种子；D：开花植株；E：结实植株；F：果实

2. 丰产优质型系列单株

（1）单株编号：253（图10-6） 株龄14，植株高度142cm，冠幅176cm×143cm；新枝长35.0cm；复叶48.3cm×29.7cm，小叶57.5mm×39.1mm，13～15枚，叶片绿紫色；花白色，着花量25，花粉量中等，心皮5～6；坐果量25，果角5～6，果实直径115.7mm，果角长宽60.8mm×20.6mm；单果重59.3g，种籽横纵径11.4mm×9.8mm，单果种籽平均42粒，种籽百粒鲜重67.1g，单株产量鲜重705.0g，鲜籽含水率34.40%；种子仁皮比为2.13，出油率为33.55%；籽油总不饱和脂肪酸含量89.14g/100g粗提油，α-亚麻酸、亚油酸、油酸、棕榈酸、硬脂酸的含量分别为43.61g/100g、23.29g/100g、22.24g/100g、7.12g/100g、1.88g/100g粗提油。植株2月14日开始萌芽，新芽为浅红色；3月24日叶片开展，第一朵花开于4月10日，4月14日进入盛花期，4月20日花瓣凋谢，花期持续11d；7月18日果实开始着色，于8月4日果实成熟；植株落叶期为10月28日。

（2）单株编号：211（图10-7） 株龄4，植株高度97cm，冠幅102cm×109cm；新枝长35.9cm；复叶40.1cm×23.7cm，小叶49.9mm×23.5mm，10～12枚，叶片绿色；花白色，着花量30，花粉量多，心皮5；坐果量30，果角5，果实直径96.72mm，果角长宽

33.8mm×21.0mm；单果重49.4859g，种籽横纵径11.1mm×9.7mm，单果种籽平均44粒，种籽百粒鲜重55.7 g，单株产量鲜重741.5g，鲜籽含水率32.9%；种子仁皮比为2.26，出油率为34.2%；籽油总不饱和脂肪酸含量90.0g/100g粗提油，α-亚麻酸、亚油酸、油酸、棕榈酸、硬脂酸的含量分别为46.04g/100g、23.67g/100g、20.29g/100g、6.73g/100g、1.36g/100g粗提油。植株2月2日开始萌芽，新芽为浅红色；3月20日叶片开展，第一朵花开于4月10日，4月14日进入盛花期，4月19日花瓣凋谢，花期持续10d；7月18日果实开始着色，于7月30日果实成熟；植株落叶期为10月30日。

图10-6　单株编号253形态特征
A：花；B：果实；C：种子；D：开花植株；E：结实植株；F：果实。

图10-7　单株编号211形态特征
A：花；B：果实；C：种子；D：开花植株；E：结实植株；F：果实

（3）单株编号：31（图10-8）　株龄10，植株高度161cm，冠幅174cm×151cm；新枝长51.3cm；复叶44.2cm×28.5cm，小叶72.8mm×43.5mm，10～11枚，叶绿紫色；花初开为浅粉色，后变白，着花量21，花粉量多，心皮5；坐果量21，果实5，果实直径109.7mm，果角长宽58.7mm×21.3mm；单果重72.9g，种籽横纵径10.7mm×8.7mm，单果种籽平均56粒，种籽百粒鲜重48.8g，单株产量鲜重570.8g，鲜籽含水率28.2%；种子仁皮比为2.25，出油率为34.6%；籽油总不饱和脂肪酸含量88.1g/100g粗提油，α-亚麻酸、亚油酸、油酸、棕榈酸、硬脂酸的含量分别为41.15g/100g、24.59g/100g、22.44g/100g、8.10g/100g、2.26g/100g粗提油。植株2月16日开始萌芽，新芽为紫红色；3月26日叶片开展，第一朵花开于4月14日，4月18日进入盛花期，4月21日花瓣凋谢，花期持续8d；7月15日果实开始着色，于7月31日果实成熟；植株落叶期为10月30日。

图10-8　单株编号31形态特征
A：花；B：果实；C：种子；D：开花植株；E：结实植株；F：果实

（4）单株编号：145（图10-9） 株龄12，植株高度145cm，冠幅154cm×113cm；新枝长44.6cm；复叶46.0cm×20.9cm，小叶50.7mm×26.1mm，9~10枚，叶片灰绿色；花白色，着花量20，花粉量中等，心皮6~8；坐果量20，果角6~8，果实直径105.86mm，果角长宽57.9mm×19.1mm；单果重71.1g，种籽横纵径10.7mm×8.7mm，单果种籽平均58粒，种籽百粒鲜重50.1g，单株产量鲜重578.8g，鲜籽含水率34.36%；种子仁皮比为2.16，出油率为34.71%；籽油总不饱和脂肪酸含量88.34g/100g粗提油，α-亚麻酸、亚油酸、油酸、棕榈酸、硬脂酸的含量分别为41.31g/100g、24.61g/100g、22.43g/100g、8.05g/100g、2.22g/100g粗提油。植株2月8日开始萌芽，新芽为紫红色；3月20日叶片开展，第一朵花开于4月12日，4月15日进入盛花期，4月20日花瓣凋谢，花期持续9d；7月18日果实开始着色，于8月1日果实成熟；植株落叶期为11月9日。

图10-9 单株编号145形态特征
A：花；B：果实；C：种子；D：开花植株；E：结实植株；F：果实

（5）单株编号：70（图10-10） 株龄10，植株高度107cm，冠幅118cm×153cm；新枝长32.4cm；复叶42.9cm×28.9cm，小叶48.0mm×29.6mm，11~13枚，叶片绿色；花初开为浅粉色，后逐渐变白，着花量25，花粉量中等，心皮7~8；坐果量25，果角7~8，果实直径98.8mm，果角长宽53.1mm×18.3mm；单果重67.0g，种籽横纵径10.3mm×8.3mm，单果种籽平均70粒，种籽百粒鲜重41.7g，单株产量鲜重727.5g，鲜籽含水率29.15%；种子仁皮比为2.15，出油率为33.36%；籽油总不饱和脂肪酸含量90.61g/100g粗提油，α-亚麻酸、亚油酸、油酸、棕榈酸、硬脂酸的含量分别为46.85、23.57、20.19、6.66、1.37g/100g粗提油。植株2月4日开始萌芽，新芽为浅红色；3月28日叶片开展，第一朵花开于4月14日，4月17日进入盛花期，4月21日花瓣凋谢，花期持续8d；7月12日果实开始着色，于7月28日果实成熟；植株落叶期为10月30日。

图10-10　单株编号70形态特征
A：花；B：果实；C：种子；D：开花植株；E：结实植株；F：果实

3. 综合性状优良系列单株

（1）单株编号：107（图10-11）　株龄13，植株高度158cm，冠幅155cm×132cm；新枝长28.9cm；复叶36.4cm×23.1cm，小叶46.9mm×24.6mm，10～12枚，叶绿紫色；花白色，着花量38，花粉量多，心皮5；坐果量38，果角5，果实直径89.9mm，果角长宽47.6mm×18.1mm；单果重41.1g，种籽横纵径11.0mm×9.4mm，单果种籽平均43粒，种籽百粒鲜重46.5g，单株产量鲜重760.1g，鲜籽含水率30.04%；种子仁皮比为2.15，出油率为33.97%；籽油总不饱和脂肪酸含量88.07g/100g粗提油，α-亚麻酸、亚油酸、油酸、棕榈酸、硬脂酸的含量分别为42.14g/100g、22.56g/100g、23.36g/100g、8.03g/100g、2.03g/100g粗提油。植株2月4日开始萌芽，新芽为浅红色；3月24日叶片开展，第一朵花开于4月12日，4月15日进入盛花期，4月19日花瓣凋谢，花期持续7d；7月12日果实开始着色，于7月30日果实成熟；植株落叶期为10月30日。

(2)单株编号：116（图10-12） 株龄13，植株高度147cm，冠幅172cm×142cm；新枝长38.2cm；复叶39.3cm×20.2cm，小叶50.6mm×21.1mm，11~12枚，叶绿紫色；花初开基部有粉晕，后逐渐变白，着花量39，花粉量少，心皮5；坐果量39，果角5，果实直径96.3mm，果角长宽51.2mm×18.3mm；单果重39.2g，种籽横纵径10.6mm×9.2mm，单果种籽平均39粒，种籽百粒鲜重43.3g，单株产量鲜重665.3g，鲜籽含水率32.39%；种子仁皮比为2.15，出油率为33.26%；籽油总不饱和脂肪酸含量88.15g/100g粗提油，α-亚麻酸、亚油酸、油酸、棕榈酸、硬脂酸的含量分别为42.04g/100g、22.79g/100g、23.32g/100g、7.86g/100g、1.96g/100g粗提油。植株2月6日开始萌芽，新芽为浅红色；3月28日叶片开展，第一朵花开于4月12日，4月15日进入盛花期，4月20日花瓣凋谢，花期持续8d；7月18日果实开始着色，于8月1日果实成熟；植株落叶期为11月4日。

图10-11 单株编号107形态特征
A：花；B：果实；C：种子；D：开花植株；E：结实植株；F：果实

图10-12　单株编号116形态特征
A：花；B：果实；C：种子；D：开花植株；E：结实植株；F：果实

（3）单株编号：74（图10-13）　株龄12，植株高度162cm，冠幅164cm×168cm；新枝长34.6cm；复叶42.0cm×25.7cm，小叶48.6mm×26.1mm，9～11枚，叶绿紫色；花初开浅粉色，后逐渐变白，着花量28，花粉量多，心皮5；坐果量28，果角5，果实直径108.0mm，果角长宽58.0mm×20.6mm；单果重58.2g，种籽横纵径11.4mm×8.9mm，单果种籽平均58粒，种籽百粒鲜重50.9g，单株产量鲜重827.9g，鲜籽含水率31.01%；种子仁皮比为2.15，出油率为32.78%；籽油总不饱和脂肪酸含量88.33g/100g粗提油，α-亚麻酸、亚油酸、油酸、棕榈酸、硬脂酸的含量分别为41.41g/100g、24.51g/100g、22.41g/100g、7.93g/100g、2.02g/100g粗提油。植株2月14日开始萌芽，新芽为浅红色；3月28日叶片开展，第一朵花开于4月13日，4月16日进入盛花期，4月20日花瓣凋谢，花期持续8d；7月25日果实开始着色，于8月8日果实成熟；植株落叶期为11月5日。

（4）单株编号：91（图10-14）　株龄12，植株高度162cm，冠幅184cm×156cm；新枝长43.6cm；复叶37.3cm×24.6cm，小叶48.7mm×30.5mm，9～11枚，叶绿紫色；花初开为浅粉色，后变白，着花量31，花粉量中等，心皮5；坐果量31，果角5，果实直径107.9mm，果角长宽55.9mm×19.0mm；单果重53.3g，种籽横纵径11.7mm×9.1mm，单果种籽平均45粒，种籽百粒鲜重51.2g，单株产量鲜重709.3g，鲜籽含水率27.41%；种子仁皮比为2.14，出油率为32.89%；籽油总不饱和脂肪酸含量88.18g/100g粗提油，α-亚麻酸、亚油酸、油酸、棕榈酸、硬脂酸的含量分别为40.90g/100g、24.69g/100g、22.59g/100g、7.99g/100g、1.94g/100g粗提油。植株2月14日开始萌芽，新芽为浅红色；3月24日叶片开展，第一朵花开于4月14日，4月16日进入盛花期，4月21日花瓣凋谢，花期持续8d；7月14日果实开始着色，于7月29日果实成熟；植株落叶期为10月25日。

图10-13 单株编号74形态特征
A:花;B:果实;C:种子;D:开花植株;E:结实植株;F:果实

图10-14 单株编号91形态特征
A:花;B:果实;C:种子;D:开花植株;E:结实植株;F:果实

（5）单株编号：30（图10-15）　　株龄11，植株高度218cm，冠幅162cm×156cm；新枝长36.0cm；复叶37.6cm×25.1cm，小叶52.2cm×29.6mm，9～10枚，叶片灰绿色；花白色，着花量24，花粉量多，心皮5；坐果量24，果角5，果实直径101.6mm，果角长宽57.6mm×20.5mm；单果重65.2g，种籽横纵径11.6mm×8.9mm，单果种籽平均63粒，种籽百粒鲜重51.6g，单株产量鲜重776.8g，鲜籽含水率28.53%；种子仁皮比为2.15，出油率为33.19%；籽油总不饱和脂肪酸含量88.30g/100g粗提油，α-亚麻酸、亚油酸、油酸、棕榈酸、硬脂酸的含量分别为42.15g/100g、22.86g/100g、23.29g/100g、8.00g/100g、2.06g/100g粗提油。植株2月16日开始萌芽，新芽为浅红色；3月30日叶片开展，第一朵花开于4月15日，4月17日进入盛花期，4月21日花瓣凋谢，花期持续7d；7月12日果实开始着色，于7月26日果实成熟；植株落叶期为10月25日。

图10-15　单株编号30形态特征
A：花；B：果实；C：种子；D：开花植株；E：结实植株；F：果实

（6）单株编号：112（图10-16）　　株龄13，植株高度152cm，冠幅130cm×125cm；新枝长26.3cm；复叶32.8cm×22.2cm，小叶38.9mm×17.2mm，12～14枚，叶片灰绿色；花白色，着花量37，花粉量多，心皮5；坐果量37，果角5，果实直径95.1mm，果角长宽52.6mm×18.0mm；单果重39.2g，种籽横纵径10.1mm×7.5mm，单果种籽平均40粒，种籽百粒鲜重40.0g，单株产量鲜重597.1g，鲜籽含水率27.82%；种子仁皮比为2.14，出油率为32.72%；籽油总不饱和脂肪酸含量88.15g/100g粗提油，α-亚麻酸、亚油酸、油酸、棕榈酸、硬脂酸的含量分别为40.30g/100g、24.74g/100g、23.11g/100g、7.86g/100g、1.88g/100g粗提油。植株2月10日开始萌芽，新芽为浅红色；3月28日叶片开展，第一朵花开于4月14日，4月15日进入盛花期，4月19日花瓣凋谢，花期持续6d；7月14日果实开始着色，于7月29日果实成熟；植株落叶期为10月25日。

图10-16 单株编号112形态特征
A：花；B：果实；C：种子；D：开花植株；E：结实植株；F：果实

（7）单株编号：239（图10-17） 株龄9，植株高度122cm，冠幅150m×127cm；新枝长42.1cm；复叶40.1cm×27.1cm，小叶123.1mm×59.1mm，5~6枚，叶片灰绿色；花白色，着花量28，花粉量多，心皮5；坐果量28，果角5，果实直径112.4mm，果角长宽59.3mm×20.8mm；单果重56.6g，种籽横纵径11.5mm×9.9mm，单果种籽平均41粒，种籽百粒鲜重57.1g，单株产量鲜重650.8g，鲜籽含水率25.33%；种子仁皮比为2.15，出油率为34.03%；籽油总不饱和脂肪酸含量89.40g/100g粗提油，α-亚麻酸、亚油酸、油酸、棕榈酸、硬脂酸的含量分别为40.36g/100g、24.63g/100g、24.41g/100g、7.51g/100g、1.66g/100g粗提油。植株2月8日开始萌芽，新芽为紫红色；3月20日叶片开展，第一朵花开于4月13日，4月15日进入盛花期，4月20日花瓣凋谢，花期持续8d；7月14日果实开始着色，于7月28日果实成熟；植株落叶期为10月28日。

图10-17　单株编号239形态特征
A：花；B：果实；C：种子；D：开花植株；E：结实植株；F：果实

（8）单株编号：11（图10-18）　株龄8，植株高度199cm，冠幅134cm×152cm；新枝长30.4cm；复叶41.1cm×23.3cm，小叶64.6mm×30.2mm，12～14枚，叶绿紫色；花白色，着花量29，花粉量中等，心皮5；坐果量29，果角5，果实直径94.2mm，果角长宽55.5mm×19.1mm；单果重47.0g，种籽横纵径10.2mm×9.0mm，单果种籽平均47粒，种籽百粒鲜重43.5g，单株产量鲜重589.0g，鲜籽含水率31.22%；种子仁皮比为2.15，出油率为32.73%；籽油总不饱和脂肪酸含量88.09g/100g粗提油，α-亚麻酸、亚油酸、油酸、棕榈酸、硬脂酸的含量分别为42.03g/100g、22.80g/100g、23.26g/100g、7.94g/100g、2.02g/100g粗提油。植株2月1日开始萌芽，新芽为紫红色；3月22日叶片开展，第一朵花开于4月10日，4月13日进入盛花期，4月17日花瓣凋谢，花期持续8d；7月14日果实开始着色，于7月28日果实成熟；植株落叶期为10月25日。

（9）单株编号：20（图10-19）　株龄8，植株高度140cm，冠幅186cm×146cm；新枝长33.9cm；复叶40.9cm×27.0cm，小叶59.6mm×29.9mm，10～11枚，叶片灰绿色；花初开为浅粉色，后变白，着花量22，花粉量中等，心皮7～8；坐果量22，果角7～8，果实直径101.1mm，果角长宽52.6mm×17.1mm；单果重63.7g，种籽横纵径11.2mm×9.6mm，单果种籽平均55粒，种籽百粒鲜重49.3g，单株产量鲜重600.7g，鲜籽含水率29.86%；种子仁皮比为2.14，出油率为32.80%；籽油总不饱和脂肪酸含量88.16g/100g粗提油，α-亚麻酸、亚油酸、油酸、棕榈酸、硬脂酸的含量分别为42.07g/100g、22.79g/100g、23.31g/100g、7.95g/100g、1.99g/100g粗提油。植株2月16日开始萌芽，新芽为浅红色；3月30日叶片开展，第一朵花开于4月14日，4月18日进入盛花期，4月21日花瓣凋谢，花期持续8d；7月14日果实开始着色，于7月28日果实成熟；植株落叶期为10月30日。

图10-18 单株编号11形态特征
A：花；B：果实；C：种子；D：开花植株；E：结实植株；F：果实

图10-19 单株编号20形态特征
A：花；B：果实；C：种子；D：开花植株；E：结实植株；F：果实。

（10）单株编号：106（图10-20） 株龄6，植株高度155cm，冠幅127cm×161cm；新枝长40.6cm；复叶35.6cm×21.8cm，小叶37.5mm×22.5mm，10~11枚，叶片绿紫色；花白色，着花量26，花粉量中等，心皮5~7；坐果量26，果角5~7，果实直径102.4mm，果角长宽55.6mm×19.7mm；单果重56.4g，种籽横纵径10.6mm×9.2mm，单果种籽平均47粒，种籽百粒鲜重49.5g，单株产量鲜重605.0g，鲜籽含水率28.00%；种子仁皮比为2.19，出油率为33.91%；籽油总不饱和脂肪酸含量88.46g/100g粗提油，α-亚麻酸、亚油酸、油酸、棕榈酸、硬脂酸的含量分别为41.41g/100g、24.54g/100g、22.51g/100g、8.03g/100g、2.16g/100g粗提油。植株2月4日开始萌芽，新芽为绿色；3月24日叶片开展，第一朵花开于4月13日，4月16日进入盛花期，4月21日花瓣凋谢，花期持续9d；7月14日果实开始着色，于7月28日果实成熟；植株落叶期为10月25日。

图10-20　单株编号106形态特征
A：花；B：果实；C：种子；D：开花植株；E：结实植株；F：果实

（11）单株编号：185（图10-21） 株龄4，植株高度103cm，冠幅135cm×126cm；新枝长47.8cm；复叶54.0cm×28.0cm，小叶48.4mm×30.1mm，14~15枚，叶片灰绿色；花白色，着花量28，花粉量多，心皮5；坐果量28，果角5，果实直径98.6mm，果角长宽52.1mm×18.8mm；单果重45.8g，种籽横纵径11.6mm×9.1mm，单果种籽平均40粒，种籽百粒鲜重59.9g，单株产量鲜重671.6g，鲜籽含水率33.77%；种子仁皮比为2.14，出油率为32.77%；籽油总不饱和脂肪酸含量87.74g/100g粗提油，α-亚麻酸、亚油酸、油酸、棕榈酸、硬脂酸的含量分别为42.33g/100g、25.11g/100g、20.30g/100g、8.47g/100g、2.31g/100g粗提油。植株2月8日开始萌芽，新芽为浅红色；3月20日叶片开展，第一朵花开于4月11日，4月12日进入盛花期，4月20日花瓣凋谢，花期持续10d；7月14日果实开始着色，于7月28日果实成熟；植株落叶期为10月30日。

（12）单株编号：29（图10-22）　株龄9，植株高度150cm，冠幅157cm×164cm；新枝长45.8cm；复叶43.9cm×26.1cm，小叶61.6mm×26.8mm，10～11枚，叶片绿色；花初开为浅粉色，后变白，着花量18，花粉量多，心皮5～6；坐果量18，果角5～6，果实直径108.3mm，果角长宽60.5mm×21.1mm，单果重70.6g，种籽横纵径12.0mm×9.7mm，单果种籽平均67粒，种籽百粒鲜重51.8g，单株产量鲜重625.5g，鲜籽含水率33.03%；种子仁皮比为2.16，出油率为33.39%；籽油总不饱和脂肪酸含量88.07g/100g粗提油，α-亚麻酸、亚油酸、油酸、棕榈酸、硬脂酸的含量分别为42.06g/100g、22.72g/100g、23.29g/100g、8.03g/100g、2.09g/100g粗提油。植株2月16日开始萌芽，新芽为浅红色；3月24日叶片开展，第一朵花开于4月14日，4月16日进入盛花期，4月20日花瓣凋谢，花期持续7d；7月12日果实开始着色，于7月26日果实成熟；植株落叶期为10月25日。

图10-21　单株编号185形态特征
A：花；B：果实；C：种子；D：开花植株；E：结实植株；F：果实

图10-22　单株编号29形态特征
A：花；B：果实；C：种子；D：开花植株；E：结实植株；F：果实。

三、'凤丹'油用牡丹实生选种方法小结

各地都可以根据当地的生产实践，不断地对'凤丹'群体进行选种，使得'凤丹'品种不断更新换代。开展选种方法，除了按照上述方法程序外，根据选种目标的不同，选种时期和年份也不可忽视。对于花期耐冻、抗寒性、病虫害等抗性育种，应当选择在有关灾害发生的年份进行，同时果实成熟期是选种的黄金时期，结合灾害发生年份并结合以丰产性为主要目标的选种方法，便可不断选出各种类型或综合抗性较高的优良高产新品种。

第十一章
紫斑牡丹油用育种特性的评价与选种

紫斑牡丹野生种分布于秦巴山区和子午岭林区等地，而甘肃省兰州市、临洮县、榆中县等地经过长期栽培，形成了一个以紫斑牡丹为主的生产基地。其中临洮地区，据史书记载，早在两千年前的东汉，生活在洮河边的老百姓就知道牡丹根皮具有化瘀的药效，因此开始种植牡丹。唐宋明清以至民国时期，临洮县紫斑牡丹更是广负盛名，清末《甘肃新通志》记载："牡丹在甘肃各州府都有，惟兰州临洮为较盛，五色俱全。"这些生产种植基础为油用紫斑牡丹新品种选育提供了丰富的种质材料。

第一节 不同紫斑牡丹群体主要性状评价比较及实生选种案例

本实验选取甘肃省定西市临洮县八里铺水渠村、兰州市榆中县诺克牡丹园艺有限公司苗圃、兰州市中川牡丹产业有限公司苗圃基地为紫斑牡丹优良单株筛选的目标地点，对筛选的紫斑牡丹进行花期、果期、种子的表型性状进行比较，对牡丹籽油进行提取以及脂肪酸成分进行比较分析，确定显著影响紫斑牡丹结实量以及籽油产量、质量的表型性状，为紫斑牡丹油用价值的开发利用提供选育方法与理论参考。

一、不同优选群体的花形态数量性状的比较

比较而言，植物上花的性状比较稳定，如果花的性状发生一些变异，我们可以大抵判断，有关植物个体存在真实的变异而非受环境影响的饰变。通过对三个产区的优选群体紫斑牡丹花形态性状的调查分析表明（表11-1），紫斑牡丹的花外瓣宽度、花丝长度、花药长

度和心皮数在内的4个数量性状在3个地区的优选群体之间均未表现出明显差异；而临洮县优选群体与榆中县优选群体虽然在花茎长度、内瓣长宽及外瓣长上不存在显著差异，但它们均与兰州市优选群体存在明显差异。

另外与对照群体相比，临洮县优选群体和本地对照在着花量、花茎长、内瓣宽、外瓣宽、心皮数5个性状上差异明显；榆中县优选群体在着花量、外瓣宽、花丝长、心皮数等4个性状上和当地对照差异明显；兰州市优选群体在着花量、花丝长、花药长、心皮数等4个性状上和当地对照群体不同。

据此判断，我们认为初步的选择在遗传变异上是有效的。

表11-1　紫斑牡丹3个产地花期数量性状的比较

产地	花茎长（mm）	内瓣长（mm）	内瓣宽（mm）	外瓣长（mm）	外瓣宽（mm）	花丝长（mm）	花药长（mm）
临洮优选	177.4a	61.9ab	25.2a	116.0a	40.8a	16.1ab	2.2ab
榆中优选	136.6b	55.4b	20.2ab	106.2ab	38.5a	17.7ab	2.2ab
兰州优选	79.2c	35.0c	16.0b	66.7c	24.7b	17.5ab	2.3ab

同时我们对不同优选群体的9个花数量性状的变异系数统计分析，有关资料对于我们今后判断不同优选群体的多样性或者说遗传杂合性有一定参考作用。具体结果按变异系数大小依次为：花药长度（26.3%）>花丝长度（24.0%）>内瓣宽度（24.8%）>着花量（20.8%）>外瓣宽度（20.6%）>内瓣长度（20.0%）>花茎长度（16.0%）>外瓣长度（15.1%），平均变异系数最小的是心皮数（3.0%），这与绝大多数牡丹心皮数为5相符。就不同地区花数量性状总的平均值来看，兰州紫斑牡丹变异系数最大，优选群体达20.2%，对照组达21.9%，临洮紫斑和榆中紫斑变异系数差异不大，无论是优选群体还是对照组，均保持在15%~19%之间。

二、不同优选群体生长与结果性状的比较

结实性状调查结果表明，虽然临洮优选群体和榆中优选群体的植株冠幅相差不大，但二者的坐果量差异还是比较明显，同样的结果也表现在榆中优选群体与兰州优选群体上。而果角数在三个优选群体之间没有差异，果荚大小变化与坐果量特性在不同优选群体之间的表现一致（表11-2）。

表11-2　紫斑牡丹3个产地果期数量性状的比较

产地	冠幅（m）	坐果量	果角数	果荚横径（mm）	果荚纵径（mm）
临洮优选	1.55a	9.0a	5.2a	89.0a	20.2a
榆中优选	1.30ab	7.0b	5.1a	60.5b	15.9bc
兰州优选	1.19b	5.1c	5.1a	47.1bc	13.2c

对不同结果性状的变异系数分析结果表明，3个产地紫斑牡丹优选群体的生长结果性状综合变异系数大小依次为：坐果量（22.7%）＞当年生枝条数（19.3%）＞茎粗（18.2%）＞果荚横径（16.8%）＞冠幅（16.7%）＞株高（16.0%＞果角数（3.0%）。

三、不同紫斑牡丹优选群体的单株种子产量比较

对三个产地紫斑牡丹优选单株及对照进行产量统计分析结果表明（图11-1），三个产地之间及优选植株与对照之间存在显著差异性。临洮优选紫斑牡丹单株产量（176.7g）显著高于榆中优选群体（81.0g）和兰州优选群体（47.5g）；临洮优选群体单株与其对照之间差异性显著，其优选单株产量几乎为对照的2倍，而榆中优选群体和兰州优选群体与其相应的对照单株之间的差异性不显著。

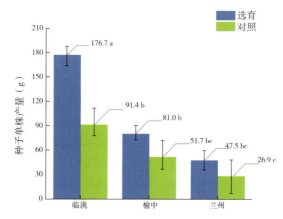

图11-1　不同产地紫斑牡丹的单株种子产量
不同字母代表在0.05水平上存在显著性差异

四、不同紫斑牡丹优选群体籽油主要脂肪酸的定量分析比较

通过对不同优选群体种子主要脂肪酸含量分析表明（表11-3），不同优选群体的紫斑牡丹籽油脂肪酸总含量是存在显著差异。棕榈酸与硬脂酸在不同群体之间存在显著差异，油酸、亚油酸、α-亚麻酸这三种酸在三个群体之间差异并不显著。

表11-3　不同紫斑牡丹优选群体籽油主要脂肪酸含量测定结果

产地	棕榈酸（g/100g）	硬脂酸（g/100g）	油酸（g/100g）	亚油酸（g/100g）	亚麻酸（g/100g）
临洮	4.78 ab	1.30 a	16.48 a	18.54 a	42.47 a
榆中	4.76 ab	0.73 a	14.90 a	16.30 ab	37.89 a
兰州	2.05 c	0.56 a	11.12 a	14.16 b	35.86a

注：采用Duncan多重比较，图中不同字母表示在0.05水平上存在显著性差异。

五、紫斑牡丹实生选种案例

1. 选育过程

自2008年起，西北农林科技大学牡丹课题组在全国范围内开展了牡丹种质资源调查和牡丹新品种选育的工作，其中重点调查了甘肃省临洮县，累计观察3000多株栽培牡丹，按照百分之五的入选率，根据丰产性、抗病性等主要经济性状指标，对植株进行了筛选，将符合要求的植株作为候选母株。对入选植株进行了异地引种集中栽植，并在当年采集种子实生繁殖，同时采集少量枝条嫁接繁殖以扩大优选采种园，并观察记载了不同繁殖群体和母株的生长发育变异情况。繁殖群体和母株分别在陕西杨凌区、汉台区、合阳县等地区域试验性栽培。根据主要丰产性指标的多点试验，最终将临洮县所筛选的优选群体确定为牡丹实生群体新品种，并命名为'秦韵'，学名：*Paeonia. rockii* subsp. *taibaishanica* 'Qin Yun'。

2. '秦韵'紫斑牡丹品种简介

该品种6年实生苗平均植株高度87cm，冠幅约119cm×99cm，直立或半开展型，长势强；花粉红色，花瓣基部带紫黑色菱形小到中等色斑，单株平均开花数10朵，单瓣型，花瓣阔倒卵形，雄蕊正常，花粉量多，花丝中部浅紫，上下皆为白色，房衣乳白色，稀淡粉色，柱头淡黄色；萼片5，黄绿色，近圆形；复叶为大型长叶，小叶15～25枚，顶小叶中到深裂，叶缘锐尖；蓇葖果，多5角，少6～8角，果实纵横径49mm×20mm；单株平均结果9.8个，单果重43g，种子纵横径12mm×8mm，单果结籽量38.5粒，千粒鲜重385g，亩产160kg。平均单位面积产量较对照组提高31.9%；出油率32.7%，主要总脂肪酸含量共计83.6%，其中不饱和脂肪酸占92.73%，α-亚麻酸占50.81%；抗病虫害能力强，抗旱抗寒能力强。

图11-2 '秦韵'植株表型

第二节 紫斑牡丹优选单株的性状变异评价比较

紫斑牡丹分布广泛，表型多样性丰富，应用前景广阔。本节对紫斑牡丹不同优选单株花粉萌发率、花粉微形态特性、表型性状及籽粒油品特性进行比较分析，为后续新品种选育工作提供理论基础。

一、不同优选单株花粉萌发率分析比较

实验表明，不同单株之间花粉萌发率同样存在较大差异范围，为44.78%~95.03%，群体间变异系数为22.40%。由单因素方差分析可知，不同单株之间花粉萌发率差异极显著（$P<0.01$）。ZB22、ZB56花粉萌发率均大于90%，表明两棵单株均可作为优良授粉单株。

表11-4 紫斑牡丹单株花粉萌发率

植株编号	平均值	标准差	变异系数	植株编号	平均值	标准差	变异系数
11	82.93%	0.06	7.42%	34	48.71%	0.08	17.17%
13	83.52%	0.11	13.60%	35	90.97%	0.03	2.83%
14	82.55%	0.04	4.34%	36	74.43%	0.05	7.28%
15	83.28%	0.05	6.60%	37	75.93%	0.07	9.66%
16	53.28%	0.11	20.96%	38	76.84%	0.02	2.82%
17	80.16%	0.08	9.82%	39	59.65%	0.10	16.41%
18	66.87%	0.05	7.46%	41	77.86%	0.06	7.43%
19	66.27%	0.09	14.10%	44	24.31%	0.03	13.24%
21	72.08%	0.07	9.73%	45	73.73%	0.02	2.11%
22	59.95%	0.08	12.60%	46	56.43%	0.01	2.19%
23	76.56%	0.04	5.20%	48	75.46%	0.08	10.98%
24	74.81%	0.07	9.55%	49	63.83%	0.05	7.44%
25	60.05%	0.03	4.59%	51	62.07%	0.02	3.89%
26	68.21%	0.09	12.65%	52	37.32%	0.13	33.58%
27	89.09%	0.01	0.71%	54	50.01%	0.06	12.49%
28	44.78%	0.07	16.63%	55	39.10%	0.05	13.23%
29	63.04%	0.11	17.92%	56	82.30%	0.06	7.04%
32	79.49%	0.00	0.56%	57	70.01%	0.06	8.77%
33	78.11%	0.01	1.65%	61	88.59%	0.03	3.90%

(续)

植株编号	平均值	标准差	变异系数	植株编号	平均值	标准差	变异系数
62	72.77%	0.04	5.54%	81	41.20%	0.12	28.63%
63	71.75%	0.05	7.48%	82	81.67%	0.03	3.79%
65	53.16%	0.09	16.96%	83	85.52%	0.09	9.95%
66	82.53%	0.07	9.03%	91	76.87%	0.04	5.51%
71	67.81%	0.05	7.42%	93	84.42%	0.03	3.47%
72	76.04%	0.03	3.39%	102	62.22%	0.05	7.27%
73	76.08%	0.05	6.42%	111	62.38%	0.15	23.56%
74	79.75%	0.02	2.34%	112	77.11%	0.05	6.03%
75	61.69%	0.04	6.43%	113	95.03%	0.01	0.70%

二、不同优选单株花粉微形态特性的差异比较

应用电子显微镜扫描技术，对各单株花粉孢粉形态进行了对比分析（表11-5），总体来说紫斑牡丹花粉为长球形，赤面观为椭圆形，极面观为三裂圆形，具有三拟孔沟。外壁纹饰为粗网状。在单株之间存在一些差异，尤其以花粉穿孔直径变异系数最大为0.312，极轴长和赤道面宽变异系数较小，分别为0.092和0.099。单株之间的花粉形态差异极显著。

表11-5　花粉形态数据表

编号	极轴长/P（μ）	赤道面宽/E（μ）	穿孔直径/D（μ）	脊宽度/W（μ）	P/E	D/W
ZB1	46.35	25.29	1.39	0.54	1.85	2.80
ZB2	51.68	23.08	1.74	0.72	2.25	2.65
ZB3	51.23	22.92	1.37	0.51	2.24	3.01
ZB4	56.77	25.06	1.39	0.67	2.27	2.32
ZB5	49.46	27.88	1.81	0.58	1.79	3.41
ZB6	49.88	22.47	1.67	0.60	2.23	3.02
ZB7	50.51	23.32	1.26	0.51	2.18	2.68
ZB8	48.77	21.50	1.60	0.57	2.30	3.10
ZB9	51.42	24.33	1.57	0.65	2.12	2.51
ZB10	49.97	23.868	1.91	0.65	2.10	3.18
ZB11	50.09	22.59	1.69	0.50	2.22	3.50

（续）

编号	极轴长/P（μ）	赤道面宽/E（μ）	穿孔直径/D（μ）	脊宽度/W（μ）	P/E	D/W
ZB12	52.07	23.04	1.96	0.65	2.28	3.18
ZB13	51.17	24.35	1.85	0.73	2.12	2.77
ZB14	49.61	25.81	1.37	0.57	1.93	2.52
ZB15	45.60	24.39	1.51	0.71	1.88	2.28
ZB16	45.44	24.36	1.86	0.74	1.88	2.63
ZB17	43.16	26.61	1.73	0.68	1.62	2.68
ZB18	49.67	22.21	1.90	0.70	2.24	2.80
ZB19	49.67	23.58	2.79	0.75	2.13	3.99
ZB20	49.00	24.05	1.65	0.73	2.04	2.35
ZB21	50.89	23.00	1.41	0.63	2.22	2.37
ZB22	48.84	23.41	1.16	0.79	2.09	1.70
ZB23	48.28	22.03	1.62	0.51	2.19	3.35
ZB24	41.32	25.11	1.37	0.63	1.67	2.28
ZB25	47.15	23.32	1.36	0.65	2.03	2.15
ZB26	50.39	24.51	2.02	0.65	2.06	3.34
ZB27	41.70	25.54	1.37	0.57	1.64	2.45
ZB28	48.55	23.67	2.43	0.99	2.05	2.66
ZB29	48.46	21.53	1.89	0.55	2.26	3.61
ZB30	42.73	22.84	1.22	0.64	1.88	1.99
ZB31	48.07	21.83	1.36	0.50	2.21	2.87
ZB32	50.94	23.01	1.64	0.67	2.22	2.52
ZB33	50.54	23.59	1.71	0.69	2.15	2.57
ZB34	46.48	22.97	1.52	0.54	2.03	2.88
ZB35	48.94	21.98	1.28	0.59	2.25	2.25
ZB36	49.51	22.04	1.44	0.70	2.25	2.19
ZB37	49.18	22.70	1.18	0.62	2.17	1.95
ZB38	48.39	23.03	1.43	0.79	2.11	1.84

（续）

编号	极轴长/P（μ）	赤道面宽/E（μ）	穿孔直径/D（μ）	脊宽度/W（μ）	P/E	D/W
ZB39	47.83	23.61	2.00	0.69	2.04	3.08
ZB40	46.72	24.03	1.67	0.59	1.95	2.99
ZB41	46.47	21.03	1.48	0.53	2.21	2.90
ZB42	48.21	23.18	1.29	0.50	2.10	2.69
ZB43	46.85	21.60	1.23	0.70	2.20	1.81
ZB44	50.07	22.00	2.09	0.67	2.28	3.29
ZB45	46.83	24.05	1.11	0.69	1.96	1.62
ZB46	48.10	23.75	1.68	0.64	2.04	2.79
ZB47	46.73	23.81	1.24	0.53	1.97	2.39
ZB48	48.22	21.11	1.27	0.61	2.29	2.27
ZB49	50.52	23.78	1.44	0.52	2.13	3.07
ZB50	52.71	23.90	2.29	0.69	2.21	3.50
ZB51	50.41	22.70	1.41	0.80	2.23	1.88
ZB52	48.33	23.21	1.85	0.57	2.09	3.49
ZB53	45.15	25.99	2.26	0.79	1.76	3.11
ZB54	46.58	23.74	1.96	0.70	1.97	2.96
ZB55	44.98	22.91	1.23	0.59	1.99	2.14
ZB56	50.67	23.16	1.52	0.686	2.19	2.36
总计	48.52	23.47	1.62	0.64	2.09	2.69

三、不同优选单株表型性状观测比较分析

如表11-6，可以看出，单株之间产量（CV=89.85%）、小叶长宽比（CV=87.13%）、小叶长（CV=82.80%）存在较大变异，坐果率变异系数为0，表明只要开花就会结果，单株产量（CV=89.85%）、小叶长宽比（CV=87.13%）变异系数较大，种子横径（CV=10.93%）、果角数（CV=11.61%）、果角长宽比（CV=11.12%）变异系数比较小。由质量性状变异系数表（表11-7）可以看出，质量性状在单株间变异系数较大，以叶端形态（CV=242.26%）和外瓣形态（CV=139.30%）呈现强变异，雌蕊瓣化（CV=28.28%）为弱变异。从中发现6个植株单株产量表现优异，分别为ZB4、ZB10、ZB12、ZB14、ZB16、ZB22，单株产量均大

于500g，其中ZB10单株产量最高为996.11g。ZB24、ZB26、ZB5、ZB6单株产量大于400g小于500g，具有较高的育种潜力。

表11-6 数量性状变异系数

性状	变异系数	性状	变异系数	性状	变异系数	性状	变异系数
株高	18.23%	复叶长宽比	15.58%	内瓣长宽比	34.24%	果角长	17.40%
冠幅东西	24.36%	复叶长/叶柄长	14.71%	外瓣长	14.88%	果角宽	16.11%
冠幅南北	22.06%	新生枝长	31.86%	外瓣宽	21.47%	果角长宽比	11.12%
花芽数	55.47%	花梗长	45.42%	外瓣长宽比	18.25%	单果重	44.26%
着花量	56.98%	花梗/新生枝长	55.66%	内花丝长	23.52%	果皮重	46.72%
坐果量	56.98%	小叶长	82.80%	内花药长	38.35%	单果/果皮	16.47%
成花率	21.79%	小叶宽	29.32%	内花丝/花药	41.08%	单果种子数	38.24%
坐果率	0.00%	小叶长宽比	87.13%	外花丝长	28.91%	种子纵径	15.49%
花瓣轮数	56.50%	小叶数	23.79%	外花药长	40.68%	种子横径	10.93%
花瓣数目	63.00%	花径	14.98%	叶柄长	20.97%	种子纵横径比	14.47%
心皮数	12.00%	花高	20.08%	复叶长	16.64%	百粒重干重	20.35%
内瓣长	15.47%	果角数	11.61%	复叶宽	24.05%	单株产量	89.85%
内瓣宽	32.37%	果实直径	16.85%				

表11-7 质量性状变异系数

性状	变异系数	性状	变异系数	性状	变异系数	性状	变异系数
株型	38.06%	雌蕊瓣化	28.28%	色斑大小	37.64%	叶裂深度	41.75%
花蕾形态	38.64%	花丝颜色	51.18%	色斑位置	94.37%	叶端形态	242.26%
花色	52.38%	花盘颜色	66.84%	透色与否	33.15%	幼叶颜色	72.83%
单瓣与否	31.83%	心皮发育	44.65%	外瓣形态	139.30%	叶色	32.99%
色斑颜色	46.35%	柱头颜色	54.98%	内瓣形态	72.78%	叶面晕否	53.77%
色斑形状	45.81%	花粉量	50.40%	雄蕊瓣化	61.65%		

四、不同优选单株籽粒油品特性的比较分析

1. 单株籽粒出油率

结果显示，紫斑优选群体出油率变化范围为29.46%～33.31%，变异系数为6.6%，不同单株间出油率无显著差异。

2. 单株籽粒脂肪酸成分分析

实验结果如表11-8所示，不同单株间脂肪酸总量存在显著差异，棕榈酸含量差异不显著，硬脂酸、油酸、亚油酸、α-亚麻酸在不同花色间存在显著差异。白花和粉花植株总不饱和脂肪酸高于紫花植株。

表11-8 脂肪酸成分定量分析（g/100g）

植株编号	棕榈酸	硬脂酸	油酸	亚油酸	亚麻酸	总计
Z1	4.68 a	1.65 bc	11.23 a	21.03 ab	42.12 b	80.74 ab
Z2	4.94 a	1.35 ab	10.85a	23.02 b	39.85ab	80.01a
Z3	4.76a	1.33 a	11.00a	22.49 ab	41.43b	81.02ab
B1	4.97 a	1.75c	23.30d	19.85a	37.24a	87.12c
B2	4.79 a	1.06 a	21.62bcd	20.68ab	39.93ab	88.08c
B3	5.30 a	1.29 a	22.53cd	22.18 ab	43.83c	90.14c
F1	4.69 a	1.27 a	19.79b	20.98ab	41.47b	88.22c
F2	4.77a	1.22 a	21.78 bcd	19.78 a	39.79ab	87.35c
F3	4.81a	1.29 a	20.30bc	19.81a	39.38ab	85.17b

注：Z1-紫花高产；Z2-紫花正常；Z3-紫花低产；B1-白花高产；B2-白花正常；B3-白低产；F1-粉花高产；F2-粉花正常；F3-粉花低产

3. 单株籽粒主要脂肪酸的变异系数

变异系数反映了个体性状的离散程度，变异系数越大，波动幅度越大。由不同单株主要脂肪酸的变异系数表（表11-9）可以看出，不同脂肪酸变异系数不同，以油酸变异系数（29.32%）最大，亚麻酸变异系数（5.95%）最小，同时可以看出，尽管各脂肪酸含量都不相同，总脂肪酸含量变异系数却相对较小（5.98%），表明各脂肪酸在一定程度上相互协调。

表11-9 不同单株间主要脂肪酸组分的变异系数

脂肪酸成分	最小值（%）	最大值（%）	平均值（%）	标准差（%）	变异系数（%）
棕榈酸	3.39	6.43	4.81	0.60	12.58
硬脂酸	0.98	1.94	1.36	0.25	18.53
油酸	10.19	25.68	18.05	5.29	29.32
亚油酸	18.14	24.68	21.09	1.69	8.00
亚麻酸	35.74	44.96	40.56	2.41	5.95

第三节 紫斑牡丹优选单株的综合评价

为了筛选出具有油用潜力的牡丹新品种，我们对不同紫斑牡丹优选单株进行了综合性评价，评选指标包括花期、产量、花粉萌发率、单株产量、出油率、脂肪酸组成等相关的多个性状。本节工作将为紫斑牡丹油用新品种的选育提供优良种质材料。

一、早花优良单株

1. 优株ZB30

株型直立，株高136cm，冠幅143cm×117cm；紫色单瓣花，少量雄蕊瓣化，柱头淡紫色；色斑紫红，菱形，小，轻微透色，花瓣背部有白肋；复叶48.3cm×29.7cm，小叶46.1mm×30.2mm，21～25枚，幼叶红色，盛花期叶色深绿，着花量30，心皮5；果实直径99.0mm，果角长宽48.5mm×17.4mm，单果重35.9g，单株产量鲜重268.8g。第一朵花开于4月14日，4月17日进入初花期，4月18日进入盛花期，4月23日花瓣凋谢，花期持续10d（图11-3）。

2. 优株ZB31

株型直立，株高120cm，冠幅133cm×91cm；紫色单瓣花，色斑紫黑，卵圆，中，轻微透色，花瓣背部有白肋；花盘淡紫色，柱头淡紫色；复叶39.6cm×26.5cm，小叶36.8mm×24.0mm，11～24枚，幼叶红色，盛花期叶色深绿，着花量12，心皮5；果实直径64.7mm，果角长宽35.3mm×15.7mm；单果重16.6g，单株产量鲜重64.4g。第一朵花开于4月13日，4月14日进入初花期，4月21日进入盛花期，4月23日花瓣凋谢，花期持续10d（图11-4）。

图11-3 优株ZB30单株表现

图11-4　优株ZB31单株表现

3. 优株ZB37

株型半开张，株高57cm，冠幅128cm×136cm；白色单瓣花，色斑紫红，心形，小，轻微透色；花盘乳白色，柱头淡黄色；复叶31.4cm×21.1cm，小叶36.8mm×24.3mm，11~24枚，幼叶红色，盛花期叶色深绿，着花量23，心皮5；果实直径66.1mm，果角长宽36.0mm×15.3mm；单果重18.0g，单株产量鲜重140.3g。第一朵花开于4月13日，4月14日进入初花期，4月19日进入盛花期，4月23日花瓣凋谢，花期持续10d（图11-5-1；图11-5-2）。

图11-5-1　优株ZB37单株表现

图11-5-2 优株ZB37单株表现

4. 优株ZB43

株型直立，株高122cm，冠幅141cm×112cm；粉色单瓣花，色斑深粉色，菱形，中等，轻微透色；花盘乳白色，柱头淡黄色；花径187.6mm，在所有单株中花径最大；复叶43.4cm×34.1cm，小叶57.6mm×47.5mm，9~14枚，幼叶红色，盛花期叶色深绿，着花量4，心皮5；果实直径82.0mm，果角长宽43.5mm×20.1mm；单果重35.4g，单株产量鲜重151.1g。第一朵花开于4月13日，4月13日进入初花期，4月19日进入盛花期，4月24日花瓣凋谢，花期持续12d。花期早，持续时间长，还具有极高的观赏价值（图11-6-1；图11-6-2）。

图11-6-1　优株ZB43单株表现

图11-6-2 优株ZB43单株表现

二、晚花优良单株

1. 优株ZB18

株型直立,株高128cm,冠幅110cm×104cm;白色单瓣花,色斑紫黑色,卵圆,大,透色;花盘乳白色,柱头淡黄色;复叶30.7cm×21.8cm,小叶42.0mm×31.8mm,15枚,幼叶红色,盛花期叶色绿色,着花量13,心皮5;果实直径69.2mm,果角长宽39.6mm×14.0mm;单果重15.8g,单株产量鲜重20.5g。第一朵花开于4月22日,4月23日进入初花期,4月25日进入盛花期,4月27日花瓣凋谢,花期持续6d。色斑明显,具有较高观赏价值(图11-7-1;图11-7-2)。

图11-7-1 优株ZB18单株表现

图11-7-2 优株ZB18单株表现

三、花粉萌发率高植株

1. 优株ZB22

株型半开张,株高139cm,冠幅196cm×178cm;粉色单瓣花,色斑紫黑色,心形,小,不透色,花瓣背部有白肋;花盘乳白色,柱头淡黄色;复叶36.8cm×23.5cm,小叶51.0mm×46.5mm,14~23枚,幼叶红色,盛花期叶色绿色,着花量53,心皮5;果实直径69.2mm,果角长宽39.6mm×14.0mm;单果重44.8g,单果种子数42,种子横纵经9.7mm×12.6mm,单株产量鲜重747.1g,极高产(图11-8-1;图11-8-2)。

图11-8-1 优株ZB22单株表现

图11-8-2 优株ZB22单株表现

四、丰产优良单株

1. 优株ZB4

株型直立,株高114cm,冠幅159cm×168cm;粉色单瓣花,色斑紫黑色,菱形,小,轻微透色,花瓣背部有白肋;花盘乳白色,柱头淡黄色;复叶35.7cm×20.5cm,小叶42.8mm×20.8mm,15~23枚,幼叶红色,盛花期叶色深绿色带红晕,着花量54,心皮5;果实直径89.3mm,果角长宽51.0mm×19.5mm;单果重41.0g,单果种子数47,种子横纵经11.3mm×9.5mm,单株产量鲜重782.6g,极高产(图11-9-1;图11-9-2)。

图11-9-1 优株ZB4单株表现

图11-9-2 优株ZB4单株表现

2. 优株ZB10

株型直立，株高144cm，冠幅157cm×175cm；粉色单瓣花，色斑紫黑色，卵圆，小，轻微透色，花瓣背部有白肋；花盘乳白色，柱头淡黄色；复叶38.0cm×25.7cm，小叶42.8mm×35.4mm，15～23枚，幼叶红色，盛花期叶色深绿色带红晕，着花量51，心皮5；果实直径96.3mm，果角长宽54.0mm×19.5mm；单果重45.9g，单果种子数54，种子横纵经12.4mm×8.5mm，单株产量鲜重996.1g，极高产（图11-10）。

图11-10　优株ZB10单株表现

3. 优株ZB12

株型直立，株高137cm，冠幅132cm×178cm；粉色单瓣花，色斑紫黑色，椭圆，中，轻微透色，花瓣背部有白肋；花盘乳白色，柱头黄绿色；复叶37.8cm×26.9cm，小叶62.6mm×32.3mm，15枚，幼叶红绿色，盛花期叶色深绿色带红晕，着花量50，心皮5；果实直径98.6mm，果角长宽52.4mm×19.4mm；单果重41.6g，单果种子数40，种子横纵经10.4mm×7.6mm，单株产量鲜重598.6g，极高产（图11-11-1；图11-11-2）。

图11-11-1　优株ZB12单株表现

图11-11-2　优株ZB12单株表现

4. 优株ZB14

株型直立，株高128cm，冠幅175×161cm；白色单瓣花，色斑紫黑色，椭圆，中，透色，花瓣背部有白肋；花盘乳白色，柱头淡黄色；复叶37.1cm×26.2cm，小叶53.7mm×36.1mm，15枚，幼叶红绿色，盛花期叶色深绿色带红晕，着花量50，心皮5；果实直径98.6mm，果角长宽53.8mm×18.3mm；单果重45.5g，单果种子数49，种子横纵经11.2mm×8.1mm，单株产量鲜重685.8g，极高产（图11-12-1；图11-12-2）。

图11-12-1　优株ZB14单株表现

图11-12-2 优株ZB14单株表现

5. 优株ZB16

株型直立，株高130cm，冠幅153cm×173cm；粉色单瓣花，色斑紫黑色，菱形，中，透色，花瓣背部有白肋；花盘乳白色，柱头淡黄色；复叶42.1cm×33.8cm，小叶50.6mm×40.0mm，18～19枚，幼叶红绿色，盛花期叶色绿色带红晕，着花量38，心皮5；果实直径105.2mm，果角长宽57.7mm×21.4mm；单果重53.5g，单果种子数43，种子横纵经11.7mm×9.8mm，单株产量鲜重579.6g，极高产（图11-13-1；图11-13-2）。

图11-13-1　优株ZB16单株表现

图11-13-2 优株ZB16单株表现

6. 优株ZB24

株型直立，株高103cm，冠幅162cm×146cm；粉色单瓣花，色斑紫黑色，菱形，小，轻微透色；花盘乳白色，柱头淡紫色；复叶40.9cm×31.3cm，小叶59.2mm×32.3mm，20～24枚，幼叶红黄色，盛花期叶色绿，着花量32，心皮5；果实直径92.1mm，果角长宽49.6mm×19.7mm；单果重41.8g，单果种子数42，种子横纵经11.3mm×8.1mm，单株产量鲜重437.2g，高产（图11-14-1；图11-14-2）。

图11-14-1　优株ZB24单株表现

图11-14-2 优株ZB24单株表现

五、优选单株评价小结

第一，根据连续两年的物候观测结果，不同单株到达各物候期时间不一致，持续时间也有差异，物候期的观察结果显示，7株植株：B8、ZB30、ZB31、ZB37、ZB42、ZB43、ZB54，初开期明显比其他单株早2d；ZB13、ZB18花期最晚，初开期已是许多单株的末花期，花期晚能够有效避免霜冻及倒春寒的危害。

第二，花粉萌发率实验结果表明，紫斑牡丹单株间花粉萌发率差异极显著，ZB22、ZB562萌发率大于90%，可作为优良的授粉树。

第三，根据表型性状观测结果，6个植株单株产量表现优异，分别为ZB4、ZB10、ZB12、ZB14、ZB16、ZB22，单株产量均大于500g，其中ZB10单株产量最高为996g。ZB24、ZB26、ZB5、ZB6单株产量大于400g小于500g，具有较高的育种潜力，有待于进一步观测。

第四，紫斑牡丹单株之间出油率无显著差异，脂肪酸成分分析表明，不同单株间脂肪酸总量差异显著，棕榈酸含量差异不显著，硬脂酸、油酸、亚油酸、α-亚麻酸等含量在不同花色间存在显著差异，白花和粉花植株总不饱和脂肪酸高于紫花植株。

影响较大的性状主要是种籽横径、种籽纵径、种籽百粒重，其特征值均在0.723以上；第四主成分的贡献率为5.947%，影响较大的性状主要为心皮数、果角数，其特征值均在0.921以上；第五主成分的贡献率为5.037%，影响较大的性状主要包括株龄和株高，其特征值均在0.804以上；第六主成分的贡献率为4.606%，对其影响较大的性状主要是花梗长和新枝长，其特征值均在0.568以上。

REFERENCES
参考文献

陈悦娇, 陈杰林, 马应丹, 2002a. 丹皮挥发油化学成分的GC-MS分析 [J]. 现代食品科技, 18 (4): 36-37.

陈悦娇, 陈杰林, 马应丹, 2002b. 丹皮挥发油化学成分的GC-MS分析 [J]. 广州食品工业科技, (04): 36-37.

何春年, 毕武, 申洁, 等, 2016. 牡丹和芍药种皮、种仁及种皮提取物中10种萜类成分含量及抗氧化测定 [J]. 中国中药杂志, 41 (06): 1081-1086.

何春年, 肖伟, 李敏, 等, 2010b. 牡丹种子化学成分研究 [J]. 中国中药杂志, 35 (11): 1428-1431.

蒋丽丽, 2017. 西藏大花黄牡丹根皮挥发油的提取、成分分析和生物活性研究 [D]. 哈尔滨: 黑龙江大学.

刘普, 李亮, 邓瑞雪, 等, 2013. 凤丹籽饼粕单萜苷类成分的研究 [J]. 中国药学杂志, 48 (17): 1253-1256.

刘普, 卢宗元, 邓瑞雪, 等, 2014a. 凤丹籽饼粕中一个新单萜苷 [J]. 中国药学杂志, 49 (05): 360-362.

刘普, 牛亚琪, 邓瑞雪, 等, 2014b. 紫斑牡丹籽饼粕低聚芪类成分研究 [J]. 中国药学杂志, 49 (12): 1018-1021.

刘普, 许艺凡, 刘佩佩, 等, 2017. 紫斑牡丹籽饼粕单萜苷类成分的分离鉴定 [J]. 食品科学, 38 (18): 87-92.

卢宗元, 2014. 牡丹花及牡丹籽饼粕化学成分研究 [D]. 洛阳: 河南科技大学.

孟庆焕, 2013. 牡丹种皮黄酮提取分离与抗氧化及抗疲劳作用研究 [D]. 哈尔滨: 东北林业大学.

沈丹玉, 汤富彬, 钟冬莲, 等, 2012. 气相色谱-质谱法分析棕榈果脂肪酸组成 [J]. 中国粮油学报, 27: 111-113.

武子敬, 兰兰, 2011. 牡丹皮挥发油成分分析 [J]. 通化师范学院学报, 32 (10): 42-43.

易军鹏, 朱文学, 马海乐, 等, 2009d. 牡丹籽的化学成分研究 [J]. 天然产物研究与开发, 21: 604-607.

张红玉, 2016. 油牡丹籽提取物的分离纯化及抑菌活性研究 [D]. 北京: 中国林业科学研究院.

ANDERSSON M X, GOKSOR M, SANDELIUS A S, 2007. Optical manipulation reveals strong attracting forces at membrane contact sites between endoplasmic reticulum and chloroplasts [J]. Journal of Biological Chemistry, 282: 1170-1174.

ANDRE C, HASLAM R P, SHANKLIN J, 2012. Feedback regulation of plastidic acetyl-CoA carboxylase by 18:1-acyl carrier protein in Brassica napus [J]. Proceedings of the National Academy of Sciences of the United States America, 109: 10107-10112.

BANAS W, GARCIA A S, BANAS A, et al., 2013. Activities of acyl-CoA: diacylglycerol acyltransferase (DGAT) and phospholipid: diacylglycerol acyltransferase (PDAT) in microsomal preparations of developing sunflower and safflower seeds [J]. Planta, 237: 1627-1636.

BATES P D, BROWSE J, 2012. The significance of different diacylglycerol synthesis pathways on plant oil composition and bioengineering [J]. Frontiers in Plant Science, 3: 147.

BATES P D, DURRETT T P, OHLROGGE J B, et al. , 2009. Analysis of Acyl fluxes through multiple pathways of triacylglycerol synthesis in developing soybean embryos [J]. Plant Physiology, 150: 55-72.

BATES P D, FATIHI A, SNAPP A R, ET AL. , 2012. Acyl editing and headgroup exchange are the major mechanisms that direct polyunsaturated fatty acid flux into triacylglycerols [J]. Plant Physiology, 160: 1530-1539.

BATES P D, OHLROGGE J B, POLLARD M, 2007. Incorporation of newly synthesized fatty acids into cytosolic glycerolipids in pea leaves occurs via acyl editing [J]. Journal of Biological Chemistry, 282: 31206-31216.

BATES P D, STYMNE S, OHLROGGE J, 2013. Biochemical pathways in seed oil synthesis [J]. Current Opinion in Plant Biology, 16: 358-364.

BAUD S, LEPINIEC L, 2010. Physiological and developmental regulation of seed oil production [J]. Progress in Lipid Research, 49: 235-249.

BOURGIS F, KILARU A, CAO X, et al. , 2011. Comparative transcriptome and metabolite analysis of oil palm and date palm mesocarp that differ dramatically in carbon partitioning [J]. Proceedings of the National Academy of Sciences of the United States America, 108: 12527-12532.

BOURRELLIER A B F, VALOT B, GUILLOT A, et al. , 2010. Chloroplast acetyl-CoA carboxylase activity is 2-oxoglutarate-regulated by interaction of PII with the biotin carboxyl carrier subunit [J]. Proceedings of the National Academy of Sciences of the United States America, 107: 502-507.

BROWN A P, KROON J T, SWARBRECK D, et al. , 2012. Tissue-specific whole transcriptome sequencing in castor, directed at understanding triacylglycerol lipid biosynthetic pathways [J]. PLoS One, 7: e30100.

CAHOON E B, CLEMENTE T, DAMUDE H G, et al. , 2009. Modifying vegetable oils for food and non-food purposes [J]. Oil Crops, 4: 31-56.

CERNAC A, BENNING C, 2004. WRINKLED1 encodes an AP2/EREB domain protein involved in the control of storage compound biosynthesis in Arabidopsis [J]. Plant Journal, 40: 575-585.

CHAPMAN K D, DYER J M, MULLEN R T, 2012. Biogenesis and functions of lipid droplets in plants: thematic review series: lipid droplet synthesis and metabolism: from yeast to man [J]. Journal of Lipid Research, 53: 215-226.

CHAPMAN K D, OHLROGGE J B, 2012. Compartmentation of triacylglycerol accumulation in plants [J]. Journal of Biological Chemistry, 287: 2288-2294.

CHEN G, SNYDER C L, GREER M S, et al. , 2011. Biology and biochemistry of plant phospholipases [J]. Critical Reviews in Plant Sciences, 30: 239-258.

CHEN H, WANG F W, DONG Y Y, et al. , 2012. Sequence mining and transcript profiling to explore differentially expressed genes associated with lipid biosynthesis during soybean seed development [J]. BMC Plant Biology, 12: 122-136.

CHEN X, SNYDER C L, TRUKSA M, et al. , 2011. sn-Glycerol-3-phosphate acyltransferases in plants [J]. Plant Signal Behavior, 6: 1695-1699.

DAHLQVIST A, STAHL U, LENMAN M, et al. , 2000. Phospholipid: diacylglycerol acyltransferase: An enzyme that catalyzes the acyl-CoA independent formation of triacylglycerol in yeast and plants [J]. Proceedings of the National Academy of Sciences of the United States America, 97: 6487-6492.

DURRETT T, MCCLOSKY D, TUMANEY A, et al. , 2010. A distinct DGAT with sn-3 acetyltransferase activity that synthesizes unusual, reduced-viscosity oils in Euonymus and transgenic seeds [J]. Proceedings of the Academy of Science of the United States America, 107: 9464-9469.

DUSSERT S, GUERIN C, ANDERSSON M, et al. , 2013. Comparative transcriptome analysis of three oil palm fruit and seed tissues that differ in oil content and fatty acid composition [J]. Plant Physiology, 162: 1337−1358.

EASTMOND P J, QUETTIER A L, KROON J T M, et al. , 2010. PHO SPHATIDIC ACID PHOSPHOHYDROLASE 1and 2 Regulate Phospholipid Synthesis at the Endoplasmic Reticulum in Arabidopsis [J]. Plant Cell, 22: 2796−2811.

FAN J L, ZHU W X, KANG H B, et al. , 2012. Flavonoid constituents and antioxidant capacity in flowers of different Zhongyuan tree peony cultivars [J]. Journal of Functional Foods, 4(1): 147−157.

FATIMA T, SNYDER C L, SCHROEDER W R, et al. , 2012. Fatty acid composition of developing sea buckthorn (Hippophae rhamnoidesL.) berry and the transcriptome of the mature seed [J]. PLoS ONE, 7: e34099.

GIDDA S K, SHOCKEY J M, Rothstein S J, et al. , 2009. Arabidopsis thaliana GPAT8 and GPAT9 are localized to the ER and possess distinct ER retrieval signals: functional divergence of the dilysine ER retrieval motif in plant cells [J]. Plant Physiology and Biochemistry, 47: 867−879.

HAN C V, BHAT R, 2014. In vitro control of food−borne pathogenic bacteria by essential oils and solvent extracts of underutilized flower buds of Paeonia suffruticosa (Andr.) [J]. Industrial Crop and Products, 54: 203−208.

HAY J, SCHWENDER J, 2011. Computational analysis of storage synthesis in developing *Brassica napus* L. (oilseed rape) embryos: flux variability analysis in relation to 13 cmetabolic flux analysis [J]. Plant Journal, 67: 513−525.

HE C N, PENG B, DAN Y, et al. , 2014. Chemical taxonomy of tree peony species from China based on root cortex metabolic fingerprinting [J]. Phytochemistry, 107: 69−79.

HE C N, PENG Y, XIAO W, et al. , 2013. Determination of chemical variability of phenolic and monoterpene glycosides in the seeds of (Paeonia) species using HPLC and profiling analysis [J]. Food chemistry, 138: 2108−2114.

HE C N, PENG Y, XIAO W, et al. , 2013. Determination of chemical variability of phenolic and monoterpene glycosides in the seeds of Paeonia species using HPLC and profiling analysis [J]. Food Chemistry, 138(4): 2108−2114.

HE C N, PENG Y, XU L J, et al. , 2010a. Three new oligostilbenes from the seeds of Paeonia suffruticosa [J]. Chemical & Pharmaceutical Bulletin, 58(6): 843−847.

HE C N, PENG Y, ZHANG Y C, XU L J, et al. , 2010b. Phytochemical and Biological Studies of Paeoniaceae [J]. Chemistry & Biodiversity, 7(4): 805−838.

HE C N, ZHANG Y C, PENG Y, et al. , 2012. Monoterpene glycosides from the seeds of Paeonia suffruticosa protect HEK 293 cells from irradiation−induced DNA damage [J]. Phytochemistry Letters, 5: 128−133.

HERNANDEZ M L, WHITEHEAD L, HE Z, et al. , 2012. A cytosolic acyltransferase contributes to triacylglycerol synthesis insucrose−rescued Arabidopsis seed oil catabolism mutants [J]. Plant Physiology, 160: 2 15−225.

HU Y P, WU G, CAO Y L, et al. , 2009. Breeding response of transcript profiling in developing seeds of Brassica napus [J]. BMC Molecular Biology, 10: 49−65.

JIANG G X, CHEN H, TAN X F, 2013. The expression analysis of genes in fatty acid biosynthesis pathway during the seed development of tung Tree. Int. J [J]. Bioautomation, 17: 73−82.

JIANG H W, WU P Z, ZHANG S, et al. , 2012. Global analysis of gene expression profiles in developing physic nut (Jatropha curcas L.) seeds [J]. PLoS ONE, 7: e36522.

KATAVIC V, REED D W, TAYLOR D C, et al. , 1995. Alteration of seed fatty acid composition by an ethyl methanesulfonate−induced mutation in Arabidopsis thaliana affecting diacylglycerol acyltransferase activity [J]. Plant Physiology, 108: 399−409.

KENNEDY E P, 1961. Biosynthesis of complex lipids [J]. Federation Proceedings.

KIM H J, CHUNG S K, PARK S W, 1998. Lipoxygenase inhibition and antioxidative activity of flavonoids from Paeonia moutan seeds [J]. Preventive Nutrition and Food Science, 3(4): 315−319.

KIM H U, LEE K R, GO Y S, et al. , 2011. Endoplasmic reticulum−located PDAT1−2 from castor bean enhances hydroxy fatty acid accumulation in transgenic plants [J]. Plant Cell Physiology, 52: 983−993.

KIM S, YAMAOKA Y, ONO H, et al. , 2013. AtABCA9 transporter supplies fatty acids for lipid synthesis to the endoplasmic reticulum [J]. Proceedings of the National Academy of Sciences of the United States America, 110: 773−778.

KLIMCZAK I, MAŁECKA M, SZLACHTA M, et al. , 2007. Effect of storage on the content of polyphenols, vitamin C and the antioxidant activity of orange juices [J]. Journal of Food Composition and Analysis, 20(3−4): 313−322.

KOO A J K, OHLROGGE J B, POLLARD M, 2004. On the export of fatty acids from the chloroplast [J]. Journal of Biological Chemistry, 279: 16101−16110.

KROON J T M, WEI W, SIMON W J, et al. , 2006. Identification and functional expression of a type 2 acyl−CoA: diacylglycerol acyltransferase (*DGAT2*) in developing castor bean seeds which has high homology to the major triglyceride biosynthetic enzyme of fungi and animals [J]. Phytochemistry, 67: 2541−2549.

LI C H, DU H, WANG L S, et al. , 2009. Flavonoid composition and antioxidant activity of tree peony (Paeonia section Moutan) yellow flowers [J]. Journal of Agricultural and Food Chemistry, 57(18): 8496−8503.

LI S S, WANG L S, SHU Q Y, et al. , 2015. Fatty acid composition of developing tree peony (Paeonia section Moutan DC.) seeds and transcriptome analysis during seed development [J]. BMC Genomics, 16: 208.

LIBEISSON Y, SHORROSH B, BEISSON F, et al. , 2013. Acyl−Lipid Metabolism [J]. The Arabidopsis Book, 11: 1−70.

LIU H L, YIN Z J, XIAO L, et al. , 2012. Identification and evaluation of ω−3 fatty acid desaturase genes for hyperfortifying α−linolenic acid in transgenic rice seed [J]. Journal of Experimental Botany, 63: 3279−3287.

LIU Q, SILOTO R M P, LEHNER R, et al. , 2012. Acyl−CoA: diacylglycerol acyltransferase: molecular biology, biochemistry and biotechnology [J]. Progress in Lipid Research, 51: 350−377.

LIU Y, HUANG Z, AO Y, et al. , 2013. Transcriptome analysis of yellow horn (Xanthoceras sorbifolia Bunge): a potential oil−rich seed tree for biodiesel in China [J]. PLoS One, 8: e74441.

LU C, XIN Z, REN Z, et al. , 2009. An enzyme regulating triacylglycerol composition is encoded by the ROD1 gene of Arabidopsis [J]. Proceedings of National Academy Sciences of the United States of America 106: 18837−18842.

LUNG S C, WESELAKE R J, 2006. Diacylglycerol acyltransferase: a key mediator of plant triacylglycerol synthesis [J]. Lipids, 41: 1073−1088.

MAISONNEUVE S, BESSOULE J J, LESSIRE R, et al. , 2010. Expression of rapeseed microsomal lysophosphatidic acid acyltransferase isozymes enhances seed oil content in Arabidopsis [J]. Plant Physiology, 152: 670−684.

MHASKE V, BELDJILALI K, OHLROGGE J, et al. , 2005. Isolation and characterization of an Arabidopsis thaliana knockout line for phospholipid: diacylglycerol transacylase gene (At5g13640) [J]. Plant Physiology and Biochemistry, 43: 413−417.

MORA G, SCHARNEWSKI M, FULDA M, 2012. Neutral lipid metabolism influences phospholipid synthesis and deacylation in Saccharomyces cerevisiae [J]. PLoS One, 7: e49269.

MUDALKAR S, GOLLA R, GHATTY S, et al. , 2014. De novo transcriptome analysis of an i mminent biofuel crop, Camelina sativa L. using Illumina GAIIX sequencing platform and identification of SSR markers [J]. Plant Molecular. Biology, 84: 159−171.

MUNOZMERIDA A, GONZALEZPLAZA J J, CANADA A, et al. , 2013. De novo assembly and functional annotation of the olive (Olea europaea) transcriptome [J]. DNA Research, 20: 93−108.

NATARAJAN P, PARANI M, 2011. De novo assembly and transcriptome analysis of five major tissues of Jatropha curcas L. using GS FLX titanium platform of 454 pyrosequencing [J]. BMC Genomics, 12: 191−203.

NGUYEN H T, SILVA J E, Podicheti R, et al. , 2013. Camelina seed transcriptome: a tool for meal and oil improvement and translational research. Plant Biotechnology [J]. Journal, 11: 759−769.

NIKOLAU B J, OHLROGGE J B, WURTELE E S, 2003. Plant biotin-containing carboxylases [J]. Archives of Biochemistry and Biophysics, 414: 211−222.

OZEL M Z, CLIFFORD A A, 2004. Superheated water extraction of fragrance compounds from Rosa canina [J]. Flavour and Fragrance Journal, 19: 354−359.

SAHA S, ENUGUTTI B, RAJAKUMARI S, et al. , 2006. Cytosolic triacylglycerol biosynthetic pathway in oilseeds. Molecular cloning and expression of peanut cytosolic diacylglycerol acyltransferase [J]. Plant Physiology, 141: 1533−1543.

SARKER S D, WHITING P, DINAN L, et al. , 1999. Identification and ecdysteroid antagonist activity of three resveratrol trimers (suffruticosols A, B and C) from Paeonia suffruticosa [J]. Tetrahedron, 55(2): 513−524.

SCHNURR J A, SHOCKEY J M, DE BOER G J, et al. , 2002. Fatty acid export from the chloroplast. Molecular characterization of a major plastidial acyl-coenzyme A synthetase from Arabidopsis [J]. Plant Physiology, 129: 1700−1709.

SHEN B, ALLEN W B, ZHENG P Z, et al. , 2010. Expression of ZmLEC1 and ZmWRI1 Increases Seed Oil Production in Maize [J]. Plant Physiology, 153: 980−987.

SHEN D Y, TANG F B, ZHONG D L, et al., 2012. Analysis of fatty acid composition in oil palm fruit by chromatography-mass spectrometry. Journal of the Chinese Cereals and Oils Association, 27: 111−113.

SHOCKEY J, GIDDA S, CHAPITAL D, et al. , 2006. Tung tree *DGAT1* and *DGAT2* have nonredundant functions in triacylglycerol biosynthesis and are localized to different subdomains of the endoplasmic reticulum [J]. Plant Cell, 18: 2294−2313.

SLACK C R, CAMPBELL L C, BROWSE J A, et al. , 1983. Some evidence for the reversibility of the cholinephosphotransferase catalysed reaction in developing linseed cotyledons in vivo [J]. Biochimica et Biophysica Acta, 754: 10−20.

SLACK C R, ROUGHAN P G, BROWSE J A, et al. , 1985. Some properties of cholinephosphotransferase from developing safflower cotyledons [J]. Biochimica et Biophysica Acta, 833: 438−448.

SNYDER C L, YURCHENKO O P, SILOTO R M P, et al. , 2009. Acyltransferase action in the modification of seed oil biosynthesis [J]. New Biotechnology, 26: 11−16.

SPERLING P, LINSCHEID M, STOCKER S, et al. , 1993. In vivo desaturation of cis−delta−9−monounsaturated to cis−delta−9,12−diunsaturated alkenylether glycerolipids [J]. Journal of Biological Chemistry, 268: 26935−26940.

STAHL U, CARLSSON A S, LENMAN M, et al. , 2004. Cloning and functional characterization of a phospholipid: diacylglycerol acyltransferase from Arabidopsis [J]. Plant Physiology, 135: 1324−1335.

STALBERG K, STAHL U, STYMNE S, et al. , 2009. Characterization of two Arabidopsis thaliana acyltransferases with preference for lysophosphatidyle than olamine [J]. BMC Plant Biology, 9: 60.

STYMNE S, STOBART A K, 1984. Evidence for the reversibility of the acyl−coA: lysophosphatidylcholine acyltransferase in microsomal preparations from developing safflower (*Carthamus tinctorius* L.) cotyledons and rat liver [J]. Biochemical Journal, 223: 305−314.

STYMNE S, STOBART A K, 1987. 8-Triacylglycerol Biosynthesis [M]. New York: Academic Press.

TJELLSTROM H, YANG Z, ALLEN D K, et al. , 2012. Rapid kinetic labeling of Arabidopsis cell suspension cultures: implications for models of lipid export from plastids [J]. Plant Physiology, 158: 601-611.

TRONCOSO-PONCE M A, KILARU A, CAO X, et al. , 2011. Comparative deep transcriptional profiling of four developing oilseeds [J]. Plant Journal, 68: 1014-1027.

TURCHETTO-ZOLET A, MARASCHIN F, DE MORAIS G, et al. , 2011. Evolutionary view of acyl-CoA diacylglycerol acyltransferase (*DGAT*), a key enzyme in neutral lipid biosynthesis [J]. BMC Evolutionary Biology, 11: 263.

VAN ERP H, BATES P D, BURGAL J, et al. , 2011. Castor phospholipid: diacylglycerol acyltransferse facilitates efficient metabolism of hydroxy fatty acids in transgenic Arabidopsis [J]. Plant Physiology, 155: 683-693.

VANDELOO F J, BROUN P, TURNER S, et al. , 1995. An oleate 12-hydroxylase from Ricinus co mmunis L. is a fatty acyl desaturase homolog [J]. Proceedings of the National Academy of Sciences of the United States America, 92: 6743-6747.

VOELKER T A, HAYES T R, CRANMER A M, et al. , 1996. Genetic engineering of a quantitative trait: metabolic and genetic parameters influencing the accumulation of laurate in rapeseed [J]. Plant Journal, 9: 229-241.

WANG L, SHEN W, KAZACHKOV M, et al. , 2012. Metabolic interactions between the lands cycle and the Kennedy pathway of glycerol lipid synthesis in Arabidopsis developing seeds [J]. Plant Cell, 24: 4652-4669.

WANG M L, BARKLEY N A, CHEN Z B, et al. , 2011. FAD2 Gene Mutations Significantly Alter Fatty Acid Profiles in Cultivated Peanuts (Arachis hypogaea)[J]. Biochemical Genetics, 49: 748-759.

WEISS S B, KENNEDY E P, KIYASU J Y, 1960. Enzymatic synthesis of triglycerides [J]. Journal of Biological Chemistry, 235: 40-44.

WENDEL A A, LEWIN T M, COLEMAN R A, 2009. Glycerol-3-phosphate acyltransferases rate limiting enzymes of triacylglycerol biosynthesis [J]. Biochim Biophys Acta. Molecular Cell Biology Lipids, 1791: 501-506.

Xia E H, Jiang J J, Huang H, et al. , 2014. Transcriptome analysis of the oil-rich tea plant, Camellia oleifera, reveals candidate genes related to lipid metabolism [J]. PLoS One, 9: e104150.

XU J, CARLSSON A, FRANCIS T, et al. , 2012. Triacylglycerol synthesis by PDAT1 in the absence of DGAT1 activity is dependent on reacylation of LPC by LPCAT2 [J]. BMC Plant Biology, 12: 4.

YANG W, SIMPSON J P, LI-BEISSON Y, et al. , 2012. A land-plant-specific glycerol-3-phosphate acyltransferase family in Arabidopsis: substrate specificity, sn-2 preference, and evolution [J]. Plant Physiology, 160: 638-652.

ZHANG J, LIANG S, DUAN J, et al. , 2012. De novo assembly and characterisation of the transcriptome during seed development, and generation of genic-SSR markers in peanut (Arachis hypogaeaL.) [J]. BMC Genomics, 13: 90-95.

ZHANG M, FAN J, TAYLOR D C, et al. , 2009. DGAT1 and PDAT1 Acyltransferases have overlapping functions in Arabidopsis triacylglycerol biosynthesis and are essential for normal pollen and seed development [J]. Plant Cell, 21: 3885-3901.

ZHAO L, KATAVIC V, LI F, et al. , 2010. Insertional mutant analysis reveals that long-chain acyl-CoA synthetase 1 (LACS1), but not LACS8, functionally overlaps with LACS9 in Arabidopsis seed oil biosynthesis [J]. Plant Journal, 64: 1048-1058.

ZOU J T, WEI Y D, JAKO C, et al. , 1999. The Arabidopsis thaliana TAG1 mutant has a mutation in a diacylglycerol acyltransferase gene [J]. Plant Journal, 19: 645-653.

APPENDIX

附 录

2014年8月25日，团队成员在山西省稷山做资源调查

2016年7月，牛立新教授在安徽省亳州市指导选种工作

2017年12月5日，牛立新教授在博士学习室

2019年9月30日在陕西省太白县黄柏塬大涧沟合影，张庆雨（左一）、罗建让（左二）、牛立新（左三）、李梦晨（右二）、闫振国（右一）

2014年6月30日在陕西省眉县营头镇考察紫斑牡丹，张晓骁（左一）、牛立新（左二）、向导师傅（左三）、王拉岐（右三）、张延龙（右二）、罗建让（右一）

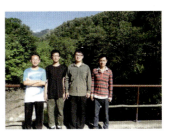

2013年7月30日，陕西省太白县黄柏塬牡丹资源考察，李林昊（左一）、王正中（左二）、张晓骁（右二）、司冰（右一）

2016年7月，在河南省扶沟县进行选种工作，白章振（左一）、张庆雨（左二）、牛立新（左三）、谢力行（右二）、赵仁林（右一）

2014年5月，在陕西省凤翔县进行选种工作，谢力行（左一）、司冰（左二）、牛立新（右二）、赵仁林（右一）

2019年9月29日，团队成员在太白县开辟新的种质资源圃

2020年4月8日，张庆雨博士在牡丹资源圃

2020年4月12日，孙道阳博士在牡丹资源圃

2020年4月12日，张庆雨博士在牡丹资源圃进行杂交育种工作

2014年6月30日，牛立新教授在陕西省眉县营头镇考察寺庙前的紫斑牡丹

2014年6月30日，张延龙教授在陕西省眉县营头镇考察紫斑牡丹

2016年7月11日，张延龙教授在云南省普达措国家森林公园考察紫牡丹

2016年7月14日，张延龙教授在云南省玉龙县玉龙雪山下考察紫牡丹

2013年10月18日，张延龙教授在陕西省商洛市考察野生牡丹资源

2014年5月6日，牛立新教授在陕西省商南县十里坪乡考察卵叶牡丹

2016年7月14日，张延龙教授在云南省玉龙县大具乡考察紫牡丹

2017年5月29日，张晓骁博士在西藏自治区林芝市米瑞乡考察大花黄牡丹

2018年5月8日，张延龙教授在甘肃省临洮县孙生顺先生家考察紫斑牡丹

2016年9月19日，张庆雨博士在四川省马尔康市脚木足乡大渡河岸边考察四川牡丹

2014年5月10日，张庆雨博士在陕西省富县山谷中调查紫斑牡丹

2017年5月28日，张晓骁博士在西藏自治区林芝市希尔顿公布庄园中考察大花黄牡丹

2014年4月26日，梁振旭博士在四川省康定市资源调查中询问当地居民

2014年5月，梁振旭博士在陕西省商南县做资源调查时的情景

2014年8月25日，郭文斌硕士在四川省马尔康市脚木足乡调查超过30年的四川牡丹

2014年5月，张庆雨博士在陕西省富县与一株开了上百朵花的紫斑牡丹合影

2013年7月25日，李林昊硕士在甘肃省康县大堡镇与一株超过30年株龄的紫斑牡丹合影

2015年8月15日，任利益硕士在河南省栾川县合峪镇考察紫斑牡丹，做表型性状观察记录

2014年5月12日，宋超、李果、谢路三位研究生在陕西省甘泉县下寺湾镇考察紫斑牡丹，做表型性状观测

2014年5月10日，张庆雨、谢路在陕西省富县山谷中调查紫斑牡丹

2014年4月4日，任利益、郭文斌在陕西省旬阳县白柳镇观察半野生状态的卵叶牡丹

2014年7月1日，任利益、司冰在陕西省眉县营头镇考察紫斑牡丹，做表型性状观测

2017年，闫振国博士在新疆维吾尔自治区喀纳斯地区调查芍药属资源

2019年，张延龙教授在新建资源圃中与学生交谈

2014年5月16日陕西省宜川县秋林镇矮牡丹

2017年5月28日西藏自治区林芝市，希尔顿公布庄园中因建造而移栽的大花黄牡丹，长势很弱

2017年5月28日西藏自治区林芝市希尔顿公布庄园中做绿化用的大花黄牡丹

2017年5月29日西藏自治区林芝市米瑞乡公路边做绿化用的大花黄牡丹

2014年8月25日四川省马尔康市脚木足乡超过30年的四川牡丹

2014年8月25日四川省马尔康市脚木足乡超过30年的四川牡丹

2014年4月24日陕西省凤县桑园村农户家门口栽植的紫斑牡丹（周边山上引种），同时开两种颜色的花

2014年5月，陕西省富县山中峭壁上生长的一株紫斑牡丹

2014年5月12日，子午岭地区野生牡丹资源调查现场

2014年5月6日,商南县深山处野生牡丹生长状况(应属中原牡丹的野生种)

2014年5月6日,秦岭深处有人家(商南县)

2014年5月7日,与深山农户交谈野生牡丹的情况(陕西省商南县)

2014年6月30日陕西省眉县营头镇,生长在峭壁石缝中的紫斑牡丹

2014年8月25日,山西省稷山县矮牡丹居群

2014年5月10日,陕西省富县山谷中开有三种颜色的紫斑牡丹

2014年5月10日,陕西省富县山谷中开粉色花的紫斑牡丹

2016年7月11日云南省普达措国家森林公园紫牡丹生境

2016年7月14日云南省玉龙县玉龙雪山下特大的紫牡丹

2014年6月30日,陕西省眉县太白山区农家自种太白紫斑牡丹生长情况

2014年6月30日,太白山杨山牡丹野生状况

2014年6月30日,太白山牡丹资源调查中喜遇大树一株

2014年6月30日，太白山牡丹资源调查当地向导小憩

2013年4月15日，陕西省旬阳县梯田石埂牡丹开花情况

2014年5月20日，甘肃省临洮县牡丹资源考察场景之一

2014年5月20日，甘肃省临洮县牡丹资源考察场景之一

2014年5月20日，甘肃省临洮县曹家坪牡丹种植大户考察

2014年5月1日，观察农家凤丹牡丹生长开花情况（陕西省凤翔县）

2017年8月，日本由之园牡丹资源考察

2014年5月5日，陕西省商南县山区农家观赏牡丹资源黄山坡地生长情况

2014年5月1日，陕西省凤翔县梯田牡丹种植情况

2014年7月23，牡丹选种深入深山种植户窑洞中

2014年5月21日，甘肃省榆中县牡丹种植大户紫斑牡丹生长开花状况

2014年8月10日，商洛地区凤丹高产选种优株标记

2013年9月20日，优选牡丹植株挖掘场景（陕西省彬州市）

2016年4月4日，张延龙教授在西北农林科技大学牡丹种质资源圃观察引种情况

2016年4月9日，西北农林科技大学牡丹资源圃引种植株生长开花情况

2016年4月9日，西北农林科技大学栽培牡丹品种区

2014年4月17日，引种不同栽培牡丹资源温室定植栽培情况

2016年4月16日，西北农林科技大学塑料大棚牡丹资源保存生长情况

2016年4月16日，西北农林科技大学牡丹种质资源圃紫斑牡丹区生长开花情况

2014年5月20日，牛立新教授在甘肃省临洮县牡丹资源考察时与种植大户合影

2019年6月7日，张延龙教授在西北农林科技大学牡丹资源圃，观察选种区优选株结果情况

2018年5月8日，张延龙教授在甘肃省临洮县孙生顺先生家考察紫斑牡丹

2018年5月8日，史倩倩副教授在甘肃省临洮县与孙生顺先生合影

2018年5月8日在甘肃省临洮县孙生顺先生家合影，张庆雨（左一）、吴怀礼（左二）、孙生顺（左三）、张延龙（右三）、付伟（右二）、史倩倩（右一）

图书在版编目（CIP）数据

中国牡丹种质资源 / 张延龙等著. -- 北京：中国林业出版社，2020.7

ISBN 978-7-5219-0552-6

Ⅰ.①中… Ⅱ.①张… Ⅲ.①牡丹—种质资源—中国 Ⅳ.①S685.110.24

中国版本图书馆CIP数据核字（2020）第071714号

◆ ◆ ◆

中国林业出版社

策划编辑　何增明　康红梅

责任编辑　袁　理

出版发行　中国林业出版社

（100009 北京市西城区德内大街刘海胡同7号）

电话　（010）83143568

印刷　北京博海升彩色印刷有限公司

版次　2020年8月第1版

印次　2020年8月第1次印刷

开本　710mm×1000mm 1/16

印张　20

字数　413千字

定价　168.00元

未经许可，不得以任何方式复制或抄袭本书的部分或全部内容。版权所有 侵权必究